JN276820

図解入門
How-nual
Visual Guide Book

よくわかる最新
土木技術の
基本と仕組み

環境・安全・エネルギーのための基盤技術入門

五十畑 弘 著

秀和システム

1・2級土木施工管理技術検定試験と本書との関連

　受験対策のための参考書は数多く発行されていますが、本書では土木を学び始めた初学者が、受験に向けた意識を持てるように、試験問題の出題分野と関連する各章の扉に、以下のような該当する学科試験区分を示しています。

```
┌─────────────────────────────────────────┐
│   1・2級土木施工管理技術検定試験（対応）   │
│                                         │
│  ┌ 出題分野（試験区分）┐                 │
│   分野：専門土木                         │
│   細分：構造物、道路・舗装、ダム・トンネル、海岸・港湾、│
│        鉄道・地下構造物                  │
└─────────────────────────────────────────┘
```

　また、各章の節項目に★印で以下のような関連度を示しました。

　　★★★：出題分野（試験区分）との関連性が高い。

　　★★☆：出題分野（試験区分）との関連性がある。

　　★☆☆：出題分野（試験区分）の背景となる知識。

●注意
(1) 本書は著者が独自に調査した結果を出版したものです。
(2) 本書は内容について万全を期して作成いたしましたが、万一、ご不審な点や誤り、記載漏れなどお気付きの点がありましたら、出版元まで書面にてご連絡ください。
(3) 本書の内容に関して運用した結果の影響については、上記(2)項にかかわらず責任を負いかねます。あらかじめご了承ください。
(4) 本書の全部または一部について、出版元から文書による承諾を得ずに複製することは禁じられています。
(5) 本書に記載されているホームページアドレスなどは、予告無く変更されることがあります。
(6) 商標
　　本書に記載されている会社名、商品名などは一般に各社の商標または登録商標です。

社会の要請に耳を澄ます

　土木技術の役割は、人々の生活の安全と利便性、快適性を実現し、維持していくことにあります。この役割を果たすために堤防を築いて洪水を防ぎ、橋を架けて交通路を確保し、水やエネルギーを手に入れるためにダムを建設してきました。近年では歴史的なまちなみや景観の保全の例も数多く見られます。私たちを取り巻く様々な環境への働きかけによって、安全で快適な人々の生活のための条件を手に入れる土木技術の役割は、将来にわたって変わることはありません。

　しかし、インフラ施設の規模や条件の複雑化によって、想定しなかった環境への影響やマイナス効果も経験してきました。また、公共事業計画において、無駄な投資ではないかとの批判も多くありました。これらはとりもなおさず、土木の領域が、私たちの生活に直接的にも間接的にも多くの関わりを持つことを示しています。土木技術とは、人々の生活の環境・安全・エネルギーに最も深く関わる知識体系であるからです。

　土木技術は、常に社会の要請に耳を澄ませ、派生する様々な影響に知恵をめぐらし、人々の生活の安全を守り利便性を確保することに応えていくことが求められます。本書は、このようなダイナミックな土木技術を水理、土質、構造、材料などの伝統的な土木のモノづくりから、都市環境とまちづくり、水辺空間とアメニティ、自然環境保全、緑化、防災といった新たな領域も網羅しつつ、入門書としてできる限りやさしく解説しています。また、建設分野を目指す土木の初学者に必要な実務関連の情報として、建設産業や事業の仕組み、職業と資格についてもページを割いています。

　本書で学ぶことが、土木への入門知識を得ることにとどまらず、さらに興味を深めてより専門的に土木技術を学ぶきっかけとなれば幸いです。

2014年4月

五十畑　弘

How-nual 図解入門

よくわかる
最新**土木技術**の基本と仕組み

CONTENTS

1・2級土木施工管理技術検定試験と本書との関連……………2
社会の要請に耳を澄ます……………………………………………3

第1章 生活の中の土木技術

1-1　生活と安全を支える土木（土木技術の役割）……………10
コラム　幕構造の新屋根 ── ドレスデン中央駅（ドイツ）……13
1-2　自然を相手にやり直しもできない（土木技術の特性）……14
1-3　土木が扱う7つの工学技術（土木技術の領域）……………16
1-4　環境と密接に関わる土木（環境と土木技術）………………19
コラム　ユーロスターの発着駅
　　　　── セント・パンクラス駅（ロンドン）………………21
1-5　古墳は国家的プロジェクトだった
　　　（日本の土木技術の歴史）……………………………………22
コラム　鎌倉七口の一つ ── 朝比奈切通し（神奈川）…………32

第2章 いろいろな社会基盤施設

2-1　土木の対象は固定的社会資本（社会基盤施設の区分）……34
ミニ知識　マネジメントとしての橋梁長寿命化修繕計画………35
2-2　社会活動を支える施設（産業関連施設）……………………36
2-3　日常生活に関わる生活関連施設（生活関連施設）…………49
2-4　災害発生に備える国土保全施設（国土保全関連施設）……51
2-5　社会資本の老朽化が課題に（インフラの劣化と保全）……54
コラム　アーチダムの傑作 ── 黒部ダム（富山）………………56

CONTENTS

第3章 インフラをつくる材料

- 3-1 インフラ施設をつくる主な材料（材料の種類と分類）……58
- 3-2 炭素量で使い道が異なる鋼材（鉄鋼材料）……………60
- 3-3 鉄と共に多用されるコンクリート（セメントとコンクリート）…65
- 3-4 インフラの伝統的材料だった木材（木材）……………67
- **ミニ知識** 相性の良い鋼とコンクリート ………………67
- 3-5 精製後の残留物からつくる瀝青材（アスファルト）………68
- 3-6 その他のインフラ材料（合成樹脂と繊維強化複合材料）…71

第4章 構造物に働く力

- 4-1 モノへの力の発生と変形（構造力学とは）……………74
- 4-2 力の3要素と力の合成（「力」とは何か）………………76
- 4-3 はりに働く力と仕組み（力の作用と仕組み）……………83
- 4-4 構造物に作用する荷重（荷重とは）………………………91

第5章 土と構造物

- 5-1 土や岩で構成される地盤（土と岩）………………………94
- 5-2 構造物を安定させる地盤（重要な地盤条件）……………95
- 5-3 荷重を地盤に伝達させる（基礎構造の種類）……………98
- 5-4 基礎を支える土質を調査する（土質調査）………………100
- 5-5 土の力学的な性質を知る（土の強さと変形）……………102
- 5-6 斜面の安定と崩壊（斜面崩壊）……………………………108
- 5-7 地盤が液体のようになる（地盤の液状化）………………111
- **コラム** 世界最初の鉄の橋——アイアンブリッジ（イギリス）…114

第6章 都市環境とまちづくり

- 6-1 まちづくりの基本条件となる都市環境（都市環境とは）…116
- 6-2 環境から創出される仕組み（環境アセスメント）………120

6-3 生活上の障壁を取り除く（都市のバリアフリー）………… 126
6-4 利便性から快適性へ（都市の景観計画）………………… 131
ミニ知識　作業船はどうやって安定を保つのか？……………… 134
6-5 文化遺産としての歴史的構造物（歴史的構造物）……… 135

第7章 河川と水の動き

7-1 水害を起こしやすい日本の河川（国内河川の特徴）…… 142
7-2 氾濫を防止する堤防施設（堤防と護岸）………………… 144
7-3 水の性質と流れ（流速・流量・層流・乱流）…………… 149
コラム　伝統的木造建物のアーケード
　　　　── チェスターの回廊（イギリス）……………… 159
コラム　壊れたまま残る古代ローマの橋
　　　　── ポンテ・ロット（ローマ）………………… 160

第8章 水辺空間とアメニティ

8-1 河川環境への意識の高まり（河川と環境）……………… 162
8-2 多様な自然を活かす川づくり（多自然川づくり）……… 164
8-3 繁茂した樹木による生息空間（生物生息と護岸工）…… 170
8-4 自然を活かした憩いの場（水辺空間整備、人工流路）… 173
8-5 水をマネジメントする（流域水マネジメント）………… 179

第9章 上下水道と都市環境

9-1 水道は都市環境の重要なテーマ（上下水道の役割）…… 182
ミニ知識　物理学の質量と土木工学の質量……………………… 182
9-2 衛生的な水を都市へ供給する（上水道）………………… 183
9-3 雨水や汚水を速やかに排水する（下水道）……………… 187
コラム　先史時代の遺跡 ── ストーンヘンジ（イギリス）……… 194

第10章 都市の廃棄物

- 10-1　廃棄物への取り組み３つの「R」（社会生活と廃棄物）‥‥196
- 10-2　法令で定めた廃棄物（廃棄物の区分と種類）‥‥‥‥‥197
- 10-3　変化する都市の廃棄物（廃棄物処理の現状）‥‥‥‥‥199
- 10-4　循環型社会への取り組み（リサイクル関連法）‥‥‥‥201
- 10-5　収集、中間処理、最終処分（廃棄物処理のプロセス）‥‥202
- 10-6　焼却灰を無害化する施設（焼却処理施設）‥‥‥‥‥‥203
- コラム　２階建ての鋼アーチ橋 ── ビア・アケム橋（パリ）‥‥‥211
- コラム　荒川治水の要 ── 旧岩淵水門（東京）‥‥‥‥‥‥‥‥212

第11章 自然環境の保全

- 11-1　自然環境保全への取り組み（保全の経緯）‥‥‥‥‥‥214
- 11-2　自然環境保全の考え方（自然環境保全基本方針）‥‥‥216
- 11-3　水質浄化の改善と生態系（湿地の回復）‥‥‥‥‥‥‥220
- コラム　現存最古の洋式燈台 ── 品川燈台（明治村）‥‥‥‥224
- 11-4　生物多様性への世界の取り組み（生物多様性）‥‥‥‥225
- 11-5　緊急課題となった外来植物対策（外来植物対策）‥‥‥227
- 11-6　自然保護か開発か（吉野川可動堰）‥‥‥‥‥‥‥‥‥228
- コラム　蘇った運河 ── 小樽運河（小樽）‥‥‥‥‥‥‥‥‥230

第12章 都市の緑化、屋上緑化、壁面緑化

- 12-1　注目される緑の総合的な確保（都市緑化の課題）‥‥‥232
- 12-2　なぜ都市に緑が必要なのか（都市緑化の必要性）‥‥‥234
- 12-3　省エネ効果が期待される屋上緑化（屋上緑化）‥‥‥‥236
- 12-4　期待高まる人工空間の緑化対策（壁面緑化）‥‥‥‥‥241
- ミニ知識　「都市」の定義は？‥‥‥‥‥‥‥‥‥‥‥‥‥‥241
- コラム　軍都の近代水道施設 ── 広島市水道資料館（広島市）‥‥246

第13章 防災への取り組みと技術

- 13-1 災害を未然に防ぐ（防災とは） ……………………………… 248
- **ミニ知識** 土壌汚染とその対策 ……………………………… 248
- 13-2 自然の脅威にさらされる日本（自然災害の発生）……… 249
- 13-3 災害に強い都市を実現するには（防災技術）…………… 251
- 13-4 防災意識を高めるハザードマップ（ハザードマップ）… 255
- **ミニ知識** 耐震設計基準 …………………………………… 256
- 13-5 格段に耐久性が高いスーパー堤防（防波堤、堤防）…… 259

第14章 土木事業の情報収集と分析

- 14-1 インフラ施設の計画を策定する（調査の目的）………… 266
- 14-2 政府統計資料を活用する（各種統計資料）……………… 268
- 14-3 全数調査と標本調査の使い分け（独自の調査）………… 274
- 14-4 距離だけではない測量の技術（測量の基礎）…………… 276

第15章 建設産業と建設マネジメント

- 15-1 一品生産モノづくりとしての建設（建設産業とは）…… 282
- 15-2 建設事業の３つの側面（建設事業の仕組み）…………… 284
- 15-3 施工管理と建設マネジメント（施工管理）……………… 287
- **コラム** テムズ・バリアー
  ── テムズ川の防潮堰（イギリス）………………… 292
- 15-4 建設工事のコスト管理（原価管理）……………………… 293
- 15-5 災害防止の体制づくり（安全管理）……………………… 296
- 15-6 土木に関する職業と技術資格（職業と資格）…………… 298
- **コラム** 歩行者専用道路の先駆け
  ── ハイウォーク（ロンドン）……………………… 304

参考文献 …………………………………………………………… 305
索引 ………………………………………………………………… 307

第 1 章

生活の中の土木技術

　私たちの日々の生活の場は、社会基盤（インフラストラクチャー）の上に築かれています。通勤、通学、買い物などのための移動や、生活に必要な物資を生産地から消費地への輸送するための交通施設、電気、水道、ガス、下水処理などのライフラインなど、いずれも生活基盤の重要な部分です。本章では、これらの社会基盤をつくり出す土木技術の特性や、技術の領域、環境と土木技術の関わり、さらには技術の歴史について概観します。

図解入門
How-nual

1-1 土木技術の役割

生活と安全を支える土木

人々の日々の生活が社会基盤（インフラ）施設の上に成り立っていることは、私たちの身の回りを見ることで容易にわかります。

▶▶ 社会基盤施設

人の移動や物資の輸送は、道路や鉄道などの交通施設や、駅、駐車場、バスターミナルなどの関連施設によって実現されています。

水の供給や電力、ガスなどのエネルギーの供給、生活排水や廃棄物の処理なども下水処理、ごみ焼却施設といった社会基盤が機能しなければ成り立ち得ません。洪水や高潮を防ぐ堤防や防潮堤などの防災施設や地震情報、災害避難のためのハザードマップ情報の提供も情報通信の社会基盤が支えています。

土木技術の役割は、このような人々の生活を支えて安全性や利便性を提供するための社会基盤施設をつくり出し、機能を継続させていくことです。

古代ローマの水道橋

南フランスに、紀元前19年、アーチ橋によってこう配一定の水路が水道水供給のために建設された。

1-1 土木技術の役割

コリントス運河

> 1893年にギリシャで建設された。切り立った崖を最高60mも掘削した長さ6.3kmの運河。この運河の完成で海路が300kmも短縮された。

世界最長の吊橋

> 兵庫県明石と淡路島の間の明石海峡を跨ぐ中央スパン1991m、全長3910mの世界最長の吊橋。

第1章 生活の中の土木技術

1-1 土木技術の役割

　古代ローマ人は、ローマ帝国全域に網の目のように道路を通し、川には橋を架け渡し、都市には水道をひいて、神殿、公会堂、広場、劇場、競技場、公衆浴場などの**社会基盤（インフラ）施設**を建設しました。このため古代ローマ人は、インフラの父といわれています。2000年も前に社会基盤を建設する事業を「人間が人間らしい生活を送るために必要な大事業」と表現したそうです。

> 古代ローマ人は、公衆浴場などの社会基盤施設を建設した。

▲ローマの公衆浴場（トラヤヌス浴場遺跡）

▶▶ 土木技術や公共事業への注目

　生活のための諸々の条件を手に入れるために、人々が周囲の環境へ働きかけをすることは、人類の地球上への出現と共に始まった人間が生活をしていくための最も基本的な行為でした。人々は、産業革命で蒸気機関を手にすると、それを動力とした機関車を通すための鉄道を建設し、道路を通して川や海峡を越えて橋を架け渡しました。山肌を削り、くり抜いて道路やトンネルを建設し、洪水を防いで飲料水や農業用水を確保するために川をせき止めてダムを建設してきました。

　社会基盤施設は、人々の生活を支えるための施設であり、洪水を防ぎ、交通路の利便性を確保するために建設されてきました。この目的のための施設である限り、社会基盤施設の建設は疑うことなく善行でした。しかし、次第にその規模が大きくなり、自然への影響も無視できないようになると、想定しなかった環境への影響が出てきました。限られた財政での支出の優先順位の中で、社会基盤の整備も無駄な投資ではないかとの批判でした。

社会基盤施設の目的の追求

　土木技術の大きな役割は、将来にわたっても変わることはありません。人々の生活の安全と利便性、快適性を実現し、維持していく人々の生活のための技術です。

　しかし、社会基盤の開発、モノをつくることのみを土木技術の範囲としていては、必ずしも社会が要請する人々の生活の安全を守り、利便性を確保することには応えられません。長期的な視点に立ったハード、ソフトの両面の取り組みへと時代と共に変質していくことが求められています。

COLUMN　幕構造の新屋根…ドレスデン中央駅（ドイツ）

　ドイツの東端に位置するドレスデンの中央駅は、高速道路と共に、人口50万都市の玄関口です。国内はもとより国境を越えて東隣のポーランドや、南はチェコの首都プラハ、さらにはその南のオーストリアのウィーンを直通列車でつなぐ中・東欧地域の鉄道網の要衝です。

　ドレスデン中央駅の歴史は、それほど古くはなく3つの駅を統合して1897年に開業しました。石造の重厚な駅舎と、列車ホームの錬鉄アーチは、第二次世界大戦によって大きな損傷を受けました。戦後少しずつ修復を始めて、2000年からは大規模な工事が行われました。

　ドレスデン中央駅は、屋根全体がガラスで覆われ自然光の射し込む列車ホームが特徴でした。この特徴を再現するために、光を透過する幕で鉄骨アーチ全体が覆うように葺（ふ）き替えられました。

　大屋根を幕で覆うためには、内部の空気圧を上げるか、サーカス小屋のように高い柱からつり下げる方法、あるいは鉄骨で支える方法があります。ドレスデン中央駅は、既設のアーチ鉄骨に幕を張り付けた方式です。幕をピンと張り渡すと導入された張力で鉄骨に水平力がかかります。

1-2 土木技術の特性
自然を相手に
やり直しもできない

　土木技術の対象は自然そのものか、大地などの自然と接しているモノです。これが土木技術の第一の特性です。

▶▶ **自然が相手**

　ダムを建設する場所は、より大きな貯水量が確保できる集水面積と地形条件や、ダムの構造体を支えるためのしっかりした地盤条件などの自然条件を読み解くことが非常に重要です。

　暴れ川の氾濫を防ぐためには、その川の特性をよく知ることで、**堤防**が築かれてきました。戦国大名の武田信玄の築いた**信玄堤**はこの好例です。橋の基礎はその場所の地盤条件に応じて基礎工法が選ばれ、長大橋であれば、その場所の風の特性も考慮する必要があります。トンネルを掘るにはその場所の地質によって工法が決められます。このように自然の影響を考慮することなしに土木事業の実施は不可能です。

　土木技術の対象物は自然を相手とすることから、他の工業製品と比べて規模が大きく、その計画から施工まで長期間を要することになります。規模の大きさや時間の長さは、技術を行使することそのものが逆に自然環境へ与える影響が大きいということを意味しています。

（武田信玄は、川の氾濫を防ぐために堤防を築いた。）

▲信玄堤　　　　　　　　　　　　　　by さかおり

例えば、自然に分け入って土木施設を建設する場合は、その地域の生態系への影響を考慮することが必要です。ダムで川をせき止めれば、川を遡上する魚への配慮も必要です。また、地盤、森林などに大規模な変更が加えられるのであれば、モノをつくる技術と同様に、その地域の生息動物への影響を考慮して方策を講ずることも土木技術の範囲に含まれます。このために大切なことが自然との調和、共存です。

▶▶ やり直しがしにくい

　土木技術によってつくり出される社会基盤施設は、大規模で長時間にわたって行為が継続することから、途中で計画の変更や中止は多大な経済的、時間的損失を生じることになります。土木技術の第二の特性は、やり直しがしにくい施設のための技術であるということです。橋桁の上部工の架け替えや撤去などは事例がありますが、直接大地に根を生やして土地に刻み込まれたダムなどの構造物の撤去は経済的にも技術的にも容易ではなく社会的な損失を伴います。

　このため、計画にあたっては将来にわたってその施設を使い続けることを前提に考えることが必要となります。土木技術によってつくり出される社会基盤施設は一般には撤去不能であり、やり直しが利かないと考える必要があります。

▶▶ 公共性

　土木技術の第三の特性は、不特定多数の人を対象とした社会基盤施設のための技術であることです。土木技術の行使の目的は公共の利益です。土木事業のほとんどは公共事業（Public works）で実施者は国や都道府県などの地方公共団体です。設計や安全の基準も一般性のある水準でなければなりません。事業費も国や地方公共団体の財政からの公金から拠出されるか、事業者の保証で調達された資金によって賄われています。このため通常の商取引で行われる一般の物品の売買とは異なり、会計法という法律に基づいて入札制度に従った公平性のある事業執行の方式で行われていまいます。

　以上のように土木技術は、自然を相手として、規模が大きく後戻りや変更のしにくい不可逆性を持ち、さらに不特定多数の人々を対象とした公共性を持つ社会基盤施設を対象とした技術です。

1-3 土木が扱う７つの工学技術

土木技術の領域

　土木技術が扱う領域の分類の方法はいくつかあります。土木学会の分類に従って、具体的に見ていきましょう。

▶▶ 土木技術分野と関係する工学領域

　ここでは土木学会の研究グループの分類に従って、構造、水理、地盤、計画、コンクリート、建設マネジメントおよび環境・エネルギーの７つに区分します。

　構造、水理、地盤、およびコンクリートの４分野は伝統的な土木技術分野で、計画、建設マネジメントおよび環境・エネルギーは比較的新しい分野です。

土木技術の領域*

分野		属する工学領域	
I	構造	構造工学	鋼構造
		地震工学	応用力学
		複合構造	木材工学
II	水理	水工学	海岸工学
		海洋開発	
III	地盤	トンネル工学	岩盤力学
		地盤工学	
IV	計画	土木計画学研究	土木史研究
		景観・デザイン	
V	コンクリート	コンクリート	舗装工学
VI	建設技術マネジメント	土木情報学	建設技術研究
		建設用ロボット	建設マネジメント
		コンサルタント	安全問題研究
		地下空間研究	
VII	環境・エネルギー	環境工学	環境システム
		地球環境	原子力土木
		エネルギー	

＊**土木技術の領域**　土木学会の研究グループに基づいて分類をした土木技術の領域区分。

▶▶ 構造

　構造分野の中心をなすのが応用力学（または構造力学、材料力学）です。構造物へ外力が作用した場合の各部の挙動を解析・把握するための物理を基礎とした分野です。計画、設計、施工など、ほとんどの段階で土木技術者に必要とされる共通的、基本的知識であり、技術者の素養のベースです。

　この他の構造分野には、鋼材を主材料とする構造物（鋼構造）や地震工学、コンクリートと鋼などを組み合わせた複合構造、鉄筋コンクリート、プレストレストコンクリート、さらに木材の構造物の計画、設計、建設、維持・補修なども含まれます。

▶▶ 水理

　水理分野は水の運動を扱い、水路やダムなどにおける河川構造の水の流れによる影響の解明や波力の作用による防波堤などへの影響を解明する技術分野です。

　河川工学では、山間部に降った雨や雪が河川に集まり海に流れ出るまでの過程と、その過程において人々に与える利益、被害などについて扱います。

　水文分野や海岸工学は、それぞれ河川工学、港湾工学の一部門として1950年以降に発展した新たな分野です。水文では雨量と流出の関係を定量的に把握し、流域の雨量（集水面積）とダム地点への流量の計算や洪水防止のための降雨流出現象の解明、過去の水文データの統計解析に基づく河川構造物の設計や洪水予測などを行います。海岸工学では、高潮に対する海岸線保全、波浪を外力とする海岸構造物の設計、海岸侵食問題などを扱います。

　その他、発電水力、下水道、生活排水の処理、ゴミ焼却施設、汚染土壌、土地改良、農業土地利用、灌漑（かんがい）、農道などもこの分野で扱われます。

▶▶ 地盤

　地盤分野は、土構造物、斜面崩壊を扱う地盤工学や岩盤、断層などを扱う岩盤力学や構造物基礎を扱う基礎工学、耐震を扱うそれぞれの分野があります。土や岩盤は、自然材料である土木材料を対象としたあらゆる構造物の基礎であり、建築、農業土木、地質との共通領域となっています。この分野では、地震時の液状化や地盤沈下の問題などが近年の震災被害で着目されています。

1-3 土木技術の領域

▶▶ 計画

　計画分野の中では、都市計画は、インフラに関するハード、ソフトの面からまちづくりに関わる課題を扱います。計画分野は、土木分野以外に経済学、計量心理学などの、社会科学の学際的な領域が含まれる特徴があります。道路の線形や構造、舗装、道路付帯構造物などを扱う道路工学や道路、鉄道などの交通問題を扱う交通工学、土木の伝統分野である鉄道工学もこの分野に属します。また、土木構造物の設計、建設の基礎情報となる土地を計測し把握する測量やリモートセンシング技術もこの分野です。景観デザイン、土木史研究もこの計画分野に含まれます。

▶▶ コンクリート

　土木材料として発達したのは近代になってからです。鉄筋コンクリートはフランスで生まれた技術がもととなっていますが、圧縮に強いが引張りに弱いコンクリートと引張りに強い鋼材の組み合わせで部材を構成します。今日、コンクリートは土木構造物の材料として、鋼と並んで最も使用される頻度の高い材料です。構造体に適用されるコンクリートと共に舗装材としてのコンクリートの適用もこの分野に含まれます。

▶▶ 建設技術マネジメント

　この分野には、施工管理、品質管理、工程管理などの建設に関わる建設マネジメント技術から、地震、水害、高潮などの災害を防ぐための防災工学、既設構造物の長寿命化によるインフラの資産管理技術なども含まれます。入札契約などの公共事業における執行方式の課題や土木情報の扱い、建設施工に関わる機械化、ロボット化の研究、あるいは建設業界に関わる技術コンサルタントのあり方、さらに将来的な開発の方向としての地下空間研究もこの領域に含まれます。

▶▶ 環境・エネルギー

　環境・エネルギーの分野では、伝統的分野の水質浄化、下水処理などの衛生工学のほかに環境アセスメントや環境保全の課題、サステイナブル都市、社会の環境システムや地球環境問題も含まれます。エネルギー供給システムと環境の課題も扱われます。さらに原子力土木もこの分野に含まれます。

1-4 環境と土木技術

環境と密接に関わる土木

「環境」という用語は、専門分野を問わずいろいろな場面で一般的に最もよく使われる頻出語の一つです。

▶▶ 環境の意味

土木技術が対象とする自然は人々を取り囲む環境の重要な要素で、環境は土木技術と密接な関わりを持っています。この関係を見ることは、土木技術の位置付けを明らかにするためにも大切です。そこでまず「環境」の意味について整理をしておきましょう。土木学会発行の「土木用語大辞典」はこの「環境」について、次のように説明しています。

この定義にあるように「環境」とは、人間を取り巻く様々な外的条件のすべてであり、狭義には人間を主体として人間に対して外から作用する生物的、社会的、文化的な条件とされています。

環境をつくり出す原因の観点からは、環境は自然環境と社会環境に分けられます。このうち、自然環境は大気・天然の水・地盤・気象条件および自然植生・野生動植物の生態など、自然の条件または自然により形成されるものです。これに対し、社会環境は人間のつくり出した環境で、社会基盤や都市施設の整備など、物的な側面と行政機構や社会組織と諸々の制度・慣習などの制度的側面があります。土木技術はこの部分に多くの関わりを持ちます。

▶▶ 都市の環境整備

WHO（世界保健機構）では、都市の環境整備の基本目標として安全性・保健性・利便性・快適性の4条件を挙げています。日本国憲法第25条で保障された国民の健康で文化的な生活を営むために不可欠なすべての生活面を含むものです。

社会環境に関する課題の多くは、都市問題として現出しています。産業立地による汚染水の流出や、都市への人口密集は大気汚染や水質汚染を起こし、公害から環境問題を生みました。

1-4　環境と土木技術

　都市交通手段としての自動車の増加、モータリゼーションによってもたらされた様々なまちづくりの課題は、都市生活の快適性、利便性の追求と不可分の課題を生みました。近年の人口の高齢化に伴う社会の変化は、都市施設のバリアフリー化を促しました。

　一方では、都市のうるおいと文化的な質を確保するために歴史的まちなみの保存や、歴史的構造物の保全、活用などへの意識が高まりを見せてきました。これらはいずれも都市環境の一つの側面で土木技術が深く関わりを持っています。

▶▶ 社会環境の変化

　社会生活を大きく支配する社会環境は、国際化、IT情報化の進展、高齢化、エネルギー枯渇、環境問題の深刻化などによって急速に変化しています。この変化は、同時に、自然科学の研究、技術の開発と共に、人間・社会と自然の相互作用、また技術の発達と社会環境の関係の把握、分析のために、学問境界領域に多くの研究余地があることを示しています。

　科学的生産技術より生まれた生産管理技術から、品質管理、製造物責任の範囲拡大という技術発展に伴う技術者倫理の重要性の増加はその一側面です。このように、土木技術が立ち向かう環境も、近年の社会の変化を背景として大きく変化を遂げつつあります。

　前述したWHO（世界保健機構）で規定する4条件である安全性・保健性・利便性・快適性を実現するためには、土木技術の専門領域に加えて、経済学・社会学・歴史学・人文地理学・政治学・法律学・社会思想史学など、既存の諸科学の知見を十分に踏まえることが必要になっています。この大きな背景を意識することによって、土木技術は従来からの伝統的なモノづくりの技術に加えて、社会の変化によってもたらされる新たな課題に取り組む、総合的な学問体系へと自ら変質していくことが求められています。

1-4 環境と土木技術

COLUMN　ユーロスターの発着駅…セント・パンクラス駅（ロンドン）

　ロンドンのセント・パンクラス駅の特徴は、ゴシック調のレンガ建物と列車を覆うアーチの大屋根です。すべての線路をスッポリと覆う錬鉄製アーチは、幅が約73mもあり、1868年に駅が開業したときには、世界最大規模のスパンでした。

　この大屋根を実現するために、バーローという設計者は、設計に先立て、18分の1の縮尺の模型をつくって実験をしています。

　アーチ構造の弓なり状の部分は、三角形に部材を組んだラチスという構造で、両端は水平に張られた弦で結ばれ、この上に在来線のホームがあります。全部で24本のアーチは、線路の方向に約9mの間隔で設置され、屋根の全長は200mを超える規模です。

　この歴史的な鉄道駅は何回か改造が加えられ、最も近年では、ユーロスターの発着駅の役割を追加する大改造でした。国際ターミナルの工事が完成したのは、2007年11月ですが、それ以前は、英仏海峡を渡ってイギリスに入ったユーロスターは、在来線の軌道を通ってロンドンのテムズ南岸のウォータール駅を終着駅としていました。

　この在来線に代わり、新たに建設された高速鉄道路線は、時速300kmの運行ができる緩いカーブで、ロンドンに近付くと地下にもぐり、新国際ターミナルのセント・パンクラス駅に到着します。

　ロンドンの多くの鉄道駅は、方向ごとにそれぞれ別々の発着駅として、19世紀の中頃以降に相次いで建設されました。1世紀半以上を経た現在も、ほとんどが補修や改造を行いながら使われ続けています。これらの中には、セント・パンクラス駅のように、時代の要請で改造が加えられたものも多いですが、決してスクラップ＆ビルドではありません。過去に建設されたものを前提として足し算で、新たな機能を加える方法で手が加えられています。

▲セント・パンクラス駅

> 駅が開業した1868年当時は、世界最大規模のスパンを誇った。

第1章　生活の中の土木技術

1-5 古墳は国家的プロジェクトだった

日本の土木技術の歴史

　土木技術の歴史は、土木技術が生活のための技術であることから、人類の誕生と共にはじまります。

▶▶ 日本人の自然観

　土木技術は自然を相手として関わりを持ちつつ、その土地の気候風土、自然条件との密接な関係の中で発達してきました。

　日本人の自然観は、日本列島が大陸の南西部に位置するモンスーン地帯に属し、台風、地震、降水量の多い急峻な地形、長い海岸線、急流河川といった厳しい自然環境や、国土の地理的環境によって培われてきました。

　日本における土木の特性の背後には、ヨーロッパにおける自然と対峙して技術で克服するというよりも、自然に順応を図りつつ共存をするために、いかに折り合いをつけるかに主眼を置いたスタンスがあります。

▶▶ 記録上の最初の土木事業

　日本書紀によれば、最初の大規模土木事業が河川の氾濫を防ぐための堤防の建設と氾濫水の海への排除のための堀（放水路）の建設であることが記されています。仁徳天皇即位11年（323年）、大阪淀川の左岸の茨田（まんだ）堤と現在の天満川における堀の建設でした。堤防はわずかな遺跡が残っています。建設の記録は日本書紀に記されています。

> ### 日本書紀にみる土木事業*
>
> 溢れた水は海に通じさせ、逆流を防ぎ田や家を侵さないようにせよ。……宮の北部の野を掘り、南の水を導き、西の海（大阪湾）に入れた。その水を名付けて堀江といった。北の河（淀川）の塵芥を防ぐために、茨田の堤を築いた（仁徳天皇11年／AD323）。

＊…にみる土木事業　宇治谷孟、全現代語訳日本書紀　仁徳天皇、講談社学術文庫より。

1-5 日本の土木技術の歴史

茨田堤の碑と遺跡

最初の大規模土木事業の堤防建設を示す石碑。

わずかな遺跡とみられる堤防跡と説明板。

1-5　日本の土木技術の歴史

▶▶ 古墳は土木事業

　3世紀から7世紀の約400年間の古墳時代には、確認されているだけでも、16万箇所以上の円、方形、多角形などの形状の古墳が日本各地に建設されました。土を掘削して輸送して所定の高さまで築く古墳の建設は土木プロジェクトでした。

　この中でも有名な古墳が前方後円墳の**仁徳陵**＊です。**前方後円墳**は、中央は盛土の丘で、周囲は堀で囲まれ外周は盛土となっています。仁徳陵は、後円部の直径は245m、高さ35m、前方部は幅305m、高さ33mで、面積は10万m^2もある最大の古墳です。建設には21年の年月と400万人労働者が従事したとされますが、3世紀当時の日本の人口が100万人程度であったことを考えれば、超国家的プロジェクトであったことがうかがえます。

仁徳陵

5世紀前半に建設されたと見られるわが国最大の前方後円墳。

＊仁徳陵　堺市堺区大仙町。

▶▶ 高僧は土木技術者を兼務

　公共事業は不特定多数の利益のために行う利他行（りたぎょう）です。このため僧侶が公共事業に関わることが多く、国内で最初のアーチ型の土堰堤（どえんてい）を築いたのは空海（774〜835年）でした。空海は、9世紀のはじめに唐への留学で仏教のほか、薬学、土木工学などを学んで帰国しました。この知識をもとに四国の満濃池をはじめ溜池、灌漑の土木事業を各地で実施しました。特に満濃池は日本最古の貯水池で、土堰堤が築かれました。

空海

（僧侶の空海はまた土木技術者でもあった。）

　空海よりも早い時代の行基（668〜749年）も道場や寺院と共に、溜池、溝、掘割、用水路、橋などの公共施設の建設をした土木技術の知識を持った僧侶でした。行基の業績で、古式の日本地図の**行基図**はよく知られていますが、日本地図の原型として、江戸時代中期に伊能忠敬らによるまで、日本地図はこの行基図をもとにしていました。

1-5 日本の土木技術の歴史

国内最古の貯水池満濃池*

空海が建設したとされるアーチの土堰堤のある貯水池。

行基図

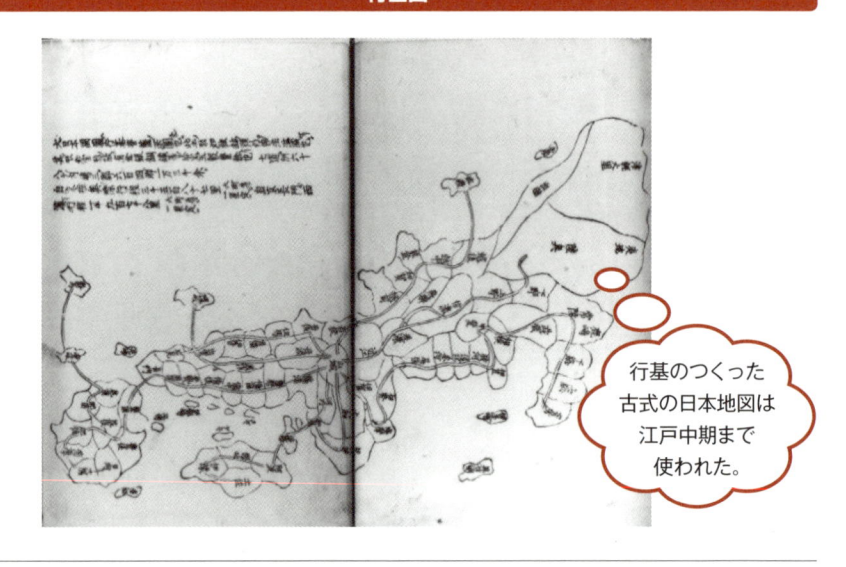

行基のつくった古式の日本地図は江戸中期まで使われた。

＊**国内最古の貯水池満濃池**　香川県仲多度郡、821年。堰堤高22m、周囲延長8.25km、面積81ha、容量500万m³。

1-5 日本の土木技術の歴史

▶▶ 戦国時代は土木技術の発展期

　戦国時代に国を富ませて国力を維持するためには、洪水を田畑から守ることが重要でした。このため優れた治水の技術は16世紀の戦国時代に生まれました。戦国時代以後も、国を治めるために土木技術が重要であったことを示す多くの史実があります。武田信玄（1521～1573年）の御勅使川の**信玄堤**、豊臣秀吉（1537～1598年）の築城技術や攻城技術、**太閤検地**と呼ばれる測量と田畑石高の台帳の整備、徳川家康（1542～1616年）による新都市の**江戸**のまちづくりなどです。

▲武田信玄 　　▲豊臣秀吉 　　▲徳川家康

水制工＊

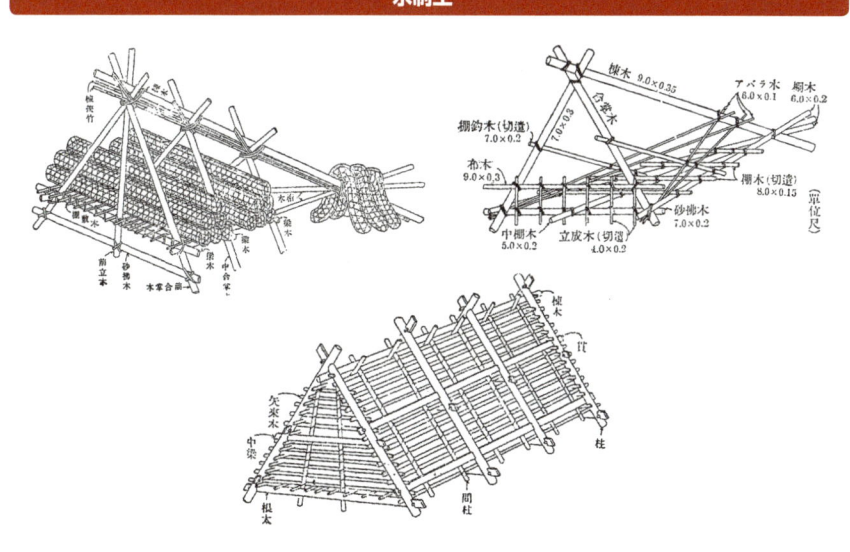

＊**水制工**　大聖牛（左上）、烏脚（右上）、三角枠（下）。真田秀吉、日本水制工論、岩波書店、1932年刊。

近世における道路整備

徳川家康が関東に幕府を設立して戦国の時代が終わりを告げると、全国的な道路の整備が行われました。1601年には、東海道の宿駅、伝馬の制が設けられ、1603年に江戸に日本橋を建設し、ここを全国へ伸びる道路の基点にしました。この道路起点は現在も引き継がれています。1635年には参勤交代制度が敷かれて、交通量が増加すると、江戸と全国各地との駅路の整備がさらに進みました。主要幹線の建設は、東海道が1624年、日光街道が1636年頃、奥州街道が1646年、中山道が1694年、そして1772年の甲州街道の整備によって五街道が完成しました。

東京日本橋の中央歩道に埋め込まれた道路元標

> わが国の道路の起点は1603年に設けられ現在も変わらない。

近代土木技術のはじまり

わが国は、19世紀の中頃を過ぎてから、産業革命を経て蒸気機関車による鉄道を敷設し、鉄製の橋を架け、レンガや石造構造物を建造する近代技術を知りました。圧倒的な技術力の格差を一刻も早く解消するために進めたのが西欧技術の移入でした。西欧諸国に留学生を派遣し、国内には欧米の技術者を雇用し、西欧技術の教育機関を設立することで、明治日本は西欧からの導入技術を急速に取り入れ、同時に実際の工事で実践していきました。

国内最初の鉄道は、新橋〜横浜間で、明治5(1872)年に開通しました。

1-5 日本の土木技術の歴史

国内初の鉄道（新橋〜横浜間）

▲日本で最初の鉄道開通式典

▲横濱鉄道蒸気出庫之図

新橋・横浜間の鉄道建設は、近代で最初の大規模土木プロジェクトであった。

第1章 生活の中の土木技術

1-5　日本の土木技術の歴史

高輪海岸の築堤

> 港区（薩摩屋敷付近）は兵部省の反対で鉄道は1877（明治10）年頃に海中に築堤して線路を敷設した。背後の丘は現在の慶応大学あたり。

開通直後の六郷川橋梁

> 最初の鉄道の橋はすべて木造（木造トラス橋）であり、3年ほどで腐食が激しくなり、鉄に置き換えられた。

1-5 日本の土木技術の歴史

鉄道5000マイル記念式典の絵葉書

> 鉄道開通から32年後の1906(明治39)年の5000マイルを達成した。日本人技術者は導入技術を急速に吸収しつつ、毎年250kmのペースで全国に鉄道建設を進めた。

　土木技術の歴史は、土木施設のモノをつくり出す技術と共に、それを生み出した仕組みや制度も同じく記録に留めて後世に伝えることで、将来への土木技術の方向を示す有益な情報が含まれます。このために土木史研究は将来的な土木の役割を考える上で大きな意味を持ちます。

さらに学ぶための参考図書　　study

1) 『現代日本土木史（第二版）』高橋裕、彰国社、2007年刊
2) 『日本人の自然観、寺田寅彦随筆集　第五巻』寺田寅彦、岩波文庫、岩波書店、1997年刊
3) 『すべての道はローマに通ず、ローマ人の物語Ⅹ』塩野七生、新潮社、2001年刊
4) 『人間学的考察』和辻哲郎、岩波文庫、岩波書店、1979年刊
5) 『新領域土木工学ハンドブック』土木学会編、pp.3〜64、朝倉書店、2003年刊
6) 『図説 近代日本土木史』土木学会土木史研究委員会編、鹿島出版会、2018年

1-5 日本の土木技術の歴史

COLUMN　鎌倉七口の一つ …朝比奈切通し（神奈川）

　鎌倉は、背後に山をひかえた鶴岡八幡宮から南にまっすぐ海までのびる若宮大路を中心として開けた町です。源頼朝は、東西および北の3方向を山で囲まれ、攻めるに難しいこの地の北の奥隅に鎌倉幕府を置きました。

　鎌倉幕府の権勢の拡大につれて、人々の交流も増え、都市機能として整備されたのが、七口と呼ばれる鎌倉へ入る道路でした。京都と鎌倉を結ぶ主要道路が西側から鎌倉に入るところが、極楽寺坂切通しです。海岸沿いを走る江ノ電極楽寺駅の少し北側の場所です。

　これに対して、東から鎌倉に入るのが六浦口で、朝比奈切通しで峠を越えるルートです。京浜急行金沢八景駅付近の六浦と鎌倉を結び、付近一帯に広がる塩田で生産された塩や、安房、上総、下総から海路六浦湊に陸揚げされた物資がこの朝比奈切通しを経て鎌倉に運びこまれました。七口は、いずれも、山越えの道でしたが、これらの中でも六浦口は特に険しいルートでした。朝比奈切通しの幅は、狭いところでは2m足らずで、人馬は一列になって通行できる程度です。切通しのところどころには、平場や切岸といった切り立った崖の上などから侵入者を撃退する防御施設が設けられ、今日でもそれらしき跡を見ることができます。

　朝比奈切通しの建設は、3代執権北条泰時によって、仁治2（1241）年着工され、わずか1年で完成したといわれています。付近の土質は、いわゆる三浦層と呼ばれる泥岩状に固まった地層で、かなりの困難がともなう土木工事であったことが推測されます。

　横浜横須賀道路の朝比奈インターを降りると、横浜／鎌倉の境界の峠を越えて20分程度で鎌倉に着きます。朝比奈切通しは、この道路に沿った南側の森の中に位置します。鎌倉周辺の主要なハイキングコースから外れ、訪れる人も少なく、ひっそりとした佇まいの中に往時の様子をとどめています。

▲朝比奈切通し

> 北条泰時によって、着工後わずか1年で完成したといわれている。

第2章

いろいろな社会基盤施設

　私たちが社会の中で安全、快適、便利に住み、働き、憩う社会活動を続けるためには、誰もが利用することのできる様々な施設や仕組みが必要となります。社会基盤（インフラストラクチャー）とは、人々の社会活動に対して基本的なサービスを提供する施設や仕組みです。本章では、土木技術の対象とする社会基盤の種類、特徴などについて、産業関連、生活関連、国土保全関連、その他と4つに区分してみます。

1・2級土木施工管理技術検定試験（対応）

出題分野（試験区分）

分野：専門土木
細分：構造物、道路・舗装、ダム・トンネル、海岸・港湾、
　　　鉄道・地下構造物

2-1 社会基盤施設の区分

土木の対象は固定的社会資本

社会はいろいろな立場の人々の様々な関わりによって成り立っています。消費者としての立場、モノやサービスを社会に提供する生産活動に関わる企業の立場、国や地方公共団体などの公的な立場による公共サービスの提供などがあります。

▶▶ 共通的な特徴

いろいろな立場の人々によって提供されるモノには、日用品や食料のように使えばなくなってしまう消費財もありますが、工場の機械設備や公共施設など、長時間にわたってモノが継続するものもあります。この中でも、橋、道路、鉄道、空港、港湾、防波堤など、社会活動全体に対して間接的に役立つ社会基盤を**固定的社会資本**と呼びます。

土木技術が対象とする社会基盤は、この「固定的社会資本」と呼ばれるものがほとんどで、将来にわたって引き継がれ機能が継続します。固定的社会資本は、公共投資によって国や都道府県などが公共事業としてつくるものもあれば、高速道路会社、電力会社、鉄道会社などの民間企業によるものもあります。

社会基盤施設の共通的な特徴の第一は、公共性にあります。**公共性**とは、個人や特定の人のためではなく、不特定多数の人々に使われることを意図した施設であることです。また、社会基盤施設は一般に規模が大きく、完成すれば地図上の変更を伴うことにもなります。この規模の大きさのために、環境や自然への影響も大きく、施設の建設、運営、維持の費用もかさむことになります。

また、規模の大きさはその施設の置かれた場所の**景観**へ影響を与えます。この結果、美しさもあれば、反面、醜さをもたらす可能性もあります。社会基盤施設は計画、設計した意図どおりに機能すれば、人々の安全を守り、利便性を実現することになります。さらに、社会基盤施設は、ひとたび建設されれば、長期間にわたって使われることになります。

2-1 社会基盤施設の区分

社会基盤施設の区分

区分	役割	施設・しくみ例
産業関連	社会全体の生産活動に対して、共通的、間接的に支援をする役割を持ち、要請の変化に応じながら機能が継続しすることが期待される。機能維持、向上ために事業への継続的な投資が実施される。	橋、トンネル、道路、鉄道、港湾、空港、発電所、用地造成、用水、利水、林道、漁港など
生活関連	社会生活の消費活動に対して、個人限定の衣、食、住以外の面で社会生活の利便性の維持、向上を図る役割を持つ。	商業・文化施設、病院、ごみ焼却・処理施設、街路、公園、レクリエーション施設、上下水道、住宅電力など
国土保全関連	社会全体の生産活動や消費活動に対して、自然や社会環境に起因する災害発生の可能性に備え、未然の防止、被害の低減、早期の復旧などの役割を持つ。	治山、治水、災害復旧、海岸保全、公害防止など
その他	各区分にまたがり、総合的な調整の役割を持つ。	都市改造、地圏開発、国土総合開発など

第2章 いろいろな社会基盤施設

ミニ知識 マネジメントとしての橋梁長寿命化修繕計画

　土木構造物の劣化が社会問題となりつつあります。これまで建設してきたインフラ施設の加齢による劣化の進展は、安全への強い警鐘です。**橋梁（きょうりょう）長寿命化修繕計画**とは、予測される老朽化橋梁の増加に備えて、管理者である都道府県市町村が今後どのように橋梁を維持修繕していくのか、学識経験者の意見も聞きながらまとめたブリッジ・マネジメント計画です。

　橋齢が若く橋梁ストック全体の老朽化が問題とならなかった2000年以前では、個別的に損傷の生じた橋梁に対して補修、補強を行う方法で安全は確保されてきました。しかし、多くの橋で高齢化が進む今後は、既設橋梁全体を見渡して劣化を予測しつつ予防的な維持管理を図ることが求められています。

　ストック全体を対象とすることで、維持修繕費用の平準化やコストの縮減も狙いの一つとしています。

2-2 産業関連施設

試験区分関連度 ★☆☆

社会活動を支える施設

産業関連施設は、生産活動のための施設ですが、使う人が限定される工場や機械設備などとは異なり、社会全体の企業や個人が生産活動を行うために利用する公共施設です。

▶▶ 産業関連施設

代表的な例としては、道路、鉄道、駅、橋、トンネル、地下鉄、港湾、空港などの運輸交通施設、ダム、発電所、送電線、上下水道、ごみ焼却施設、最終処理場、パイプライン、共同溝、用水、利水施設などの処理供給施設、そして、電話、通信、インターネット、通信鉄塔などの情報通信施設などがあります。

●運輸交通施設

運輸交通は、鉄道会社、航空会社や、国、地方公共団体、民間の管理者がそれぞれの施設の管理、運営を行って運輸サービスを提供し、利用者は使用料や運賃を払ってそのサービスを利用します。いろいろな運輸交通施設によって、利用者は、物を運び、会社や学校に通い、買い物や旅行に出かけます。

都市交通機関の適応範囲

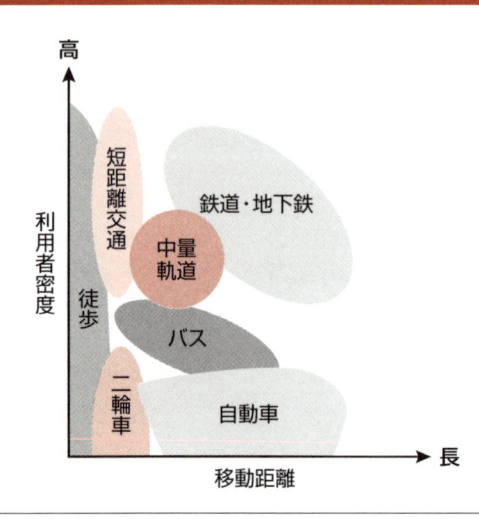

縦軸:利用者密度(高)、横軸:移動距離(長)

短距離交通、鉄道・地下鉄、中量軌道、徒歩、バス、二輪車、自動車

2-2　産業関連施設

　鉄道会社やバス会社などが、施設を整備、運営して列車やバスを運行することは、運輸交通施設が社会活動を輸送という面から間接的に支えていることを意味します。運輸交通は、移動の距離、時間などの需要に応じて道路輸送、鉄道輸送、水上輸送、航空輸送およびそれらの組み合わせなどいろいろな種類が提供されています。

▶▶ 道路

　都市間の高速道路から住宅地の生活道路までの各種の道路で構成される道路ネットワークは、多様な輸送経路を自動車利用者に提供します。この結果、個別的な交通需要に応え、最終目的地までの人やモノの移動を可能としています。

　道路と共に自動車機能の向上によって身体に障害のある人の道路輸送の利用の拡大や将来的にはコンピュータ制御のより効率的で安全な道路利用システム（ITS：高度道路情報システム）の導入のための開発が進んでいます。

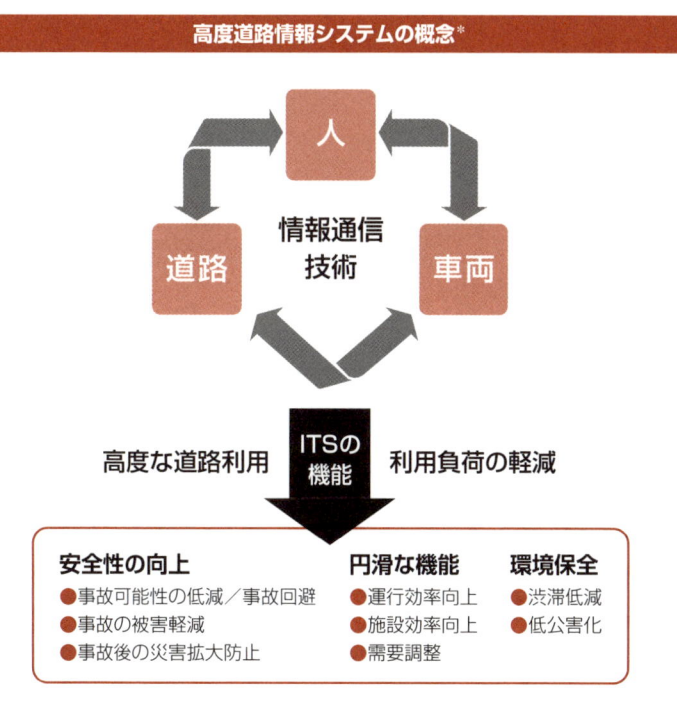

高度道路情報システムの概念*

人／道路／車両／情報通信技術

高度な道路利用　ITSの機能　利用負荷の軽減

安全性の向上
- 事故可能性の低減／事故回避
- 事故の被害軽減
- 事故後の災害拡大防止

円滑な機能
- 運行効率向上
- 施設効率向上
- 需要調整

環境保全
- 渋滞低減
- 低公害化

＊…の概念　出典：国土交通省ホームページより。

2-2　産業関連施設

　公共自動車輸送のバスは、私有自動車と異なり移動時間の随時性がないことや最終目的地までの直接的な移動ができない点において自動車交通に代わりにくい面もあります。一方、公共交通分野の規制緩和によって、バス会社では採算性の面から運行路線の縮少や運行回数の減少によるサービスの低下の例もあります。高齢者や通学の高校生などの足を奪うといった交通弱者対策の課題もあります。

　貨物輸送は認可された陸運業者によってトラックを利用して、貨物を陸送する輸送システムです。トラック輸送は高速道路網の整備によって全国どこへでも貨物の配送が可能であることから、鉄道や船舶、航空機による輸送に対して優位にあります。時間を指定した戸口への配達といった宅配便の細やかな配送サービスも道路を利用した自動車輸送が支えています。

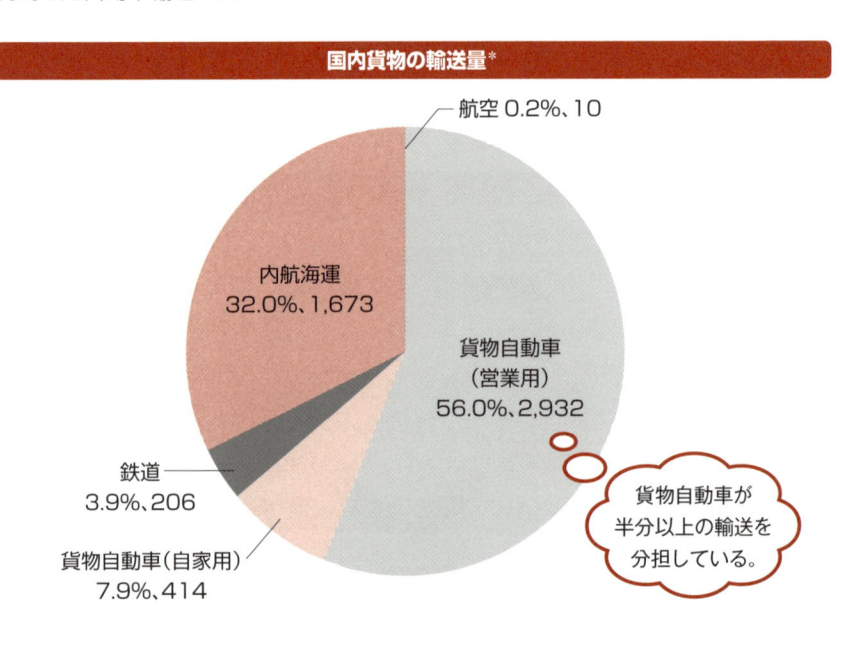

国内貨物の輸送量*

- 航空 0.2%、10
- 内航海運 32.0%、1,673
- 鉄道 3.9%、206
- 貨物自動車（自家用）7.9%、414
- 貨物自動車（営業用）56.0%、2,932

（貨物自動車が半分以上の輸送を分担している。）

　以上のような自動車、バス、トラックなどの自動車交通輸送を支える道路は、産業関連の中心的な施設ですが、輸送の面以外にも道路は社会基盤として帯状多目的空間の役割も持ちます。電気、電信、ガス、水道などの埋設物を設置する場所であり、沿道建物の通風、採光などのスペース効果や、延焼防止、避難路などの役割もあります。

＊…の輸送量　平成21年度、単位：億トンキロ。

2-2 産業関連施設

　道路の種類には、都市間、都市内高速道路や自動車専用道路から、主要幹線、幹線道路、建築物が直接接する街区を構成する細道路の区画道路まで、いろいろな階層があります。その他、特殊道路として、自転車専用、歩行者専用、モノレールなども道路施設に含まれます。

コンテナふ頭と高速道路＊

交通運輸を担う高速道路と湾岸施設。

懸垂式モノレール

道路の上方空間に設けられたモノレールは道路施設に区分される。

＊…と高速道路　出所：日本の橋。

2-2　産業関連施設

▶▶ 鉄道

　鉄道関連施設には、駅舎、駅前広場、駐車・駐輪場、軌道、電力供給施設、信号系統施設、列車運行管理施設などがあります。鉄道輸送は自動車輸送と異なり一度に大量で高速な輸送が可能です。しかし、相互乗り入れがなければ限定された路線区間を走行するので地下鉄、バスなどの他の交通機関に乗り換える交通結節点機能としての駅のサービスが利便性に影響を与えます。

　人口の多い大都市では、鉄道ネットワークの密度が高く、自動車交通に対して鉄道の利便性が大きいことから通勤、通学などの利用度が高くなっています。首都圏の鉄道駅で1日当たりの利用者数が20万人を超えるのは10駅、最多駅での利用者は70万人に達しています。多くの人が集まる鉄道駅とその周辺の関連施設はまちづくりの観点からも重要です。

　新幹線やTGVなどの高速鉄道は、街中にある離発着駅へのアクセスの良さで、都市間の長距離移動手段として航空機に対して競争力のある輸送手段です。このため日本や西ヨーロッパだけではなく、世界各地で導入や建設の計画が進められています。一方、鉄道輸送は旅客輸送が中心ですが、貨物についてはJR貨物がコンテナ輸送を行っています。

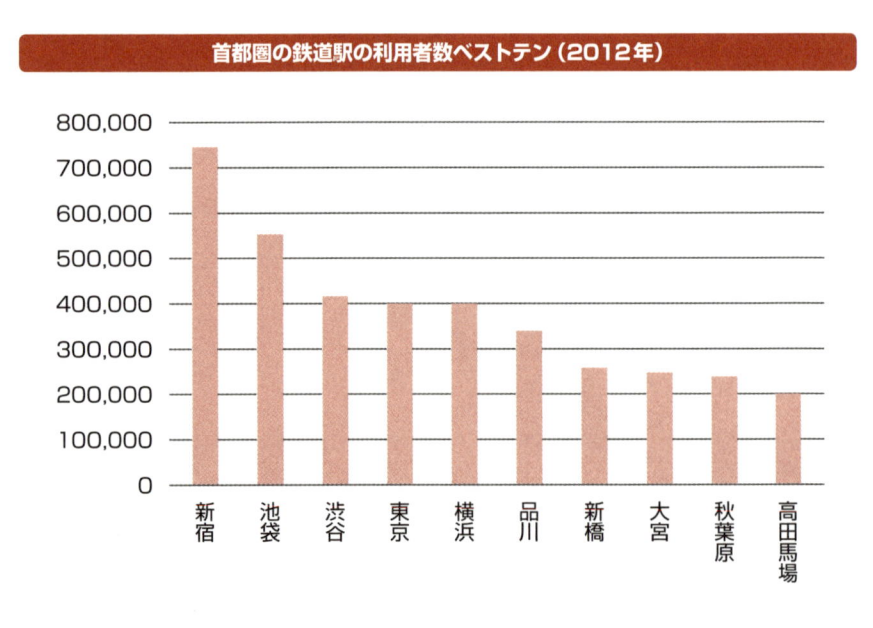

首都圏の鉄道駅の利用者数ベストテン（2012年）

新宿	約750,000
池袋	約550,000
渋谷	約420,000
東京	約400,000
横浜	約400,000
品川	約340,000
新橋	約260,000
大宮	約250,000
秋葉原	約240,000
高田馬場	約210,000

2-2 産業関連施設

　わが国では郊外鉄道や都市間の鉄道はすべて民営ですが、大都市の地下鉄には公営のものがあります。鉄道輸送は人・キロ当たりで自動車に比べてエネルギー消費が少ないことから、環境負荷の低い輸送手段として、ヨーロッパでは鉄道網を増やし、都市内輸送も路面を走行する**LRT**（Light Rail Transit）などが見直されるようになっています。

リニア新幹線の実験線*

2027年に開業予定のリニア新幹線は東京品川・名古屋間を40分でつなぐ。

見直される路面電車　富山LRT

環境負荷の低い輸送手段として見直される路面電車。

＊…の実験線　鉄道総合研究所とJR東海による研究施設。宮崎県と山梨県にある。写真は山梨リニア実験線。

2-2　産業関連施設

JR仙台駅西口駅前のペデストリアンデッキ

国内最大面積。
駅前ペデストリアンデッキは鉄道駅とバス、地下鉄への歩行アクセスを提供する。

▶▶ 水上輸送

　水上輸送は、海上輸送と運河、河川を利用した輸送形態があります。関連施設には、岸壁、防波堤、船溜り、倉庫、上屋、コンテナヤード、クレーンなどの港湾施設や航路施設、航行援助施設などがあります。

　水上輸送は、他の交通手段に比べ長い輸送時間がかかりますが、安い輸送コストで大量の貨物を一度に輸送できることから、世界の貿易の95％を水上輸送が占めています。わが国でも、石炭や石油、液化天然ガス、穀物、自動車など、大部分の貨物の輸出入は海上輸送によっており、短時間での輸送を必要とする貨物のみが航空機で輸送されています。水上輸送は旅客と貨物輸送に分かれますが、フェリー輸送のように貨客の両方を輸送するものもあります。

2-2　産業関連施設

大井コンテナふ頭*

> コンテナクレーンの林立するコンテナヤードとコンテナ群。

横浜港山下桟橋

> 大型客船が横づけできる横浜港の大桟橋は重要な水上輸送施設。

第2章　いろいろな社会基盤施設

＊**大井コンテナふ頭**　出所：東京都港湾局ホームページより。

▶▶ 航空

　航空輸送関連施設には、滑走路、ターミナルビル、管制塔などの空港施設や航空機誘導設備などの航行援助施設などがあります。航空輸送は、通常の定期便では、指定された航路以外は航行できず、水上輸送と同様に空港を起終点とする輸送システムです。このため、空港までのアクセスが輸送の利便性にも影響を与えることになります。したがって、国内旅客で距離の短い区間では、新幹線と競合することになります。

羽田空港第1旅客ターミナル

> 空港までのアクセスが輸送の利便性にも影響を与える。

2-2　産業関連施設

施工中の羽田空港D滑走路（2010年8月）

> 世界初の人工島と桟橋の機能を果たす滑走路。

空港進入灯施設＊

> 山岳地域の空港では高橋脚の空港進入灯が必要となる。

第2章　いろいろな社会基盤施設

＊**空港進入灯施設**　福島空港。出典：日本の橋。

2-2　産業関連施設

▶▶ 情報通信施設

　情報通信関連の施設には、電話、通信、インターネットなど金属ケーブルや光ファイバーを用いた有線通信関連施設とテレビ、ラジオ、携帯電話など電波を利用した無線通信関連施設などがあります。

　情報通信には、商取引などの商業情報、物流管理情報などの経済活動に関わる情報や日常的な情報、交通ナビゲーション、災害その他の危機管理情報などの生活関連の情報があります。今後、情報通信の重要性は平時に加え、非常時の防災情報を含めてさらに高まることになり、情報通信施設の増設や維持の需要は増加すると思われます。

無線通信施設

▲移動体通信鉄塔　　▲送信鉄塔

通信・送信鉄塔は情報通信の役割を担う代表的な施設。

▶▶ 供給・処理施設

　供給・処理施設は、上水、ガス、電気などの供給関連施設と下水処理、廃棄物処理など処理関連施設に分かれます。

　事務所や家庭における照明、冷暖房、その他の設備のための電力やガス、上水、下水、さらには工場における生産ラインの動力や工場用水などは、供給関連設備によって支えられています。人々の生活から排出される生活廃棄物や生産活動によって排出される産業廃棄物は、1日24時間、365日絶えることなく連続的に処理関連施設によって処理されています。ひとたび災害があれば、大量のがれきを処理する必要も生じます。廃棄物の処理は、焼却処理場、最終処理場の長期的な手当てが必要とされています。

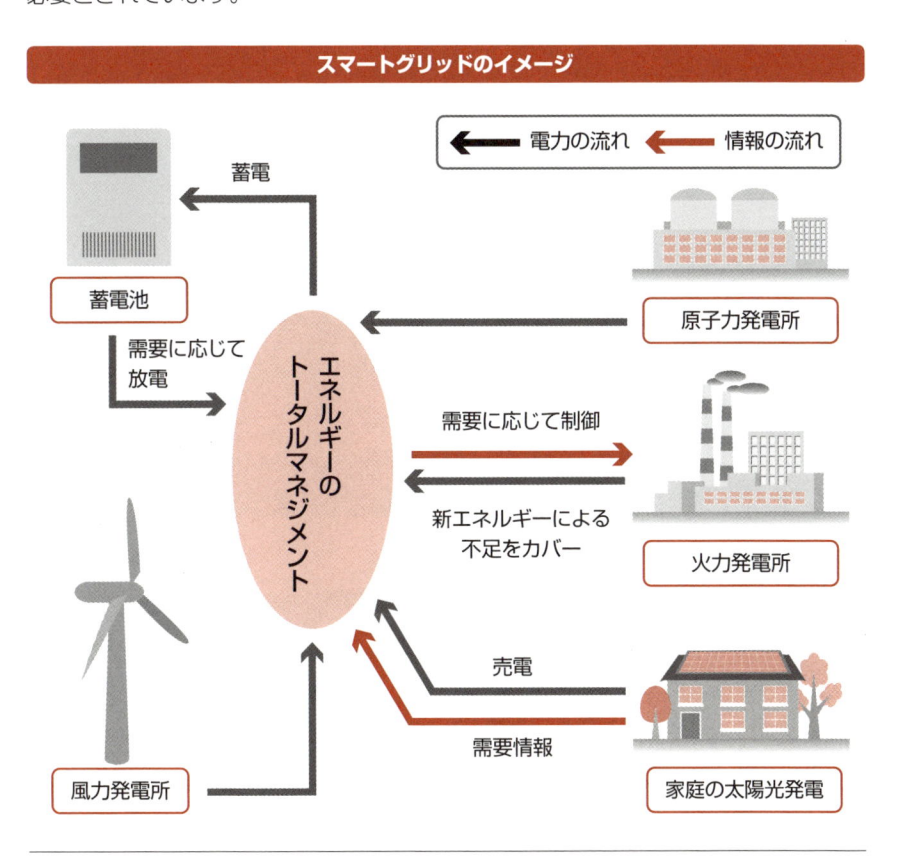

スマートグリッドのイメージ

2-2　産業関連施設

　一方、都市における大量のエネルギー消費による温暖化ガスの排出は、地球環境に大きな問題を投げかけています。このため、化石エネルギーに代わる代替エネルギーとしての風力、波力、太陽光、地熱など再生可能エネルギーの開発と廃棄物の再利用など、エネルギー効率の向上策が進められています。

　各家庭は電力を消費する立場から太陽光などによる発電施設にもなり、今後は供給施設もITで制御されたスマートグリットに組み込まれて双方向性をもつ方向に変化していくことになります。

松川地熱発電所

by t_muto

> エネルギー効率の
> 向上策が
> 進められている。

2-3 日常生活に関わる生活関連施設

生活関連施設 ★☆☆

　生活関連施設は、私たちそれぞれの暮らしや生活を通じて行う消費や文化的な活動、その他の社会活動などを支えるための公共施設です。

▶▶ 生活関連施設

　生活関連施設は、病院、ごみ焼却場、終末処理清掃施設などの公共衛生施設、公園、学校、図書館、文化会館、病院、レクリエーション施設、街路、建築物、通信、電力、上水道、下水道、住宅など非常に多岐にわたります。いずれも市民の日常生活に関わる施設です。

　生活関連施設のうち、供給、処理関連は産業関連施設と共通する部分が含まれます。一般家庭向けの通信、電力、ガスなどの情報通信、エネルギー供給施設、上下水道、ごみ焼却施設などの供給処理施設は産業関連と共通です。これらは、線状に延びる施設であることから**ライフライン**と呼ばれ、鉄道、道路と並んで都市の生命線となっています。

欧米とわが国の電線地中化率*

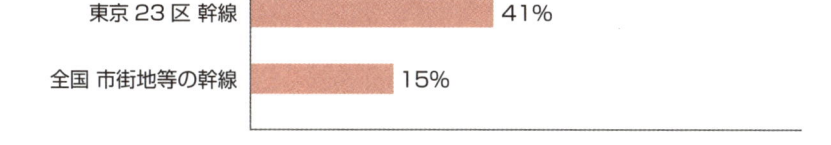

都市	地中化率
ロンドン・パリ・香港	100%
ベルリン	99%
シンガポール	86%
ニューヨーク	83%
東京23区 幹線	41%
全国 市街地等の幹線	15%

＊…の電線地中化率　出所：国土交通省ホームページより。

2-3　生活関連施設

　ライフラインの特徴は、需要者、供給者がつながれていてネットワークを構成し、電力ケーブルが発電所・基幹送電線（高圧）から配電線変圧器を経て、低圧配電線につながるように階層的であることです。

　ライフラインの課題の一つに街路の整備、歩行者空間確保などと絡めて、生活道路における電線地中化があります。電線地中化の整備率の低さは、公園面積の少なさと共にわが国の都市施設の立ち遅れで指摘されることが多いものです。

　電柱を利用した地上の電線類は、歩行者の安全から快適性の確保まで、生活環境に大きく影響を与えています。地中化の効果としては、道路が広く利用できることです。道路の見通しや信号機や道路標識も見やすくなることで、交通の安全性の向上が期待できます。

　また、歩道が広く使えることで、歩行者、ベビーカー、車いすの安全性も向上し、歩行空間のバリアフリー化も可能となります。さらに電線類を道路の下に収めることで台風や地震など災害時には電柱倒壊、電線類のたれ下がりのリスクがなくなり、都市の防災性能の向上や常時におけるまちなみの景観性の向上が期待できます。

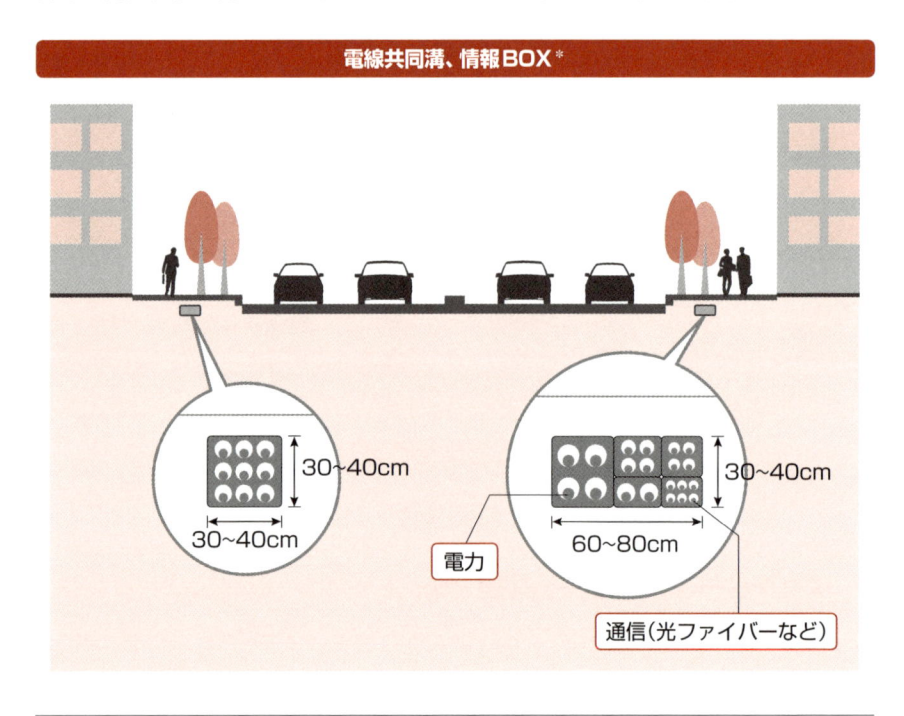

電線共同溝、情報BOX＊

＊…情報BOX　出所：国土交通省ホームページより。

2-4 災害発生に備える国土保全施設

国土保全関連施設

　国土保全関連施設とは、企業の生産活動や人々の生活に対して、自然環境や社会環境が損害を与える災害発生に備えることで、それらを防ぐことや災害の軽減を目的として整備をする公共施設です。

▶▶ 国土保全と治水施設

　わが国は、複数のプレートの接合点に位置する地質学的特性や大陸の南東沿岸に位置する地理学的特性から地震、津波、台風、集中豪雨など、常に厳しい自然の脅威にさらされています。

　国土保全関連施設は、陸域や沿岸域で行われる人々の社会活助に支障がないように、人命と蓄積された資産を災害から守りつつ、自然環境と共存する環境と調和のとれた国土を維持する施設です。これらの施設は、災害の発生する場所から、河川や山林における治水、治山施設および海岸、港湾を含む沿岸域の保全施設に区分されます。

　治水施設には、河川堤防、多目的、洪水調節ダム、遊水池、砂防ダムなどがあります。沿岸域の保全施設には、海岸堤防、防砂林などがあります。これらの国土保全施設の計画、建設、維持管理については、河川法、砂防法、海岸法、港湾法などの法律を頂点とする基準、指針類に従って行います。近年の傾向としては、国土保全と自然環境の保全の一体性に着目した、多自然川づくりのような自然との共生による国土保全が求められるようになってきました。

2-4 国土保全関連施設

本宮砂防堰堤*

> わが国随一の急流河川である富山県常願寺川の砂防堰堤。

首都圏外郭放水路の調圧水槽内部*

> 洪水を防ぐため流量容量を超えた水を貯留する地下河川。

* **本宮砂防堰堤**　富山、常願寺川。
* **…の調圧水槽内部**　長さ177m、幅78mの広さ。提供：保坂成司。

▶▶ その他の社会基盤施設

その他の社会基盤施設には、市街地再開発、土地区画整理、密集住宅地改造など、都市の総合的な環境の改善や国土総合開発事業などで整備される公共施設があります。都市改造、地圏開発、国土総合開発などで総合調整的な投資対象となる施設です。例えば、橋上鉄道駅の駅前広場上に建設された**ペデストリアンデッキ**は、歩行者専用空間の確保のための施設として分類されます。

鉄道駅前再開発事業*

- フェイスビル
- 京成船橋駅
- 船橋駅南口交通広場
- ペデストリアンデッキ
- JR 船橋駅

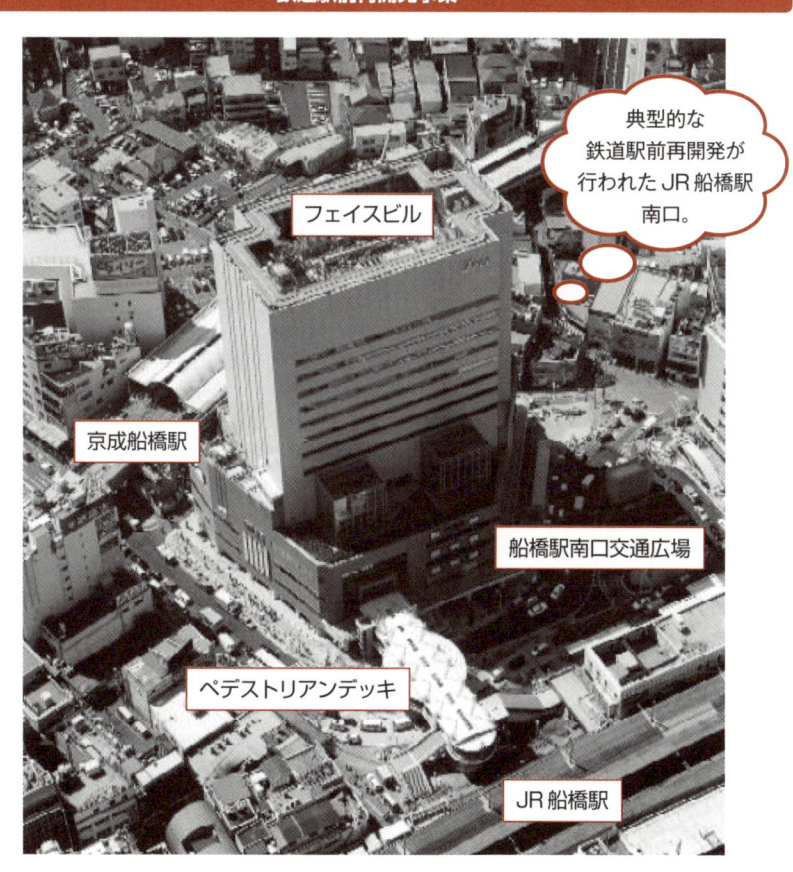

（典型的な鉄道駅前再開発が行われた JR 船橋駅南口。）

＊**鉄道駅前再開発事業** JR船橋駅南口、2003年完成時の状況。JR鉄道駅と近接する私鉄駅の間の低層店舗などを撤去して低層階を店舗、上層階を事務所、マンションとする高層のビルを建設して再開発された（千葉県船橋市）。出典：船橋駅南口再開発事業ホームページより。

2-5 インフラの劣化と保全 ★★☆

社会資本の老朽化が課題に

社会基盤施設は、長期間にわたって使用を継続するものですが、そのためには老朽化に対する保全が必要となります。わが国では、高度経済成長期に建設された社会資本の老朽化が進み、その維持が大きな課題となっています。

▶▶ 社会基盤施設の劣化

土木技術の役割の一つに、これらの老朽化した社会基盤施設の点検、維持を行い適切な保全計画に従って、将来にわたって安全に機能するように保全をしていくことがあります。わが国の道路橋、トンネル、港湾施設、空港などの施設は、1960年代以降、1990年代を前後に整備が集中して建設され、社会資本の団塊の世代を構成しています。2012年末時点での各施設の年齢は、管理者ごとに違いはありますが、ほぼ平均で30年から40年となっており、今後急速に平均年齢が上昇することが予測されています。

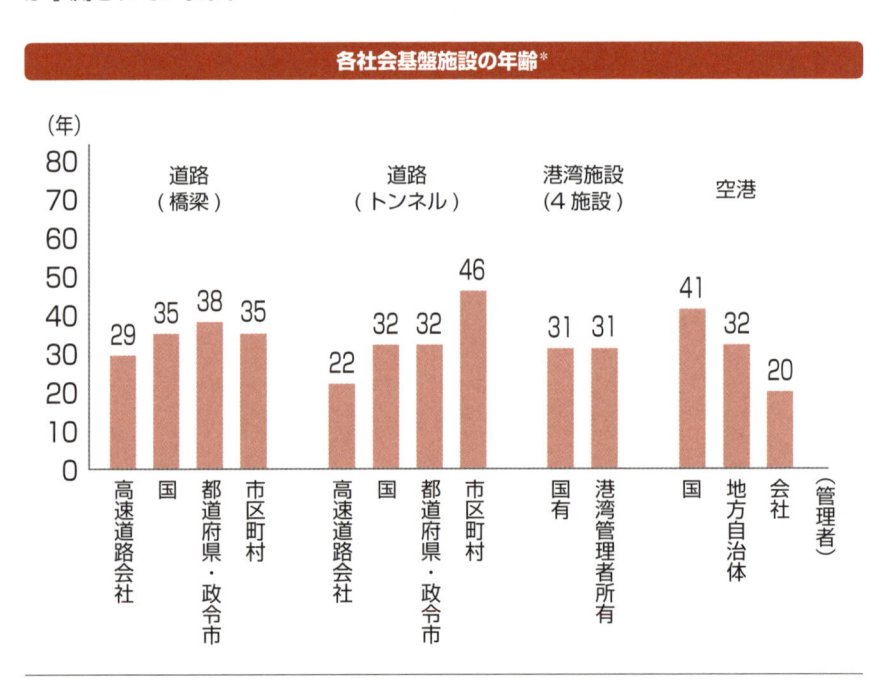

各社会基盤施設の年齢*

施設	管理者	年齢
道路（橋梁）	高速道路会社	29
道路（橋梁）	国	35
道路（橋梁）	都道府県・政令市	38
道路（橋梁）	市区町村	35
道路（トンネル）	高速道路会社	22
道路（トンネル）	国	32
道路（トンネル）	都道府県・政令市	32
道路（トンネル）	市区町村	46
港湾施設（4施設）	国有	31
港湾施設（4施設）	港湾管理者所有	31
空港	国	41
空港	地方自治体	32
空港	会社	20

＊**各社会基盤施設の年齢**　2012年度末時点。出典：内閣府平成25年度年次経済財政報告（平成25年7月）より。

2-5 インフラの劣化と保全

　社会基盤施設の劣化は、一般には建設後の経過年数に従って徐々に性能が劣化をします。社会基盤施設の経年平均が上昇するに従って、保全の対象が急速に増加することから、適切な時期に予防的に保全をすることで社会基盤施設の長寿命化を図ることが大切となります。

社会基盤の性能継続のための保全概念図

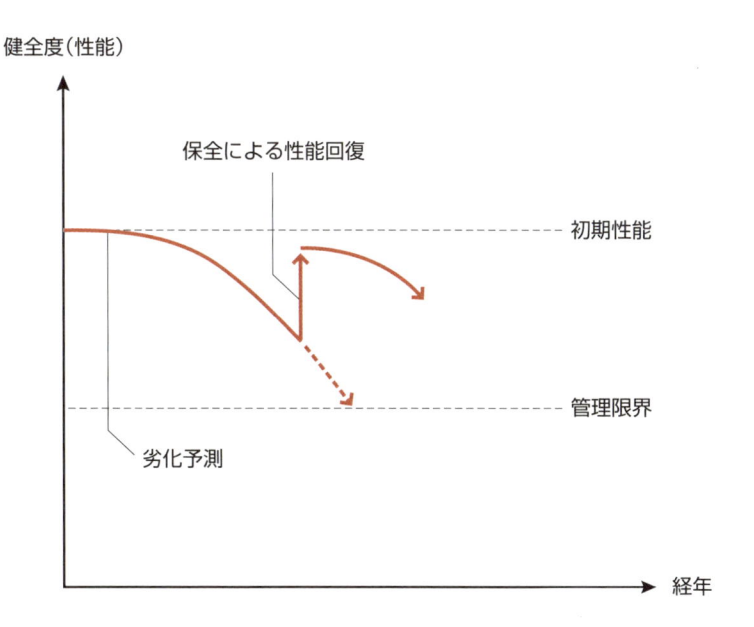

（グラフ：縦軸「健全度（性能）」、横軸「経年」。初期性能から劣化予測の曲線が下降し、保全による性能回復で上昇、その後再度下降。管理限界のラインを示す。）

さらに学ぶための参考図書　　study

1) 『アセットマネジメント導入への挑戦』土木学会編、技報堂、2005年刊
2) 『道路アセットマネジメントハンドブック』道路保全技術センター、鹿島出版会、2008年刊
3) 『土木のアセットマネジメント』日建コンストラクション編、阿部允、日経BP、2006年刊
4) 『図説わかるメンテナンス』宮川豊晃監修、学芸出版社、2010年刊
5) 『図解入門 よくわかる 最新「橋」の科学と技術』五十畑弘、秀和システム、2019年

COLUMN　アーチダムの傑作…黒部ダム（富山）

　富山県東部をほぼ北に流れ日本海に注ぐ黒部川は、その流域のほとんどが切り立った渓谷です。豊富な流量と急こう配から、早くから水力発電の適地として注目され、戦前から発電所が建設されてきました。

　黒部ダムは、黒部川の最後の発電施設として、最上流の標高1448mの高地に1956年に建設されました。アーチ式ダムの堤体は高さ186mあり、国内最高です。美しい湾曲線を描く堤体の頂部は幅8.1mで、492mの長さがあります。

　黒部ダムが建設される以前のダムは、重力式と呼ばれるダム本体の自分の重力で背面の水圧に抵抗する形式がほとんどでした。これに対し、両岸の岩盤で水平力を支持させるアーチ式は、コンクリートの使用量を大幅に減らすことができます。当時ヨーロッパでは、すでにアーチダムの実績は多かったのですが、わが国では耐震性への懸念から、もっぱら重力式ダムが建設されてきました。

　黒部ダムは、耐震対策への十分な検討により、初めてアーチ式が採用され、堤体高も当時国内最大の佐久間ダムを30mも上回りました。黒部ダムの完成は、これ以後、次々と建設されるアーチ式ダムの先鞭をつけることとなります。

　急峻な地形の多い日本列島では、ほとんどの河川は急こう配で、降った雨水は一気に川を下り海に注ぎます。水をせき止めるダムは、エネルギー確保の手段であると同時に、人々の生活を守る施設として建設されてきました。しかし近年、その存在の是非をめぐり議論があります。

　黒部ダムから立山ケーブルカーに乗ると、眼下に青いダム湖が広がります。ケーブルカーを降り、立山の下を通るトンネルを抜けるとそこはもう室堂です。

▲黒部ダム

（吹き出し）耐震対策により、はじめてアーチ式が採用された。

第3章

インフラをつくる材料

　橋やトンネル、ダム、堤防、下水道などのインフラ施設は、いろいろな材料の組み合わせでつくられています。引張力に対して高い抵抗力を示す鋼材に対して、コンクリートは圧縮力に高い抵抗力を示します。丈夫で耐久性の高いインフラ施設をつくるためには、材料の特性を熟知した上で、適切な材料を使い分けることが大切です。本章では、主要なインフラをつくる材料を、鋼材、セメント、コンクリートを中心に見ていきます。

1・2級土木施工管理技術検定試験（対応）

出題分野（試験区分）

分野：土木一般
細分：土工、コンクリート工、基礎工
分野：専門土木
細分：構造物、道路・舗装

図解入門
How-nual

3-1 インフラ施設をつくる主な材料

材料の種類と分類 ★☆☆

　インフラ施設をつくるための材料には、木材、土、砂、岩石のような自然材料と鋼、コンクリート、合成樹脂などの人工材料があります。これらを金属か非金属かによる分類によって、それぞれの材料の特徴を見てみます。

▶▶ 主な材料

　金属材料の主なものとしては鋼、ステンレス、アルミニウムなどがあります。非金属材料は、コンクリートのような無機材料や瀝青（れきせい）材のような有機材料があります。金属材料は、鉄鋼材料とそれ以外の非鉄金属に分類され、鉄鋼材料は、厚板や山形鋼、鋼管などの形鋼、鉄筋、棒鋼などの形状や強度のレベルによって分類されます。

　非鉄金属には、鋼に比べて軽量なアルミニウムや耐食性に優れたチタンなどがあります。無機材料には、モルタルやコンクリートとして用いるセメントが最も代表的な材料です。砂利や砕石、栗石などの石材や焼成してレンガや陶管をつくる粘土や舗装ブロックなどに使われる下水汚泥も無機材料です。

　近年では、インフラ施設の補強材として使われるようになったカーボンファイバー（炭素繊維）も無機材料です。この他、埋立て、盛土、土堰堤、堤防などの土構造物をつくるために多用される土があります。

　なお、有機材料には、杭、山留材、制水材、まくら木などに使われる木材や道路舗装に多く使われるアスファルトがあります。埋設管として使われる塩化ビニール管、プラスチック、ゴム、合成樹脂などの高分子材料も有機材料です。

3-1 材料の種類と分類

インフラをつくる主な材料

分類	材料名	製品、構造物など	用途
金属材料	鉄鋼材料	厚板、山形鋼、鉄筋など	鋼橋、鉄塔、鉄筋コンクリート、PC桁、杭、矢板、山留め材
	非鉄金属	アルミニウム、ステンレス、チタン	排水管、海中鉄構など耐食性が必要な箇所
無機材料	セメント	モルタル、コンクリート	コンクリート構造物、舗装など
	石材	砂利や砕石、栗石など	骨材、路盤材、捨石、根固めなど
	粘土、下水汚泥	レンガ、陶管など	舗装ブロック
	土	埋立て、盛土など	土堰堤、堤防など
有機材料	木材	丸太、板、間伐材	まくら木、杭、山留材、多自然護岸、制水工など
	瀝青材	アスファルト	道路舗装など
	高分子材料	塩化ビニール管、プラスチック、ゴム、合成樹脂など	構造材、埋設管、排水管、防舷材、橋梁支承など

無機材料

▲コンクリート

▲砂利

盛土や埋立地などの造成に使われる。

ダム、高架橋、港湾設備など、広範に使用されている資材。

第3章 インフラをつくる材料

3-2 炭素量で使い道が異なる鋼材

鉄鋼材料 ★★★

橋や鉄塔、水門、建築の鉄骨などの建設材料として使われる金属材料は、ほとんどが鋼（steel）です。鋼は一般に炭素鋼と呼ばれるもので、鉄（Fe）に炭素（C）を添加した一種の合金です。

▶▶ 鋼材の性質

　鋼は、炭素の量によってその性質が大きく変わることから、炭素の量を調整することによって使用目的に応じた鋼材を生産しています。

　鋼にもいろいろな種類があることは、日常生活における身の回りのものから理解することができます。例えば、細い針金は手で簡単に折り曲げることができます。缶詰の空き缶も同じように、手でくぼみを入れることができます。針金も缶詰の缶も炭素の量が少ない低炭素鋼で軟らかい性質です。

　これに対して、カミソリやカッターナイフの歯はどうでしょうか。折り曲げようとするとある程度まではしなやかに曲がりますが、それ以上に力を加えると使い古しのカッターナイフ歯の先端を折り曲げるように、プチッと割れてしまいます。カッターナイフの歯は炭素の量が多い高炭素鋼です。

　針金は、柔らかく、もし強い力で引っ張ることができれば、伸びきった末に破断します。この破断の仕方とカッターナイフの折れ方は、ずいぶん異なります。針金は柔らかく伸びがありますが、カッターナイフの歯は、硬くて針金のように伸びきることなしに破断してしまいます。

　この違いをもたらすのが炭素の量です。炭素が多い鋼は引張強さが大きく、硬さが固く、引っ張ったときの伸び（**展延性**といいます）が小さくなります。逆に炭素が少ない鋼は、柔らかく、引っ張ったときの伸びも大きくなります。餅にたとえれば、つきたての柔らかい餅は、炭素が少ない鋼に相当し、ついてから時間のたった餅は、固く、引っ張ってもほとんど伸びることのない炭素が多い鋼に相当します。

　橋や鉄骨などの構造物に使われる鋼は、炭素の含有量が少ない**低炭素鋼**と呼ばれるものです。

3-2 鉄鋼材料

炭素の含有量と鋼の性質、用途

鋼の種類	炭素の含有量	性質			用途
		硬さ	強度	伸び	
低炭素鋼	0.3%以下	小	小	大	橋梁、鉄骨、鉄塔、H形鋼、建材
中炭素鋼	0.3～0.5%	中	中	中	ボルト、機械部品、軸など
高炭素鋼	0.5%以上	大	大	小	レール、工具、軸、鍵など

　炭素の量によって鋼材の性質が変えられる炭素鋼以外にマンガン、ニッケル、クロム、モリブデンなどの元素を加えることで強度や硬さ、耐食性を変更する鋼を**合金**といいます。例えば、マンガンを添加すると強度が高い高張力鋼となりますし、ニッケルやクロムを添加するとさびにくいステンレス鋼となります。

▶▶ 鋼材の特徴

　鋼材の構造材としての優れた特徴としては、引張強さが大きいことと共に、破断までに大きな伸びが発生することがあります。大きな伸びが発生することは、橋などの構造物では、前触れなしにいきなり破壊が発生するのではなく、極限に近付くと大きな変形が発生してエネルギーを吸収することを意味します。

　鋼材片に引張力を作用させると、作用力がある範囲までは、力を取り除くともとに戻ります。この場合、鋼は弾性体として挙動をしています。しかし、作用力をどんどん大きくしていくと、力を取り除いてももとの形に戻らなくなってしまいます。これはすでに塑性域に入っていることを意味します。

　このように鋼材は、作用する力に応じて弾性体として挙動を示す場合と塑性体としての挙動をする場合に分かれます。

　断面積 A、長さ L の鋼材片を P の引張力を作用させ、徐々に P を大きくする場合を考えます。この場合、弾性域においては鋼材片の単位面積当たりの作用応力度（ストレス： $\sigma = P/A$）と、鋼材片のひずみ度（ストレイン： $\varepsilon = \Delta L/L$）の比は一定で、フックの法則が成り立ちます。

3-2 鉄鋼材料

応力度ひずみ度曲線（S-Sカーブ）

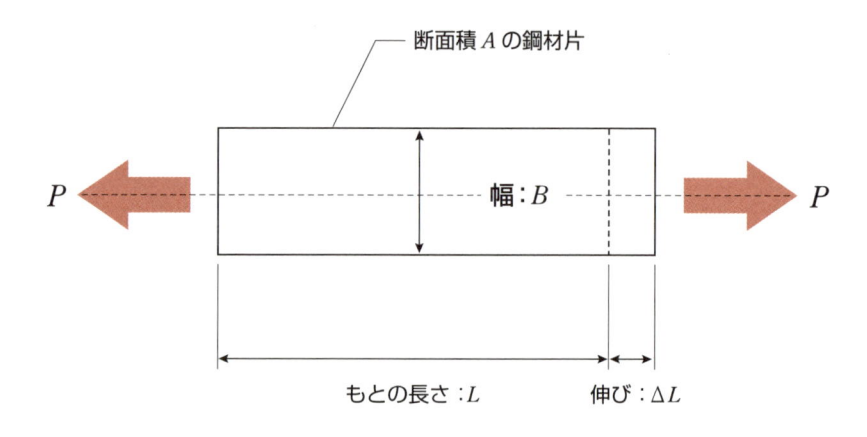

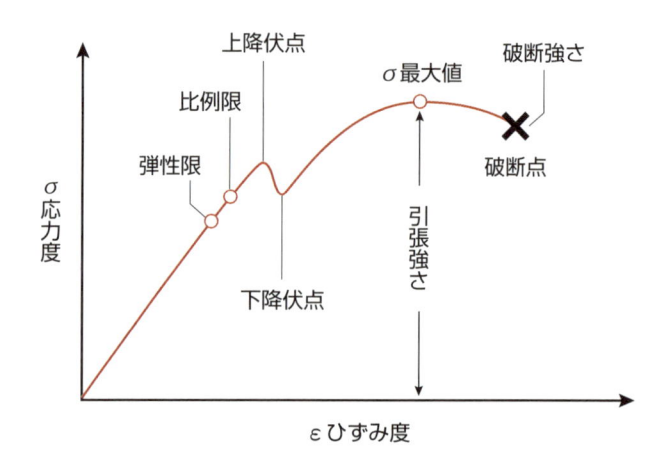

図：断面積 A の鋼材片、幅：B、もとの長さ：L、伸び：ΔL、両側から P で引張

図：S-Sカーブ
- 弾性限
- 比例限
- 上降伏点
- 下降伏点
- σ 最大値
- 引張強さ
- 破断強さ
- 破断点
- 縦軸：σ 応力度
- 横軸：ε ひずみ度

　つまり、$E = \sigma / \varepsilon$ が一定で、この値を**弾性係数**と呼びます。この範囲では応力度ひずみ度曲線は直線で変化します。これ以降、比例限を超えて応力度が下降を始めるピーク点を**上降伏点**と呼び、次いで応力度が反転する点を**下降伏点**と呼びます。この後、応力度はゆるやかに増加をして、最大点を過ぎて破断する推移をたどります。最大点がこの鋼材の引張強さです。

▶▶ 鋼材の規格

●構造用圧延鋼材

　インフラ施設である橋や水門、鉄骨などに使われる鋼材は、炭素鋼の中でも**構造用圧延鋼材**と呼ばれる鋼材です。鋼材は、鋼材の溶接性と強度によって規格で区分されています。**溶接性**とは、鋼材を溶接で接合する場合の溶接のしやすさをいいます。

　橋や水門では、鋼材の継手が構造物の品質に大きな影響を与えることから、溶接で接合をする場合としない場合に分けた規格があります。溶接をする場合は、溶接構造用圧延鋼材を使うこととされ、それ以外には**一般構造用圧延鋼材**が使われます。また、鋼材は引張強さでも区分されています。

●鋼材の表示

　構造用圧延鋼材の規格によって鋼材の種類は、アルファベットと引張強さを示す数字の組み合わせによる記号で表されます。一般構造用圧延鋼材を示すアルファベットの記号はStructural SteelのイニシャルからSSで示し、溶接構造用圧延鋼材は、Steel MarineよりSMで示します。このアルファベットの後ろに規格の最小引張強さ（N/mm^2）の数字を組み合わせて示します。

　例えば、SS400は最小引張強さが400N/mm^2の一般構造用圧延鋼材を示し、SM490は最小引張強さが490N/mm^2の溶接構造用圧延鋼材を示します。

●鋼材の形状

　鋼材は製鉄所で圧延されて、いろいろな形に製造されます。橋などの構造物で最も多用されるのが、**厚板**と呼ばれる厚さ6mmから最大100mmまでの鋼板です。これ以外にも多種多様な形状があります。**フラットバー**と呼ばれる帯板、パイプや棒鋼などの他にI形鋼、山形鋼、溝形鋼などが様々な高さ、幅、板厚の組み合わせで提供されています。用途に合わせてこれらの形鋼を選定して使用します。

3-2 鉄鋼材料

いろいろな形鋼

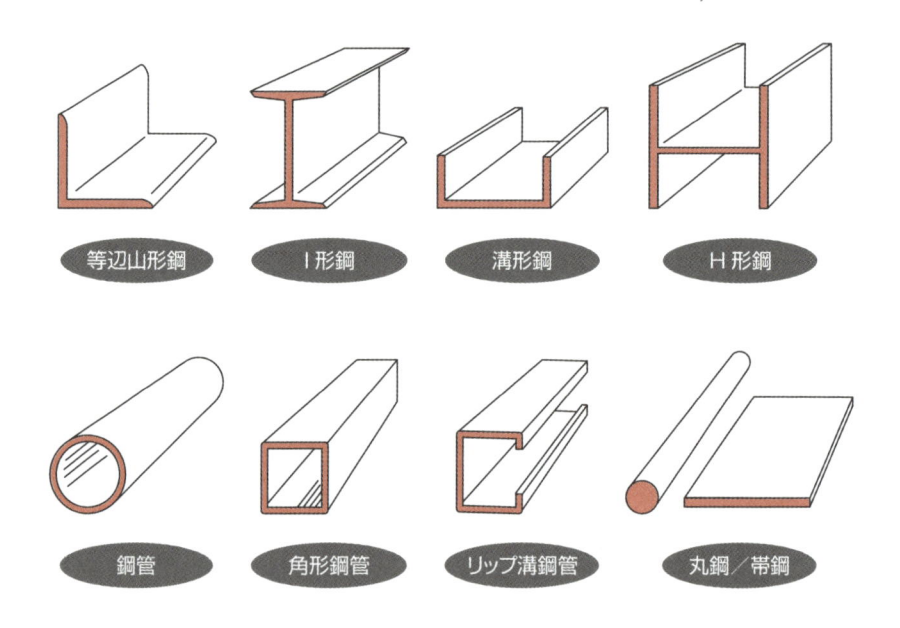

等辺山形鋼　　I形鋼　　溝形鋼　　H形鋼

鋼管　　角形鋼管　　リップ溝形鋼管　　丸鋼／帯鋼

構造用圧延鋼材の規格（機械的性質）

種別	記号	降伏点または耐力 (N/mm^2)	引張強さ (N/mm^2)	伸び (%)
一般構造用圧延鋼材	SS330	175～205	330～430	21～30
	SS400	215～245	400～510	17～21
	SS490	255～285	490～610	15～21
	SS540	390～400	540～	13～17
溶接構造用圧延鋼材	SM400	195～245	400～510	16～24
	SM490	275～325	490～610	17～23
	SM490Y	325～365	490～610	15～21
	SM520	390～400	520～640	15～21
	SM570	420～460	570～720	19～26

（注：JIS G 3101、3106による）

3-3 セメントとコンクリート

鉄と共に多用されるコンクリート

セメントの原料は、粘土、石灰石、鉄滓＊（てっさい）です。これらの原料を混ぜ合わせたものをロータリーキルン（回転炉）で焼成すると**クリンカー**と呼ばれる固形物ができます。

▶▶ セメント

石膏を加えて粉砕してできたパウダー状の粉が**セメント**です。セメントにはいくつかの種類がありますが、全生産量の80％以上が**ポルトランドセメント**と呼ばれるもので、通常の土木、建築工事に使われます。特にダム堤体のような水密性のある緻密なコンクリートをつくる場合や緊急工事のように早く固まるコンクリートが必要な場合は、混合セメントやアルミナセメントが使われます。

▶▶ コンクリート

コンクリートは、インフラ施設をつくる材料としては、鋼材と共に最も多用される材料です。コンクリートの主成分は容積比で65～80％を占める砂（細骨材）と砂利（粗骨材）です。これをつなぎ留める接着材のような役割を果たすのがセメントです。

セメントに水を加えて練り合わせると、セメントペーストができます。これに砂、砂利を混ぜて固めたものがコンクリートになります。固まったコンクリートは、石材と同じく圧縮に強い材料としてインフラ施設に使われています。

コンクリートの強度は、セメントの使用量に比例します。コンクリートの使用目的に合わせてコンクリートの強度を決めるために、セメントの使用量を混ぜ合わせる水に対するセメントの重量の比で表します。これを**水セメント比**（W/C：Water Cement Ratio）といいます。水セメント比は、コンクリートの強度と共に耐久性や水密性にも密接な関係があります。

コンクリートの65％から80％は骨材が占めます。セメントはこれらの骨材を結合する役割です。したがって、砂や砂利の骨材の品質がコンクリートの品質や強度に大きく影響します。

＊**鉄滓**　製鉄工程で除去された不純物のこと。

3-3 セメントとコンクリート

　細骨材（砂）と粗骨材（砂利）は5mm未満の粒径が85％以上含まれ、最大粒径が10mm以下を細骨材（砂）とし、5mm未満の粒径が15％以下を粗骨材（砂利）に分類します。

　コンクリートの使用目的に応じて、所要の強度や耐久性、水密性をもつ1㎥のコンクリートをつくるために必要なセメント、骨材などの使用量を決めることを**コンクリートの配合設計**といいます。

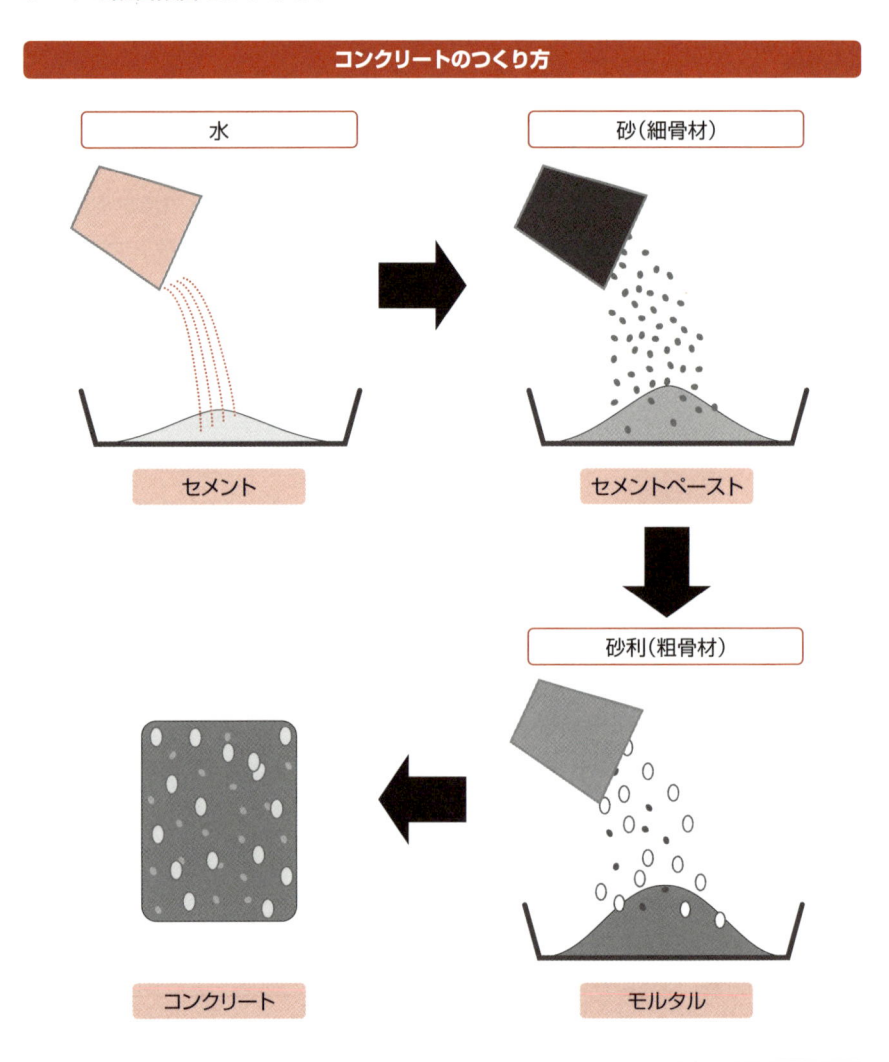

コンクリートのつくり方

水 → セメント → セメントペースト

砂（細骨材）

砂利（粗骨材）

モルタル → コンクリート

3-4 インフラの伝統的材料だった木材

試験区分関連度 木材 ★☆☆

　木材は、土木分野においては伝統的なインフラ用の材料でした。しかし、今日では、間伐材の活用や生態系への配慮からの小河川の木製護岸などの河川構造物、歩行者用の木橋、仮設構造物などで使用される限定的な使われ方となっています。

▶▶ 針葉樹と広葉樹

　使用する木材は、大きく分けて針葉樹と広葉樹に分かれます。針葉樹は木質の繊維細胞が細長く、まっすぐな材料が得られやすい特徴があります。国内産ではスギ、ヒノキ、ツガ、マツなど、外国産ではベイマツ、ベイスギなどがあります。かつては、杭の材料としてマツが多用され、特に長尺物にはベイマツが輸入されて使用されました。

　広葉樹は、針葉樹に比べると材質が硬く、国内産ではカシ、ケヤキ、ナラなど、外国産ではラワン、チーク、シタンなどがあります。

　このほか木材ではありませんが、竹材としてマダケやモウソウダケなどが伝統的工法である蛇かごなどの水制構造に使われました。近年では河川の護岸、根固め、水制、床止め、擁壁などに使われています。また、多自然川づくりや多様な生物の生息空間づくりにおいて、自然材料の竹を使った蛇かごが使われる例もあります。

ミニ知識　相性の良い鋼とコンクリート

　引張りに強い鋼と、圧縮には強いが引張りに弱いコンクリートを組み合わせた鉄筋コンクリートは、よくできた構造材です。フランスで鉄網を入れたコンクリート製の植木鉢をつくったのが始まりといわれています。

　鉄筋コンクリートの発明は、その後、構造物の主要材として、土木技術の発展に大きな影響をもたらしました。コンクリートとその中に埋め込まれた鉄筋の線膨張率は共に10×10^{-6}と同じで、温度変化に対し一緒に伸び縮みして相互にズレは生じません。強度的にも、鉄筋かコンクリートのどちらかが先に破壊するのではなく、コンクリートが圧縮されて圧壊するのとほぼ同時に引張りによって鉄筋も降伏から破断に至る無駄のない挙動を示します。コンクリートはph13前後の強いアルカリ性であることも、鉄筋が腐食しにくい環境をつくり出しています。

3-5 アスファルト ★★★
精製後の残留物からつくる瀝青材

瀝青材（れきせいざい：bitumen）とは、二硫化炭素に溶ける天然の炭化水素の混合物で、原油を精製したあとの残留物からつくられるものがアスファルトです。

▶▶ 瀝青材とは

　黒または暗褐色の粘りがする半固体または固体で、加熱すると徐々に液化する性質があります。身近なものとしては、道路の舗装があります。アスファルトに砂利などの骨材を混ぜて舗装材として使用しています。道路はコンクリートによって舗装がされる場合もありますが、高速道路から一般道路、飛行場の滑走路まで、多くがアスファルトを用いています。

▶▶ アスファルトの種類

　アスファルトは、原油からガソリン、灯油などの揮発性をもつ軽油類を抽出し、さらに粘りのある液状の重油（ジーゼル）を取り出したあとに残る物質です。この残留物に空気を吹き込むと固く弾力性のある**ブローン・アスファルト**となり、目地材などに使われます。

アスファルトの種類とつくり方

原油 →（抽出）→ ガソリン
原油 →（抽出）→ 重油
原油 → 残留物
残留物 →（空気吹き込み）→ ブローン・アスファルト
残留物 → ストレート・アスファルト
ストレート・アスファルト →（揮発油添加）→ カットバック・アスファルト
ストレート・アスファルト →（乳化材添加）→ アスファルト乳剤

3-5 アスファルト

残留物をそのままの成分（ストレート・アスファルト）で、これに石油などの揮発油を添加して液状にしたものが**カットバック・アスファルト**で、舗装用のアスファルトとして使用されます。ストレート・アスファルトに乳化剤を添加して液状の乳剤としたアスファルト乳剤もカットバック・アスファルトと共に舗装材として用いられます。

アスファルトの硬さ

舗装用アスファルトは、針入度によってアスファルトの硬さを区分するように規格で定められています（日本道路協会）。**針入度**（しんにゅうど）とは、25℃の温度で規定の形状と寸法の針を0.98N（100gf）の荷重で5秒間アスファルト試料に貫入させ、その深さで、硬さの度合いを表すものです。

柔らかいほど針の貫入する深さは大きくなります。1/10mmの貫入を針入度1として示します。舗装用アスファルトの硬さは、針入度40から120の間を4段階に分けて区分されています。

アスファルト針入度試験

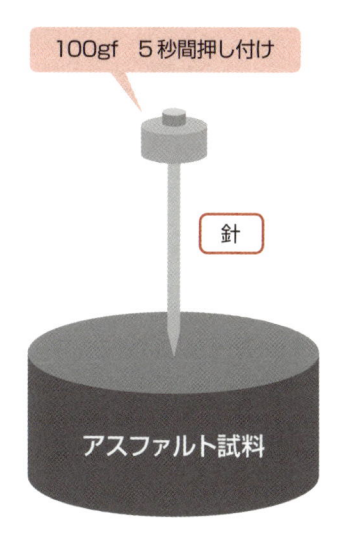

100gf　5秒間押し付け

針

アスファルト試料

▶▶ アスファルト舗装

　アスファルトの主要な用途は道路や滑走路の舗装です。また、アースダムの遮水用に用いたり、コンクリート構造物やコンクリート舗装などの目地にも使われます。

　アスファルトは加熱をすると軟化、液化することから、アスファルト舗装には、アスファルトに砂利などの骨材を混ぜた加熱アスファルト混合物が使用されます。アスファルトは骨材を結合して層を構成することから**アスファルトコンクリート舗装**ともいいます。

　コンクリート舗装が輪荷重＊に対して曲げ剛性で抵抗することから**剛性舗装**と呼ばれるのに対し、曲げ剛性の小さいアスファルト舗装は、舗装を支える路盤が沈下することで追随してたわむことから、**たわみ性舗装**と呼ばれています。

道路舗装の構造

- 表層
- 基層
- 上層路盤
- 下層路盤
- 路床

＊**輪荷重**　車両の一輪から構造物に作用する荷重のこと。

3-6 その他のインフラ材料

合成樹脂と繊維強化複合材料 ★★☆

インフラをつくるその他の材料としては、高分子材料や繊維強化複合材料があります。高分子材料は、一般には**合成樹脂**と呼ばれるもので、水道用の配水管、送水管、高架橋の排水パイプや、電線、ケーブル類を通す電纜（らん）管などのパイプとして多く使われています。

▶▶ 合成樹脂

合成樹脂には、熱を加えると軟らかくなる**熱可塑性樹脂**と加熱を継続すると硬化する**熱硬化性樹脂**があります。配水管などの合成樹脂は前者の熱可塑性樹脂、熱硬化性樹脂は接着剤や塗料に使われます。

合成樹脂は、切断、溶接の加工が容易で施工性にも優れますが、剛性が低く紫外線で劣化しやすい欠点があります。パイプ以外の合成樹脂の用途としてはダムや擁壁の継目の止水板にも使用されます。

塩化ビニール管の下水道用[*]

＞塩化ビニールの水道管は切断、溶接など現場での加工が容易。

[*] **塩化ビニール管の下水道用**　出典：塩化ビニール管・継手協会ホームページより。

3-6 合成樹脂と繊維強化複合材料

▶▶ 繊維強化複合材料

　繊維強化複合材料（FRP：Fiber Reinforced Plastics）は、軽量で弾性率が低く、そのままでは構造用としては適さないプラスチックを弾性率の高いガラス繊維や炭素繊維などで補強した材料です。ガラス繊維強化プラスチック（GFRP）、炭素繊維強化プラスチック（CFRP）、アラミド繊維強化プラスチック（AFRP）などがあります。

　近年、既設の鉄筋コンクリート橋脚の耐震補強や、道路橋の鉄筋コンクリート床版の補強に高強度の炭素繊維やアラミド繊維のシートを貼り付ける方法が採用されています。橋脚は躯（く）体の外面に巻き付け、床版の場合は下側に接着して用いています。

炭素繊維による鉄筋コンクリート床版の補強[*]

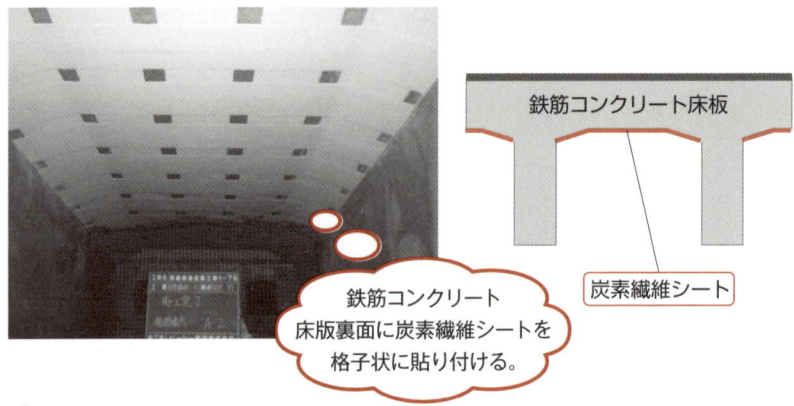

鉄筋コンクリート床板
炭素繊維シート

鉄筋コンクリート床版裏面に炭素繊維シートを格子状に貼り付ける。

さらに学ぶための参考図書　　　　　　　study

1) 『図解入門 よくわかるコンクリートの基本と仕組み』岩瀬泰己ほか、秀和システム、2010年刊
2) 『最新土木材料』西村昭ほか、森北出版、2014年刊
3) 『図解入門 土木技術者のための建設材料の基本と仕組み』五十畑弘、秀和システム、2021年刊
4) 『鋼構造技術総覧（土木編）』日本鋼構造協会編、技報堂出版、1998年刊

＊…**床版の補強**　出典：首都高速道路株式会社ホームページ（首都高の技術）より。

第4章

構造物に働く力

　橋やダム、堤防などのインフラ施設が、人や交通を通し、水を貯め、洪水を防ぐという役割を果たすためには、自動車や列車を支え、水圧に抵抗して、構造物に作用する外力に十分抵抗し続けることが必要です。そのためには構造物にどのような力が働き、それに対して構造物はどのように抵抗するかを知ることが必要となります。本章では、力の基本と共に、はりに対する力の作用を通じて、構造力学への導入部分の概説をします。

4-1 構造力学とは

モノへの力の発生と変形

　橋、トンネル、擁壁、ダム、堤防など、都市をかたちづくり、国土を保全する様々な施設は構造物（Structure）です。この構造物には様々な力が働きます。力を受けた構造物の内部では、それに抵抗する力（応力：stress）が発生して、構造物を支える地盤に基礎を通じて力を伝達することで安定状態に保ちます。

▶▶ 作用する力に対する抵抗

　構造物はその内部で発生した力に抵抗できる材料や形状でなければなりません。例えば、橋は自動車や列車の荷重に耐え、トンネルは鉄道や道路の空間を確保するために地山の土圧に抵抗します。作用する力に抵抗できなければ、橋は崩壊し、トンネルは潰れてしまいます。

　橋やトンネルだけでなく機械、自動車、電車、建物、風車、送電線鉄塔、煙突など、形あるモノをつくろうとする場合、そのモノに働く力（作用力、荷重：load）に耐えるように材料を選び、寸法、形を決めることになります。このためには、そのモノにどのような力が発生し、どのように変形をするかを知ることが必要です。これに応えるのが**構造力学**です。

　構造力学はモノづくりに関わる建築、機械、土木の各分野において共通して求められる学問体系で**材料力学**、**応用力学**とも呼ばれます。構造力学を習得するための基礎知識としては、数学や物理（力学）などが必要となります。

4-1 構造力学とは

作用力に抗しきれずに崩壊したコンクリート橋（左）と鋼橋

中間支点から崩壊した３径間連続のプレストレストコンクリート橋。

部材を連結する格点から破壊した高速道路に架かる鋼トラス橋。

第4章 構造物に働く力

4-2　「力」とは何か
力の3要素と力の合成

「力」とはなんでしょうか？　力は直接目に見えませんが、モノに力が働くと、モノは様々な変化をします。

▶▶ 「力」とは？

　机の上にある鉛筆を指でつまんで、持ち上げれば、鉛筆は机から離れて、指と共に移動します。この鉛筆の移動という変化によって「力」が働いていることがわかります。消しゴムを指に挟んで押し付けると、消しゴムは縮みながら幅が少し膨れるような形に変化します。やはり消しゴムの形の変化によって力が働いていることがわかります。

　いずれの場合も、人の指によって鉛筆を上げたり、消しゴムを指で押し付けるという「力」を働かせることによって鉛筆は場所を移動します。消しゴムは、収縮と膨れという形の変化が発生し、その変化を見ることで、「力」が働いていることがわかります。つまり、モノを移動させたり、形を変化させる原因が「力」なのです。

▶▶ 「力」の表し方

　では「力」を説明するにはどのようにすればよいでしょうか？　重量の大きな物体を移動させるには大きな力が必要で、軽い重量では小さな力で済むことは当然ですが、力は大小だけで説明できるでしょうか？　同じ大きさでも異なる効果が発生することも、また経験で知るところです。

　例えば、山登りのザックを担ぐ場合、担ぎ方や重量で負担が異なることはよく経験するところです。同じ重量でも、ザックの形によって負担が異なることがあります。厚みのあるずんぐりとしたザックよりも、厚みの薄い背の高いザックの方が身体の芯から背負うザックの芯までの離れが少なく、背負ったときの負担感が少ないと感じます。つまり同じ大きさの力でも、どこに作用するかによって変わることから、「力」の説明には、大きさ以外にも必要な要素があることがわかります。

4-2 「力」とは何か

ノッポのザック（左）とずんぐりザックはどちらが楽か？

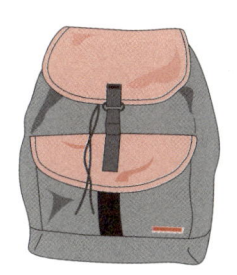

　ザックの例では、「力」は重量ですので、それが作用する方向は、常に鉛直下向きでした。しかし、重量以外の力を考える場合、その方向は水平方向、斜め下向き、上向きなどいろいろとなります。

　「力」がどのようなものであるか説明するために必要なことは、

❶ その力の大きさはいくらか？（大きさ）
❷ その力はどこに作用するのか？（作用点）
❸ その力の作用する方向は？（方向）

の3つとなります。この3つを決めれば、その「力」はどのようなものなのかが確定します。

　この**大きさ、作用点、方向**を**力の3要素**といいます。これを図で示すには、まず作用点を決め、そこを始点として作用する方向に作用線を引きます。力の大きさは、この作用線の長さで示すことで3つの要素をすべて図に示すことができます。

第4章 構造物に働く力

4-2 「力」とは何か

力の3要素

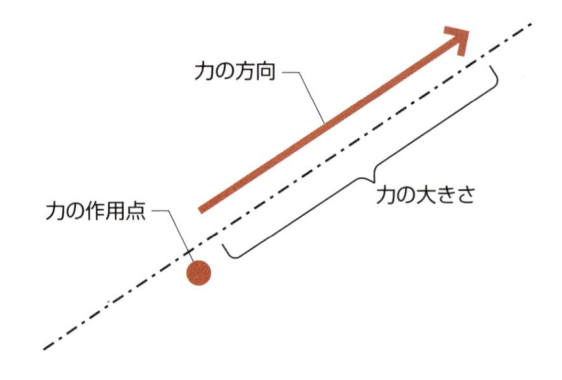

力の大きさの単位は、**N**（ニュートン）、kN（キロニュートン）です。1Nとは質量が1kgのモノに$1m/s^2$の加速度を生じさせる力$1kg × 1m/s^2$と定められています。例えば、棚の上に置かれた10kgfの荷物の重さ（重力）は、棚板に鉛直下向きに働く力ですが、重力は荷物の質量×重力加速度で表されることから、

10kgf = 10 × 9.807 = 98.07N

となります。

▶▶ 「力」の合成

モノに2つ以上の力が作用すると、それらを代表する1つの力に置き換えることができます。この1つの力は、実際に作用する2つ以上の**力の合力**といい、代表する1つの力を求めることを**力の合成**といいます。

ある床の上に置かれた荷物に2本のロープを結び、その端を2人で斜めに引っ張る様子を考えます。

同じ力で、斜めの角度も同じとすれば、経験的には、A、Bの間の中心の方向に荷物が動くことが予測されます。これに対してAの方が大きな力で引っ張れば、荷物は真ん中方向よりもA側寄りに動くでしょうし、逆にBの力が大きければその逆となります。

力の合力

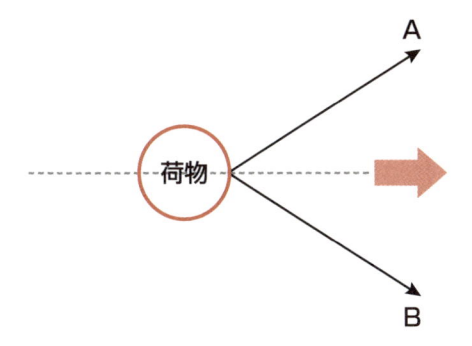

また、同じ力でもAの方の斜め角度を少なくすれば、荷物は真ん中方向よりもB側寄りに動くでしょう。この場合、AとBの2つの力を1つの代表する力と置き換えた合力は、A、Bの力を2辺とする平行四辺形の対角線となることから求めることができます。

力の平行四辺形の対角線が合力

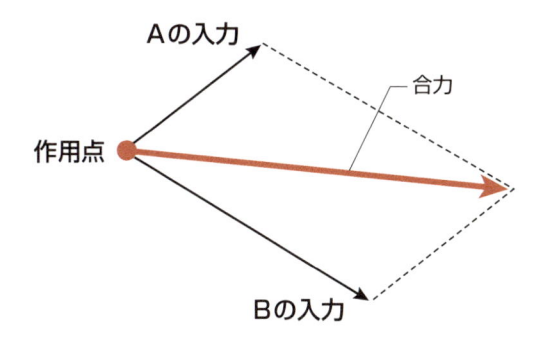

作用点に2つ以上の力が作用する場合の力の合成は、2つの力を平行四辺形の対角線として合力を得る方法を繰り返すことで得られます。

一方、合成とは逆に1つの力をそれと同じ効果をもつ2つ以上の力に分ける方法は、合成と逆の手順で得られます。これを**力の分解**といいます。

▶▶ モーメント

「力」そのものは目に見えませんが、その働きによって発生するモノの変化で力の存在を知ることができると説明しました。モノの変化には、いくつか種類があります。四角い消しゴムを指で押し付けた場合、消しゴムが力の方向に縮み、その直角方向には膨れるという変化が起こります。消しゴムを押し付ける場合、押し付ける2つの力（親指と人差し指）の方向は反対向きとなり、力の作用線は同じです。

消しゴムを押し付ける力

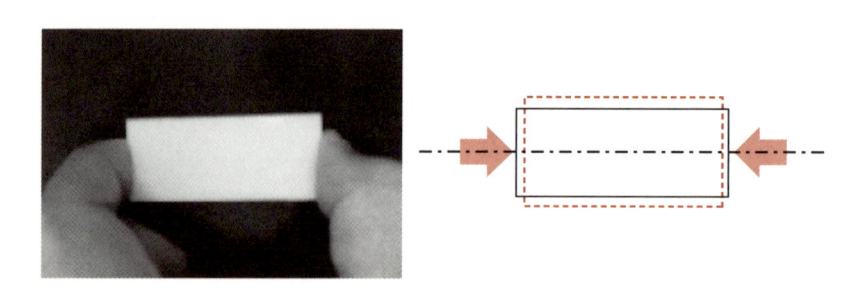

鉛筆削りのハンドルを回す力

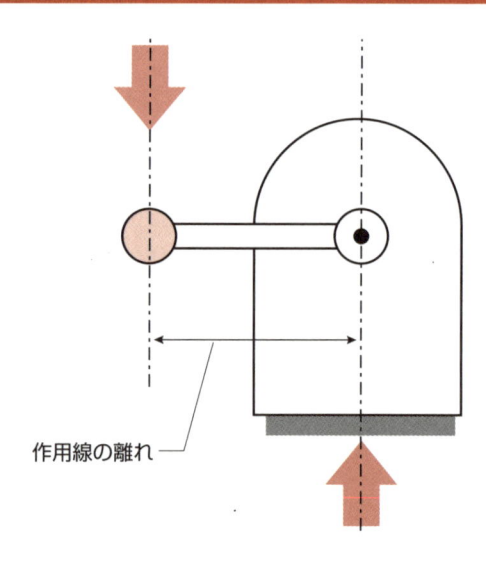

作用線の離れ

4-2 「力」とは何か

　ところが、鉛筆削りを回すという動作を考えた場合、ハンドルが下向きに押されているときの力の作用線と鉛筆削りを机が支える力の作用線は同じではありません。ハンドルはハンドルの付け根を中心に回転をします。この回転を起こすのが**モーメント**です。

　鉛筆削り以外にも、身の回りの道具類でモーメントを利用しているものはいろいろあります。釘抜き（レバー）や栓抜きは、てこの原理によるもので、モーメントの利用です。**てこの原理**は、小学校で「重量物を小さな力で動かす方法で、柄の長い方が、より小さな力で動かすことができます」と教えています。てこそのものは１本の棒ですが、重量物と接している作用点、支点、力をかける力点の３つの点から構成されています。

　柄の長さが長い方が小さな力で済むということは、モーメントが力と柄の長さを掛け合わせたものだからです。モーメントは力×距離ですので、単位はkN・m、やN・cmなどで表されます。

てこの原理

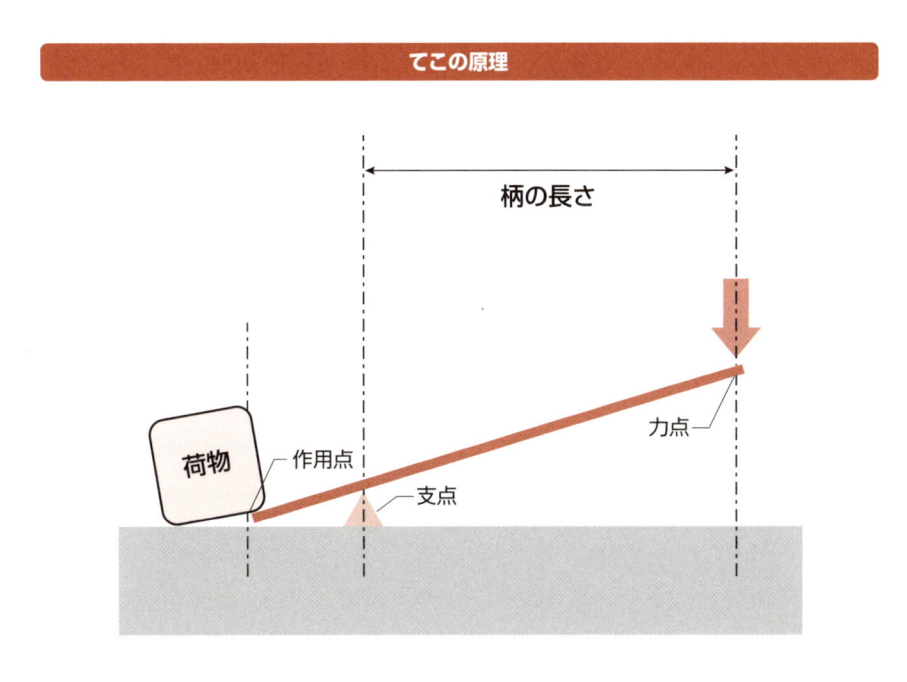

4-2 「力」とは何か

　モーメントも力と同じように合成することができます。つまり、複数のモーメントを1つのモーメントで代表させることができます。代表させるとは、2つの力で発生するモーメントを1つの力（2つの力の合計）で置き換えることです。

　例えば、回転中心から1mと3mのところにそれぞれ10kN、20kNの力が作用している場合、モーメントは、

$1 \times 10 + 3 \times 20 = 70\text{kN} \cdot \text{m}$

となります。このモーメントを発生させるには、力（10kN+20kN=30kN）をどこに作用させればよいかという問題を解けばよいことになります。

　合成した力30kNを作用させる場所を回転中心からxとすれば、30x=70より、

$X = 70/30 = 2.33\text{m}$

となります。すなわち、合成モーメントは、2.33mの場所に30kNを作用せることになります。

モーメントの合成

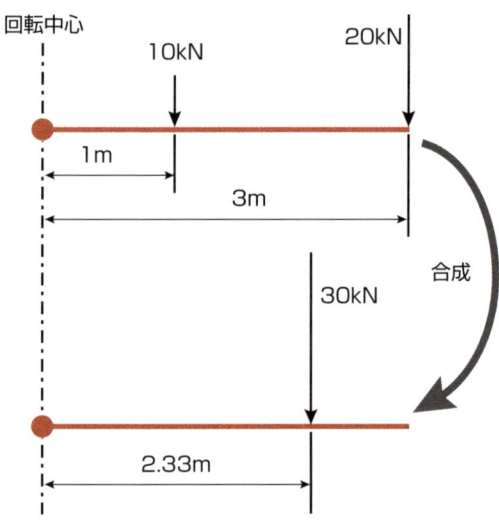

回転中心から1mの場所に10kN、3mの場所に20kNによる回転中心周りのモーメントは、2.33mの場所に30kN（=10kN+20kN）を作用させるのと同じモーメントです。

4-3 はりに働く力と仕組み

力の作用と仕組み

橋やトンネルなどの構造物は、機械装置と異なり移動や回転をせずに静止しているものがほとんどです。簡単な構造物で力の作用の仕組みを考えてみましょう。

▶▶ 力のつり合い

移動や回転をせずに静止している状態を**つり合いの状態**にあるといいます。これは、構造物に作用する力とモーメントの合計がゼロであることを意味します。

つまり、水平方向の力（H）の合計＝0、垂直方向の力（V）＝0、さらに各力によるモーメント（M）の合計＝0となっているはずです。つり合い状態を起こすための条件を**力のつり合いの3条件**といいます。このつり合いの条件を用いることで構造物内部の力を知ることができます。

▶▶ はり（beam）の力学

●はりの仕組み

はり（梁：beam）は、最も単純な構造物の一つです。橋の形式で最も多いものもはりです。また、様々な構造物の部分にも多く使われています。はりの中でも、**単純ばり**（simple beam）と呼ばれるものは、1本の棒を2つの支点で支えた構造で丸太を両岸に架け渡した丸木橋がこの例に当たります。

単純ばりの支点は、一方が回転支点で他方は可動支点とされるのが一般的です。回転支点では回転はできますが、水平方向、垂直方向への移動は拘束されています。

これに対し可動支点は、回転ができて垂直方向の移動は拘束されていることは回転支点と同じですが、水平方向への移動は許容されている点が異なります。単純ばりの橋では、ほとんどの場合、一方の支点は可動支点となっています。片方の支点を可動とすることで、温度などによるはりの伸び縮みで水平方向の移動が吸収される仕組みになっています。

4-3 力の作用と仕組み

単純ばり

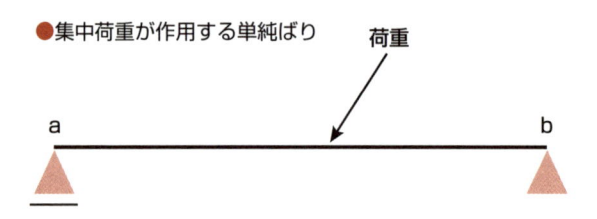

● 集中荷重が作用する単純ばり　荷重

a　　　　　　　　　　b

● 単純ばりの支点

回転支点

支点では回転ができるが、水平、垂直方向の移動はできない。

可動支点

支点では回転ができ、同時に水平方向の移動はできるが、垂直方向の移動はできない。

　両端で支持された単純ばりのほかに、はりの片方のみが固定支持された**片持ちばり**（cantilever）があります。飛び板飛び込みの飛び板や電車の網棚や壁から突き出た棚などが片持ちばりの事例です。この場合の支点は、はりの片方が壁に埋め込まれることによって強固に固定され、回転、水平・垂直方向の移動がいずれも拘束された固定支点です。

▶▶ はりに発生する応力

●軸力、せん断力、曲げモーメント

　丸木橋に人が乗ることで、はりには、わずかにたわみ（沈み込むこと）が発生するかもしれませんが、見た目にはそれほど大きな変化は現れずにはりは静止します。このとき、人が乗った力（荷重：load）に抵抗するために、はりの両端の支点に反力（reaction）が発生し、はりの内部にも力が発生します。この荷重に抵抗してはりに発生する抵抗力を**応力**（stress）といいます。この応力には軸力、せん断力、曲げモーメントがあります。

様々なはり

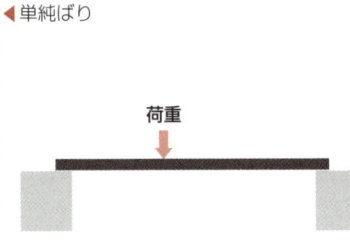

◀単純ばり

◀片持ちばり

4-3 力の作用と仕組み

軸力とは、はりの軸方向（長さ方向）にはりを圧縮したり、引っ張ったりする力です。**圧縮力**は、はりの両端を押し付ける力によって生じ、**引張力**は両端を引っ張る力によって発生します。単純ばりで、支点の一方を可動とすると水平移動ができるために、温度による延び縮みによって軸力は発生しませんが、両方とも回転支点とすると軸力が発生します。

せん断力は、はりをせん（剪）断する力です。はりに作用する荷重を支点まで伝える間、はりのすべての部分ではりを断ち切ろうとする力が発生します。例えば、はさみで紙を切ろうとするときに、はさみの両刃が紙に作用する力がせん断力です。切断しようとする紙の微小な部分を上下から両刃が押しこむことで、その部分に発生する力です。

曲げモーメントは、荷重がはりを凸にたわんだ湾曲形に変形させようとする力です。はりの全長にわたって発生します。はりに上から荷重が作用する場合には、はりは下に凸の形に変形し、はりの内部では上側が圧縮、下側が引張の応力が発生します。

せん断力

はさみの両刃が切断しようとする紙の微小な部分に作用する力がせん断力。

▶▶ 反力

単純ばりに荷重が作用すると、荷重は作用点から両端部の支点にせん断力として伝達されます。このとき、支点には上向きの力が発生します。これが**反力**です。

はりに発生する軸力、せん断力、曲げモーメント

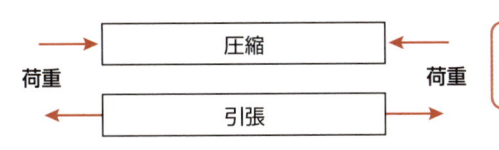

軸力とは押し付ける力（圧縮）と引張れる力（引張）

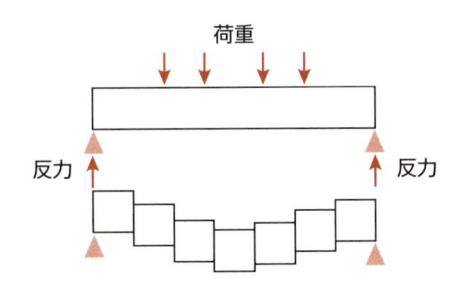

荷重は支点に達する途中で、はりのつながりを断ち切ろうと作用する。これがせん断力。

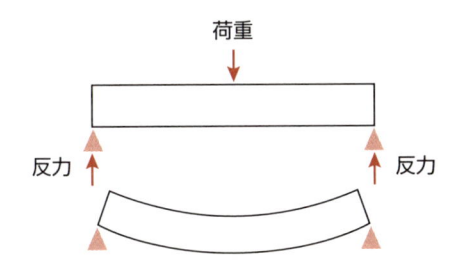

荷重が作用すると、はりを曲げようとする力が発生し、下側に凸の変形を生じる。

4-3 力の作用と仕組み

反力、曲げ、せん断の計算

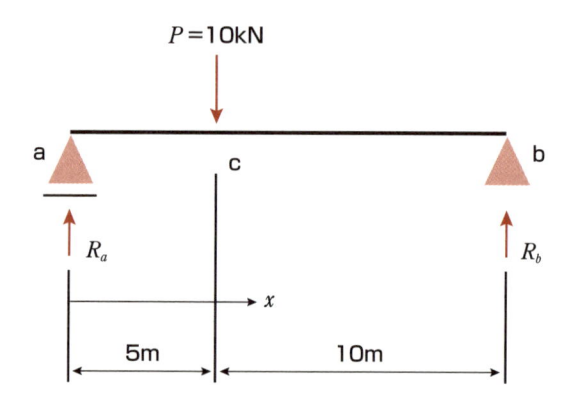

 例えば、長さ15mのはりの1/3のc点に$P=10$kNの下向きの集中荷重Pが作用している場合の支点反力R、曲げモーメントM、せん断力Sを求めましょう。
 つり合い条件である垂直、水平方向の力を合計すると0となる条件を適用することで、支点反力Rを求めます。左支点のa点の反力をR_a、右支点b点の反力をR_bとします。
 垂直方向の総和は、

$$\Sigma V = P - R_a - R_b = 10\text{kN} - R_a - R_b = 0$$

となります。水平方向の総和は、この例では荷重に水平成分がありませんので、$\Sigma H = 0$より水平反力はゼロです。
 モーメントがゼロの条件より、(右回りを+とする)
 a点まわりの回転モーメントの総和は、

$$\Sigma M_a = P \times 5\text{m} - R_b \times 15\text{m} = 10\text{kN} \times 5\text{m} - R_b \times 15\text{m} = 0$$

 これから、$R_b = 3.33$kN となります。
 垂直方向のつり合い式＊から、

＊…のつり合い式　反力は上向きを+にとる。

R_a = 10kN - R_b = 10-3.33 = 6.67kN

となります。

▶▶ はりの曲げモーメント

はりの曲げモーメントMを求めます。**曲げモーメント**は、P=10kNの荷重が作用することで、はりを下向き凸にたわんだ形に変形させようとする力です。曲げモーメントは、はり全長にわたって発生しますが、その大きさは場所によって変化します。

はりの任意の点 (x) の曲げモーメントは、はりをその点で曲げようとする力と力からその点までの距離をかけて得られます。左側の支点aからcの間 ($0 \leq x \leq 5m$) と、cからb($5m \leq x \leq 15m$) の2つの区間に分けて考えます。曲げモーメントの符号は、はりを下向きに凸にたわませるように作用する場合を正とします。

$0 \leq x \leq 5m$の場合、この間の任意点を曲げようとする力は支点aの反力R_aで、そこから任意点までの距離はxなので $M = R_a \times x$ =6.67x となります。

$5m \leq x \leq 15m$の場合、この間の任意点を曲げようとする力は、R_aに加えて、Pもあります。したがって、

$$M = R_a \times x - P \times (x-5) = 6.67x - 10.00 \times (x-5) = -3.33x + 50.00$$

となります。

ここで得られた曲げモーメントは、いずれもxの1次式ですので、はりの全長にわたって発生する曲げモーメントは、直線的に変化することがわかります。

c点の曲げモーメントは、得られた曲げモーメントの式にx=5.0を代入して、

$$M = 6.67x = 6.67 \times 5.0 = 33.35 \text{ (kN·m)}$$

となります。

▶▶ せん断力

せん断力Sを求めます。**せん断力**は、荷重Pを支点まで伝える間、はりを断ち切ろうとする力で、着目しているはりの任意点の左側の力の合計となります。曲げモーメントの場合と同様に左側の支点aからcの間（$0 \leq x \leq 5m$）と、cからb（$5m \leq x \leq 15m$）の2つの区間に分けて考えます。

$0 \leq x \leq 5m$の場合、はりを任意点で断ち切ろうと作用する力は支点aの反力R_aであることから、せん断力は、$S = R_a = 6.67$となります。

$5m \leq x \leq 15m$の場合は、R_aに加えて、Pも作用するので、

$S = R_a - P = 6.67 - 10.00 = -3.33$

となります。

はりの全長にわたる曲げモーメント、せん断力をグラフに示したものが曲げモーメント図およびせん断力図です。

曲げモーメント図（上）とせん断力図

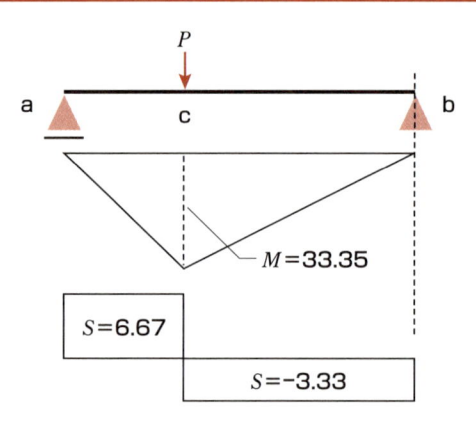

$M = 33.35$

$S = 6.67$

$S = -3.33$

曲げモーメントは、両支点a、bでゼロで、荷重Pの作用するcを頂点とする三角形の形状になります。せん断力は、荷重Pの作用するc点の両側で、一定の値となります。c点の両側の絶対値の合計は荷重Pの値となります。

4-4 荷重とは

構造物に作用する荷重

　構造物に作用する力を**荷重**（load）といいます。橋を例にとれば、荷重には橋を通行する列車や自動車、人の重力や、風、地震、積雪した雪などがあります。これらはその荷重の作用の仕方から**集中荷重**、**等分布荷重**、**等変分布荷重**といいます。

▶▶ 集中荷重、等分布荷重、等変分布荷重

　集中荷重は、自動車や列車の車輪のように、路面や線路と点で接して作用する荷重です。集中荷重の単位は、kN、Nです。

　これに対して、**等分布荷重**とは、ある長さに同じ大きさの荷重が連続して作用する荷重です。路面全体に積もった雪の荷重は等分布荷重の例です。したがって、等分布荷重の単位は、単位長さ当たりの力となるので、kN/m、N/mなどとなります。

　等変分布荷重は、等分布荷重の大きさが徐々に変化する分布荷重です。例えば、貯水池の周りの壁面に作用する水圧は、深さが深くなると圧力が増加する変分布荷重です。

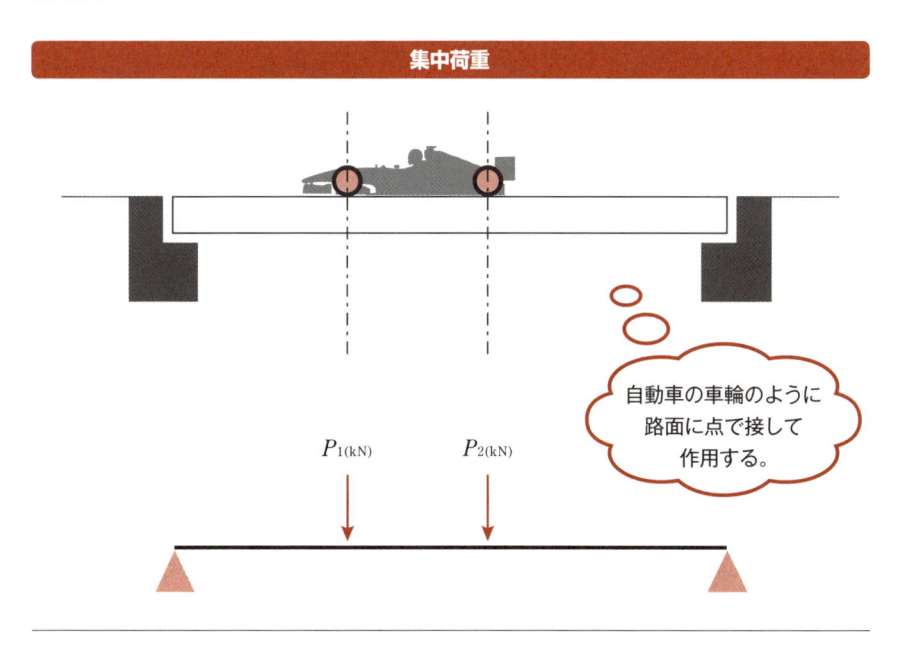

集中荷重

$P_{1(kN)}$　　$P_{2(kN)}$

自動車の車輪のように路面に点で接して作用する。

4-4 荷重とは

等分布荷重

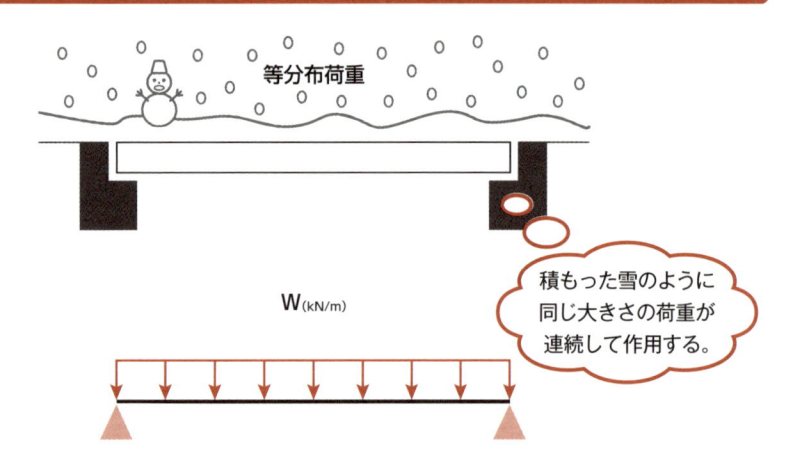

$W_{(kN/m)}$

積もった雪のように同じ大きさの荷重が連続して作用する。

等変分布荷重

水圧

水圧のように等分布荷重の大きさが徐々に変化する。

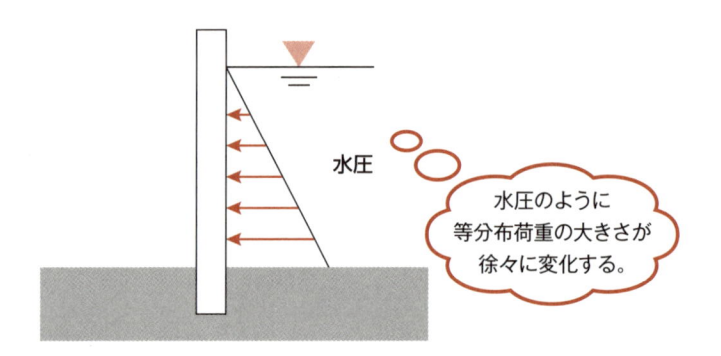

さらに学ぶための参考図書　study

1) 『図解入門 土木技術者のための構造力学の基本と仕組み』五十畑弘、秀和システム、2020年刊
2) 『土木・環境系の力学』斉木功、コロナ社、2012年刊
3) 『構造力学　静定編』崎元達郎、森北出版、2012年刊
4) 『計算の基本から学ぶ土木構造力学』上田耕作、オーム社、2013年刊
5) 『構造力学を学ぶ　基礎編』米田昌弘、森北出版、2003年刊

第5章

土と構造物

　橋、ダム、トンネルなどのインフラ施設は、すべて土や岩で構成される地盤上に存在します。インフラ施設をつくるためには、土で構成される地盤がどのように構造物を支持するか、あるいは急傾斜の斜面をどのように安定化するかといった土と構造物の間の力学的な関係を扱う土質力学の知識が必要です。本章ではインフラの基礎構造、土の性質、斜面安定、地盤液状化など土質力学の導入の部分について触れることとします。

1・2級土木施工管理技術検定試験（対応）

出題分野（試験区分）

分野：土木一般
細分：土工、コンクリート工、基礎工
分野：専門土木
細分：土構造、擁壁、斜面安定

5-1 土や岩で構成される地盤

土と岩 ★★☆

橋や道路、堤防、トンネル、ダムなどのインフラ構造物はすべて土や岩で構成される地盤によって支えられています。川の両岸に続く堤防、貯水池やため池の周囲を囲む堰堤（えんてい）も締め固められた土でできています。

▶▶ 荷重の安定的な支持

自然材料である土や岩で成り立つ地盤や堤防は、土の種類や粒子の大きさ、土に含まれる空気や水分量などによってその性質は大きく変わります。インフラ構造物をつくるときに、それを支える地盤がどれだけの荷重まで安定的に支持できるかを知ることは大切なことです。

基礎地盤の問題や安定した堤防をつくる、急傾斜の斜面を抑える擁壁をつくるといった土と構造物の間の力学的な関係を扱うためには、土や岩の物理的性質を解析し、インフラ構造物の設計や施工に応用する土質力学をはじめとして、土質工学、岩盤工学といった知識が必要となります。

トンネル工事

by Highways Agency

どれだけの荷重を安定的に支持できるかが大切。

by brianac37

5-2 構造物を安定させる地盤

重要な地盤条件 ★★☆

構造物が安定な状態を保つためには、構造物自身の自重やそれに作用するすべての荷重が確実に地盤に伝達されることが必要であることは、古来より経験的に理解されていました。

▶▶ 地盤条件

岩盤や砂利、砂などのしっかりした地盤の場所では、構造物を直接地盤上に置くだけで十分安定性のある建物を建てることができます。これに対して、やわらかい堆積土の水底や水辺や沼地の軟らかい地盤では、橋脚や建物などの支持力を確保するために杭が打ち込まれました。

わが国では中世になると、それ以前にはなかった自重の大きな建造物である高い石垣を備えた城郭が築かれるようになりました。大きな自重を支えるには、より強固な地盤が必要とされ、城郭の多くは堆積土の川沿いよりも丘のふもとなど、地盤の硬い場所を選んで建てられました。

このように、地盤条件は構造物の立地選定のための重要な条件となります。同時に地盤に接する建物の基礎構造も安定的な支持を地盤から受けるために様々な配慮がされてきました。

▶▶ 基礎の条件

基礎の条件について整理をしてみます。構造物が安定な状態に保たれるためには、基礎の地盤が安全に荷重を支えられることが基本です。これは土質や地盤の性質によって決まります。安全に荷重を支えられるということは、基礎の地盤が強固で十分な支持力を持っているということです。

さらに、地盤の沈下は構造物の使用上、安全上で許される限度以下でなければなりません。一様ではない沈下（不等沈下）が起きると基礎構造が傾き、上部工が倒壊することもあります。

5-2 重要な地盤条件

支持力不足による地盤沈下

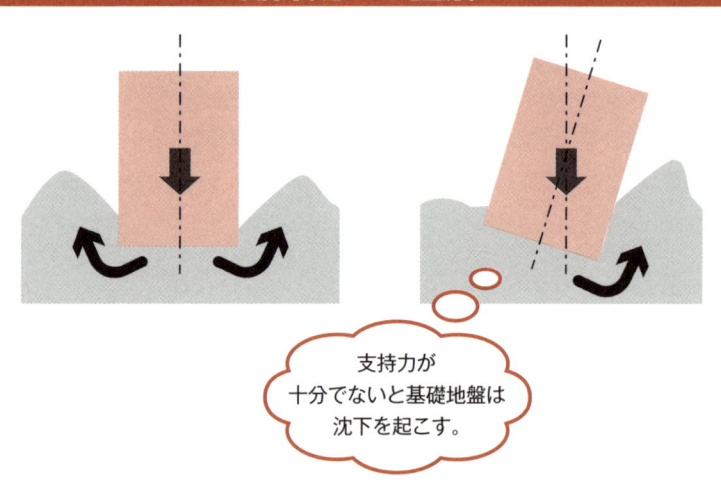

> 支持力が十分でないと基礎地盤は沈下を起こす。

構造物が安定に保たれるためには地盤支持力のほかに、地盤と接触する構造物の基礎も十分な強さがあり変形が少ないことが必要です。地盤そのものが強固であっても、構造物の基礎構造がしっかりしていなければ破壊が起こることもあります。

地盤沈下

> 基礎構造が傾き、上部工が倒壊することもある。

by George Kuek

5-2 重要な地盤条件

　また、条件を満たした状態が長く継続するためには基礎構造の耐久性も必要となります。鋼材や木材などの腐食の進行は耐久性の維持にとって大きな阻害要因です。

　さらに、施工的な事柄では、近接する他の構造物の基礎などに影響を与えたり、受けることがないことも良好な基礎の条件です。例えば、市街地において、深い溝の掘削や構造物の基礎の根堀りなどによって、付近の既設の建物に沈下や傾斜を引き起こした例もあります。また、川中にある橋脚基礎や海岸構造物の基礎周辺の土砂が水の流れによって流されてしまう（**洗掘**）恐れがある場合は、基礎の根入れを特に深くするなどの配慮が必要です。

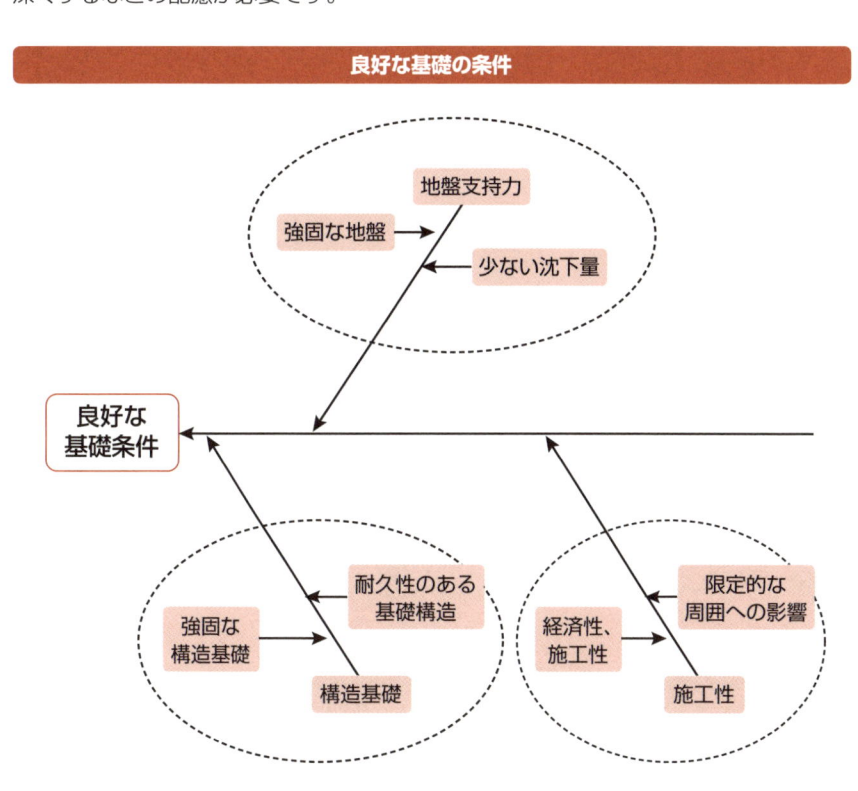

良好な基礎の条件

良好な基礎条件
- 強固な地盤 → 地盤支持力 ← 少ない沈下量
- 強固な構造基礎 → 耐久性のある基礎構造 / 構造基礎
- 経済性、施工性 → 限定的な周囲への影響 / 施工性

5-3 基礎構造の種類

荷重を地盤に伝達させる

　土木構造物のうち、橋の場合では、両端や橋の長さの途中の位置にある橋台や橋脚で橋桁を支え、荷重を地盤に伝達します。

▶▶ 橋脚の材料

　橋脚の材料は、鉄筋コンクリートが一般的です。都市部の高架道路や複雑な交差箇所では、鋼製の橋脚も使われます。橋脚の構造は、梁、柱、フーチングおよび基礎で構成され、柱の基部にある**フーチング**と呼ばれる部分が地盤と接する基礎構造です。

　橋台を構成するパラペット、堅壁、ウィングは、土留擁壁の役割があり、橋脚の柱と同様に荷重を最下端のフーチングから地盤に伝達します。橋台や橋脚の位置する場所の地盤が強固であればフーチングが地盤上に載っただけの直接基礎（ベタ基礎）が採用され、軟弱であれば杭やケーソンの基礎が採用されます。

杭基礎の橋脚

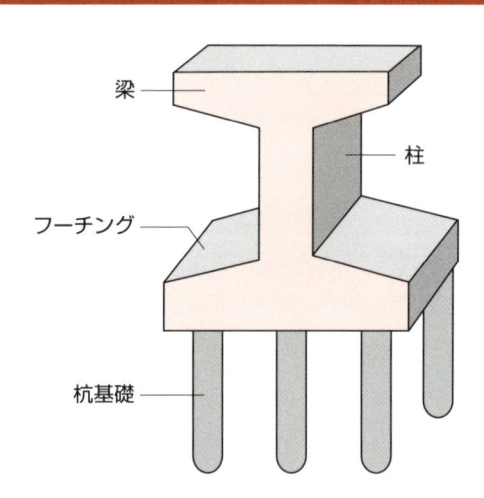

5-3 基礎構造の種類

直接（ベタ）基礎の橋台

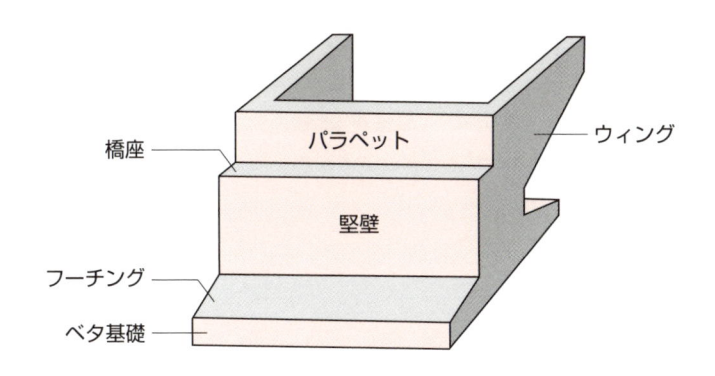

- 橋座
- パラペット
- ウィング
- 堅壁
- フーチング
- ベタ基礎

ケーソン基礎

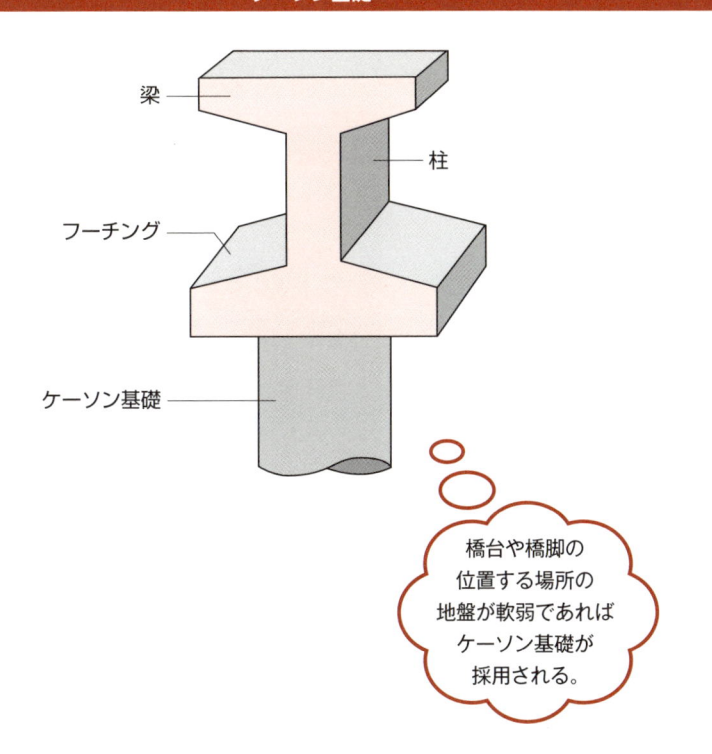

- 梁
- 柱
- フーチング
- ケーソン基礎

橋台や橋脚の位置する場所の地盤が軟弱であればケーソン基礎が採用される。

5-4 土質調査 ★★★

基礎を支える土質を調査する

　基礎を支える土や地盤の性能は、土の性質（土質）や、地盤の性状によって大きく変わります。このため基礎構造の支え方を考えるためには、調査を行って地盤の状態をよく把握することが必要となります。

▶▶ 土質調査

　土質調査では、基礎の計画や設計に先立って、基礎が設置される地層の配列順序や分布の状態、各地層を構成する土の物理・力学的性質および地下水の状況などの調査が行われます。

　土質調査では、一般にはボーリング調査（ボーリング・標準貫入試験）などによって、設置場所の地盤において土のサンプルを取り出し、同時に固さの調査を行います。サンプルは分析試験を行います。土の固さは、ボーリングをしながら深さ1mごとに調べます。

ボーリング調査

土の物理・力学的性質や地下水の状況などの調査を行う。

by FUKAsawa

5-4 土質調査

　地盤を構成する土は、その粒度（土粒子の大きさ）によって、粘土、シルト、砂および礫（れき）に区分されます。粒径がより大きなものを**粗石**、**玉石**、**転石**、**巨石**などと呼びます。
　さらに大きいものが**岩**（がん）で、岩が連続して一体的な広がりをもつ場合が**岩盤**です。土は粘土から砂、礫に至るまで様々な粒径で構成されていますが、実際にはこの粒子のすき間に水や空気が入り込んだ空隙のある多孔質の集合体です。

粒径による土、岩の区分

細粒		粗粒						石	
粘土	シルト	砂			礫			石	
		細砂	中砂	粗砂	細礫	中礫	粗礫	粗石	巨石

（粒径）

- 粘土／シルト境：0.005mm
- シルト／細砂境：0.075mm
- 細砂／中砂境：0.25mm
- 中砂／粗砂境：0.85mm
- 粗砂／細礫境：2.0mm
- 細礫／中礫境：4.75mm
- 中礫／粗礫境：19.0mm
- 粗礫／粗石境：75.0mm
- 粗石／巨石境：300mm

土の構成＊

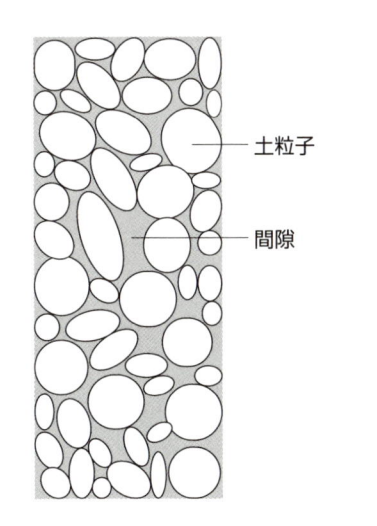

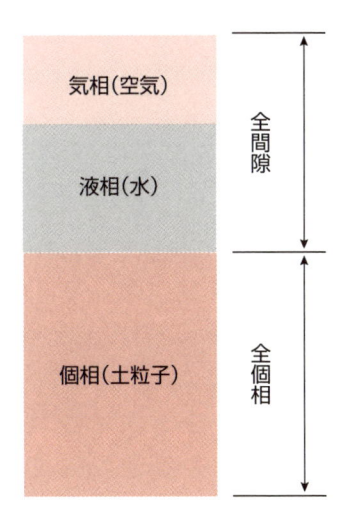

- 土粒子
- 間隙
- 気相（空気）
- 液相（水）
- 個相（土粒子）
- 全間隙
- 全個相

＊**土の構成**　土は空隙のある多孔質の集合体。

5-5 土の力学的な性質を知る

試験区分関連度 ★★☆
土の強さと変形

土は、土の粒子や粒子相互の間隙に含まれる水や空気の集合体です。このことから、土そのものの粒度構成に加えて、湿潤状態、乾燥状態の違いで力学的な性質は大きく変わります。

▶▶ 構造材としての土

　鋼やコンクリートなどの他の土木材料とは異なり、力が加わっても力に応じた変形が必ずしも規則的には発生しない複雑な性質があります。

　土を構造材として考える場合、擁壁などに作用する土の圧力（土圧）や構造物を支える地盤の力（支持力）を知ることが必要になります。さらに土に力が作用する場合の土の変形の問題として、時間の経過と共に発生する盛土や埋め立て土の圧密や地盤沈下なども考慮することが必要です。

▶▶ 砂質土

　主に粒径の大きな砂質土の場合は、土の強さは、各粒子の強さと粒子相互のかみ合わせ状況の影響を受けます。これに対し、粒径のより小さな粘性土の場合、土の強さは土粒子相互に発生する粘着力に支配されます。粘着力については、粘土と砂を握り締めてつくるボールの状態をイメージするとわかりやすいでしょう。粘土の場合は手から離してもボールの形が保たれるのに対して、砂の場合は、手から離れるとボールの形はすぐに崩れてしまいます。この差を生み出すのが**粘着力**の大小です。

　砂の場合は、粒子相互のかみ合わせ具合がその性質に大きく影響を与えます。砂を地面の上にぱらぱらと落としてできる砂山は、粒子相互のかみ合わせが小さければなだらかになり、大きければより急な斜面が保たれます。粒子相互のかみ合わせは、粒子の大きさだけでなくその形にもより、角に丸みがあれば、かみ合わせは小さくなりますし、角があってごつごつしていれば大きくなります。できた砂山の斜面の角度は、自然につり合った斜面の最大角度を示しています。

5-5 土の強さと変形

この角度を土の**安息角**(angle of repose：内部摩擦角)といい、これによって砂質土の強さ(せん断抵抗力)が決まります。

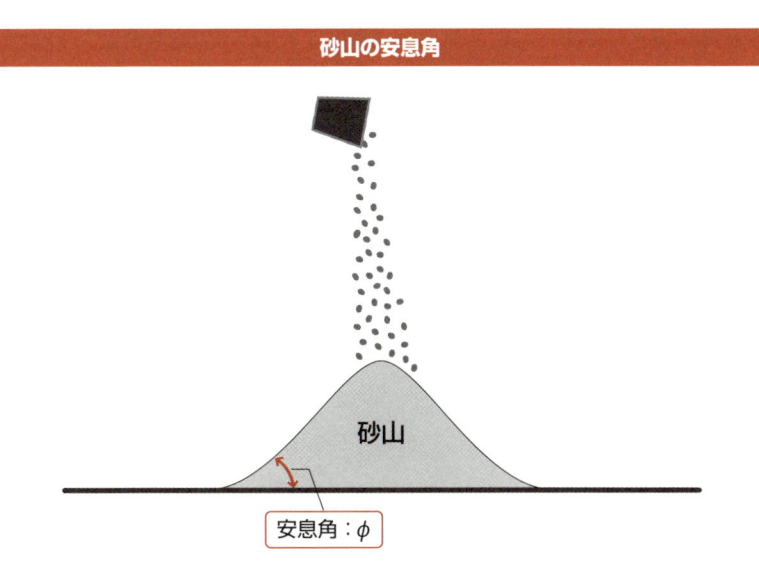

砂山の安息角

安息角：ϕ

▶▶ 砂山の粒子

自然につり合った最大角度を保っている砂山の粒子のつり合いを考えます。

　砂粒子の重さ；W
　砂山の粒子の反力；N
　粒子相互の摩擦係数：μ
　砂粒子の安息角；ϕ
とすれば、

　斜面に平行方向のつり合いは、$W \times \sin\phi - \mu N = 0$
　斜面に垂直な方向のつり合いは、$W \times \cos\phi - N = 0$

となります。

5-5 土の強さと変形

これから砂粒子相互の摩擦係数、$\mu = \tan\phi$ が得られます。

安息角ϕは、自然につり合った最大角度なので、この角度以上に砂山を盛り上げたとしても、砂粒子がすべり落ちようとする力は、砂粒子の摩擦抵抗力よりも大きくなり、盛り上げた砂はすべり落ちてしまいます。

砂のせん断強さτは、この砂の粒子相互の摩擦係数μに比例して決まり、破壊面の垂直応力をσとすると、$\tau = \sigma \times \mu$ と表せます。

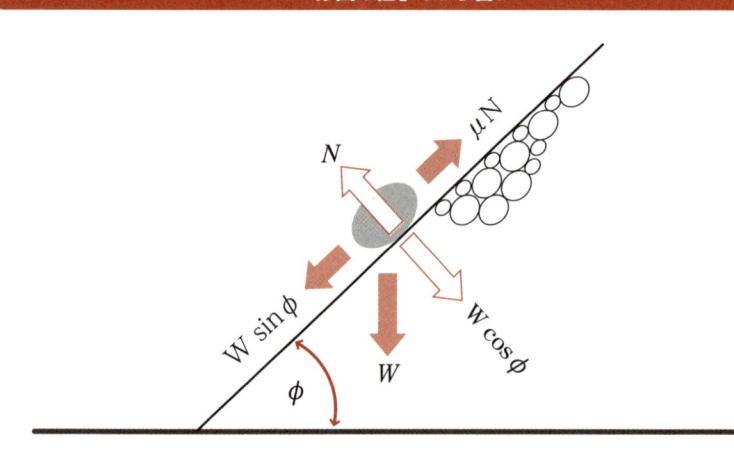

砂山の粒子のつり合い

▶▶ 土圧

山の斜面を切り開いて通る道路の脇や斜面にひな壇状に造成された宅地の各区画の境界には、土を抑えるための壁（擁壁：ようへき）が設けられています。擁壁があることによって、斜面であった土地を平坦な土地として利用することができます。擁壁は、壁の背後から土の圧力（土圧）を受けて、土を抑える働きをしています。擁壁を設計するためには、壁に作用する土圧を知る必要があります。

5-5 土の強さと変形

擁壁に作用する土圧は、地表面からの深さに一次比例する（ランキン土圧）と考えれば、土の単位体積重量（t/m³）をγとすると、深さzにおける微小な土の立方体に作用する垂直土圧σ_vは、$\sigma_v = \gamma z$となります。

切土、盛土でひな壇形に造成された宅地

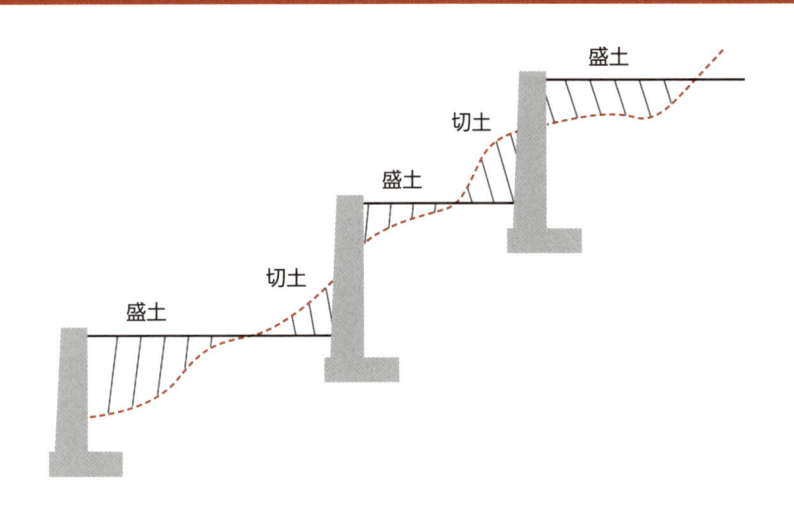

盛土
切土
盛土
切土
盛土

背面から土圧を受ける擁壁

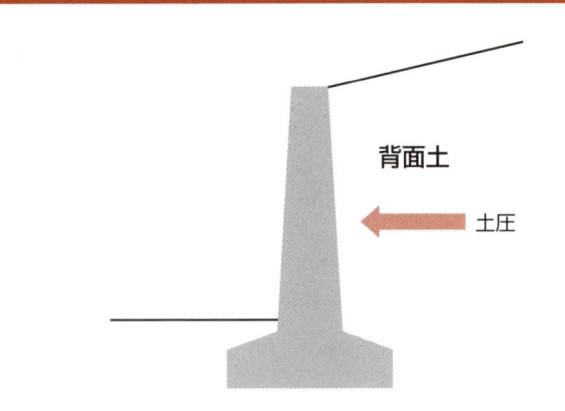

背面土
土圧

5-5 土の強さと変形

道路側面の擁壁

傾斜のある地盤に道路を通す場合、切土側の土を抑えるために擁壁が設けられる。

深さ z における土圧

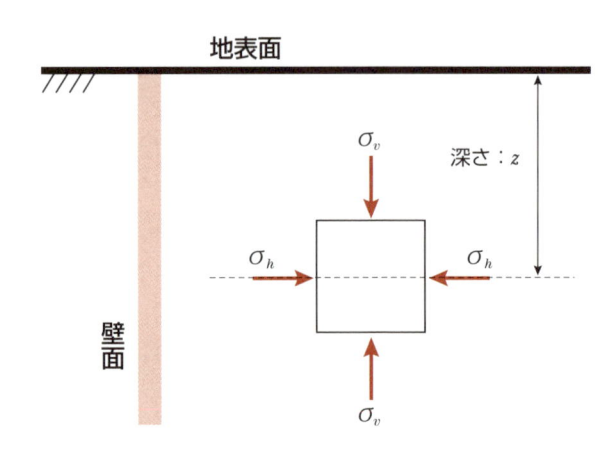

壁面／地表面／深さ：z／σ_v／σ_h

5-5 土の強さと変形

　微小な土の立方体の側面に働く水平方向の土圧σ_hは、垂直土圧σ_vに対して、係数k（静止土圧係数）を乗じて求めることができます。つまり垂直荷重は、水平荷重に対してk倍であることを示し、$\sigma_h = k\sigma_v = k\gamma z$　となります。

　静止土圧係数kは、土の性質によって決まります。砂、砂利で0.4、やわらかい粘土で1.0をとります。つまり土粒子相互の内部摩擦が大きな場合は、水平土圧は垂直土圧に比べて小さく、逆に内部摩擦が小さな場合は、液体の性状に近く、水平土圧は垂直土圧に近付くことになります。やわらかい粘土ではkは1.0をとりますので、この場合、水圧の場合と同じように、垂直土圧と水平土圧は等しくなります。

静止土圧係数：k

やわらかい粘土	固い粘土	ゆるい砂・砂利	締まった砂・砂利
1.0	0.8	0.6	0.4

　擁壁全体に作用する土圧の分布は、土圧式が深さzの1次関数$\sigma_v = \gamma \times z$　なので、三角形分布となります。この分布荷重の合力Pの位置は、三角系の図芯の場所ですので、擁壁上面から全深さH（擁壁高さ）の2/3の位置となります。

擁壁に作用する土圧分布と合力位置

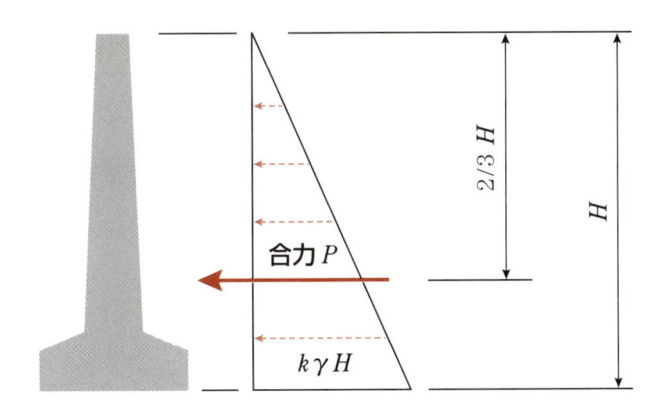

5-6 斜面の安定と崩壊

試験区分関連度 ★★☆ 斜面崩壊

基礎を安定的に支持する能力は、地盤を構成する土の性状や土層の組成に大きく影響を受けます。土を主材料として成り立つ構造体であるアースダムや堤防、自然の斜面などの安定もそれを構成する土の性状に大きな影響を受けます。

▶▶ 斜面崩壊

集中豪雨などの影響により多量の水が土にしみ込みこむと、不安定となった斜面がすべり落ち、斜面崩壊が発生することがあります。

斜面崩壊とは、一般に**山崩れ**とか**土砂崩れ**とも呼ばれますが、斜面表層の土塊がある深さを境として斜面に沿ってすべり落ちる現象です。

斜面の土塊は、重力によって、常に斜面に沿った斜め下方に力が作用しています。この下方へすべろうとする力に対抗するのが、斜面の土層内部の土粒子がくっつき合う力である粘着力と摩擦力です。

斜面安定化のためにコンクリートで土留めされた急傾斜地

急傾斜のある斜面はコンクリートの土留めが施されて安定化が図られる。

すべろうとする面に対して垂直に作用する力（垂直応力）が大きいと摩擦力が大きくなり、すべりに対する抵抗力が増します。雨水の浸透によって土の粒子間のすき間が水で飽和すると土の重量は増加して垂直応力は増します。同時に浮力が発生するのでそのぶん垂直応力から差し引かれ、すべりに抵抗する摩擦抵抗が減少してしまいます。

地震力が作用した場合も斜面に沿ってすべり落ちようとする力が増加し、斜面崩壊の可能性が高まります。大雨が降り続いたあとの斜面は不安定な状態にあり、浸透した雨水による表土層の飽和は、地震力の作用と共に崩壊発生の大きな原因となります。

▶▶ 斜面崩壊の形

一般的には斜面の角度が25度よりも緩い傾斜の場合は、斜面崩壊は発生しにくいのですが、斜面の安定性について詳しく調べるためには、崩壊の形状を仮定して試行錯誤的に安全率を求めます。

発生の可能性のある仮定破壊面に沿った地盤の抵抗力Rを求め、この抵抗力が同じ破壊面に沿ってすべろうとする力Sに対して十分大きいことを両者の比、すなわち安全率SFとして求めます。つまり、安全率$SF = $ 抵抗力$R/$すべりの発生する力S、が1.0を超えて十分大きければ安定性があると判断します。

斜面崩壊の形は、斜面の地盤、土質、傾斜の角度、斜面の高さなどの条件によって異なります。斜面の土塊は円弧状に地山から回転して崩壊を起こすと考えると、この円弧と斜面の関係から斜面崩壊は次の3つのタイプに分けられます。

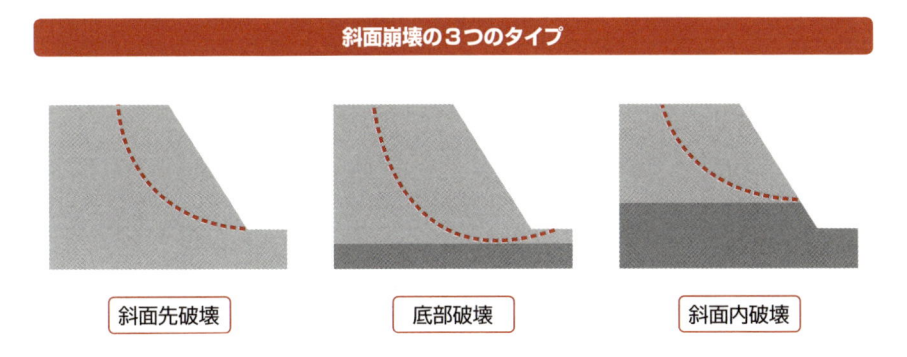

斜面崩壊の3つのタイプ

| 斜面先破壊 | 底部破壊 | 斜面内破壊 |

5-6 斜面崩壊

　60度を超えるような急傾斜の粘土層の斜面で、下端（法先）を通る円弧に沿って破壊する斜面崩壊のタイプを**斜面先破壊**と呼びます。この場合の破壊が発生する円弧の中心は、斜面の中央を通る鉛直線上にあります。

　これに対して、円弧が斜面の下端（法先）を超えた場所まで達するものを**底部破壊**と呼びます。底面破壊は、比較的緩い斜面で軟弱な粘土層が硬い地盤の上にある場合、硬い地盤に底面が接した円弧に沿ってすべる崩壊のタイプです。斜面の上方は沈下して斜面下端の前面に盛り上がりができます。

　斜面内破壊は、斜面中に硬い層がある場合に、その層と軟弱な層の境界線と斜面の交点を通る円弧の面に沿って破壊する崩壊のタイプです。

　なお、斜面崩壊に対して**地すべり**という地盤の不安定現象がありますが、斜面崩壊とは区別しています。斜面崩壊が短時間に一気に斜面が崩れ落ちるのに対して、地すべりは、場合によっては1日数ミリから数センチ程度のゆっくりとした速度で土塊が移動するもので、規模も斜面崩壊よりも大きくすべる崩壊面も深い特徴があります。

宇井地すべり*

地すべりは比較的ゆっくりした速度で土塊が移動して崩壊に至る。

＊**宇井地すべり**　2004年8月発生、奈良県五條市。

5-7 地盤の液状化 ★★☆

地盤が液体のようになる

　液状化現象は、平成23年3月11日に発生した東日本大震災の際に関東地方や東京湾岸でも被害をもたらしました。地下水位の高い砂地盤が振動を受けると地盤があたかも液体と同じような性質に転じて液状化が発生します。

▶▶ 地表に噴出する砂

　過去の地震においても沼や海岸を埋め立てて造成した場所で多く発生したことが報告されました。地盤が液状化すると、地盤を構成する土の比重1.7〜1.8よりもみかけの比重が小さい水道管のような埋設物は浮力が働いて浮き上がり、比重の大きな建物や構造物は沈下を起こしてしまいます。振動で液体状となった地表付近の水を含んだ砂は、その上にある舗装を押し上げて地表に噴出します。

　国内で最初に液状化現象が広く知られるようになったのは、新潟地震（昭和39年）の信濃川流域における砂質土層の建物の沈下・倒壊です。これ以後、**液状化**を対象とする研究も数多く進められました。

液状化で倒れた直接基礎の県営アパート*

> 昭和39年の新潟地震によって砂質土層の液状化が知られるようになった。

＊…の県営アパート　新潟地震（1964年）発生。　撮影：倉西茂・高橋龍夫。

5-7 地盤の液状化

　東日本大震災では、東京湾岸の浦安市の埋立地で大規模な液状化現象が起こりました。昭和40年代から50年代に埋め立てられた地盤は、沖積層の上に深さ30〜60mの砂、シルト交じりの柔らかい層で構成されています。

噴砂による舗装の浮き上がり*

砂混じりの水がアスファルト舗装を不規則に押し上げる。

沈下した前面の歩道と段差のついた杭基礎の建築物*

杭基礎の構造物と周囲の地盤の間で段差が生じる。

＊…の浮き上がり　千葉県浦安市、2011年3月時点。
＊…の建築物　　　千葉県浦安市、2011年7月時点。

5-7 地盤の液状化

　この埋立地の多くの場所で液状化による地下水の噴出や噴砂、埋設管の浮き上がり、地盤の沈下が起こりました。噴砂によって路面の舗装は不規則に押し上げられ、建物は傾斜して杭基礎の構造物と沈下地盤の間の段差も発生しました。

▶▶ 液体のような挙動を示す砂地盤

　砂を主体とする地盤は、砂の粒子相互の摩擦によって安定が保たれています。この砂質土が水を含んだ状態で振動を受けると、かみ合っていた砂粒子相互の摩擦がなくなり、見かけの体積が減少します。すると粒子間の間隙が狭まろうとするので、そこに含まれる水が圧力を受けて地表に砂を含んで噴出することになります。

　この結果、せん断抵抗力が減少して、砂地盤はあたかも液体のような挙動を示すこととなります。杭基礎の構造物は、固い支持層まで打ち込まれた杭の先端で支えられているので支持力を失うことはありません。しかし、地盤で直接支持された直接（ベタ）基礎や摩擦杭の場合は、液状化と共に急激に支持力を失い、沈下や傾斜が発生します。地盤が沈下を起こすと沈下をしない杭基礎の構造物と周囲の地盤の間で段差が生じることになります。

　海沿いの埋立て地だけでなく内陸部の河川流域部や湖沼、湿地の付近においても液状化が発生しました。砂質土の層を粘土で覆って水田とした場所や、その後宅地化された場所では、下の砂層が液状化を起こし粘土層を突き抜けて砂と水を噴き上げる**噴砂**（**ボイリング**）という現象の発生も報告されています。

📙 さらに学ぶための参考図書　　　　　　　　　　　　study

1）『絵とき土質力学』粟津清蔵監修、オーム社、2013年刊
2）『土質力学の基礎』石橋勲ほか、協立出版、2011年刊
3）『わかる土質力学220問』安田進ほか、理工図書、2003年刊
4）『図解土木講座　土質力学の基礎』能代正治、2003年刊

5-7 地盤の液状化

COLUMN 世界最初の鉄の橋…アイアンブリッジ（イギリス）

　橋の材料としては、古来より石や木が使われてきましたが、18世紀になって初めて鉄の橋が誕生しました。世界で最初の鉄の橋が、このアイアンブリッジで、今なおイギリスに現存します。

　鉄は強度が強く優れた材料として古代より知られていましたが、構造物などの大きなものに使うには、高価過ぎました。大量でしかも安価な鉄を手にするには、石炭製鉄の出現まで待たなければなりませんでした。不純物を含まない木炭は、製鉄に適した燃料でしたが、薪の伐採のために森は丸裸にされ、燃料の枯渇をまねきました。ふんだんにある石炭は、不純物の硫黄を含むことから製鉄の燃料とするとなかなか良い鉄がつくれませんでした。

　18世紀になってコークスで鉄鉱石から鉄を取り出す製鉄法が成功すると産業革命が一気に加速しました。蒸気機関のシリンダーに鋳鉄が使われ、鉄製の柱をもつ丈夫な建物も出現しました。鉄製の教会のドアや小型のボート、そして鉄製の墓石まで現れました。世界で最初の鉄の橋、アイアンブリッジは石炭製鉄によって意気の上がる新材料の鉄時代の幕開けと共に生まれた産業革命の生き証人でした。

　1789年に完成したこの橋は、それ以前の石造アーチの形にならい、約380トンの鋳鉄を使って架けたもので、長さは30mほどあります。この橋が足かけ4世紀にもわたって生き続けることができたのは、古い価値あるものに対する人々の愛情を見逃すことができません。世界文化遺産に指定されたこの世界最初の鉄の橋は、イギリスだけでなく文字どおり世界の遺産となっています。

　ロンドンから特急で2時間弱のテルフォードという駅から南約5kmに位置するその名もアイアンブリッジ（地名）で、セバーン川に架かるこの橋は、周囲の産業遺構と併せて産業革命の博物館を構成して、歴史好きのイギリス人や外国人観光客をひきつけています。

> 世界で最初の鉄の橋。

▲アイアンブリッジ

第6章

都市環境と
まちづくり

　まちづくりを考えるための都市環境には、大気、水、土壌、動植物などの環境条件にとどまらず、インフラ施設やその運営の制度などの社会環境や、さらには、伝統的建造物、まちなみ、地域固有の風景などの文化・景観に関わる歴史的環境も含まれます。本章では、まちづくりの観点から都市環境をとらえ、環境アセスメント、都市施設のバリアフリー、景観・歴史的まちづくり、歴史的構造物などについて見ていきます。

6-1 まちづくりの基本条件となる都市環境

都市環境とは

まちづくりを考える上での基本的な条件となる都市環境は、自然環境、社会（人工的）環境、歴史環境の3つの要素で構成されています。

▶▶ 都市環境の構成要素

自然環境とは、きれいな大気や清浄な水、健康的な土壌と動植物などの面からまちづくりに影響を与える環境条件です。**社会（人工的）環境**とは、人が建設・運営する設備、施設やその運営の制度などがまちづくりに影響を与える環境条件で、安全性、利便性、快適性などがあります。

歴史環境とは、伝統的建造物、まちなみ、地域固有の風景などの文化や景観などに関わる環境条件です。社会環境に含まれますが、まちづくりを考える上では、個別に扱われます（第1章「土木技術と環境の関わり」参照）。

私たちが日々生活をする都市とは、これらの3つの都市環境が、相反したり補完したりすることで相互に影響を与えながら提供される空間です。この空間の中で、私たちは様々な活動を通じて都市生活を営み、社会、経済活動をしています。

都市環境の構造

6-1　都市環境とは

　都市環境とは、人間の社会生活のフィールドである社会活動の空間の創出、すなわち、まちづくりに影響を与える自然環境、社会（人工的）環境および歴史環境です。

▶▶ 都市環境の構成要素の相互作用

　都市とは、いくつもの機能が都市環境の様々な条件の下で作用を継続する一つの巨大なシステムです。個々の都市環境の構成要素は同時に他の環境要素にも影響を与え、相互に関係を築きながら全体として社会活動の空間をつくり出しています。

　3つの都市環境のうち、特に自然環境と社会環境の相互の関係の変遷の蓄積が社会活動空間としての都市のあり方に大きく影響してきました。利便性、快適性を獲得しようとする人々の働きかけ（社会環境）は、水質、大気質など（自然環境）への影響のもとに達成されてきました。19世紀以後の化石燃料の大量消費、ガス、電力などのエネルギー消費は、短期間における大量の二酸化炭素の排出量増加につながりました。

　利便性、安全性、快適性の追求による生活レベル向上は、廃棄物の増加をもたらし、窒素酸化物やダイオキシンの発生の原因となりました。水洗、洗濯、風呂、台所などの生活廃水もまた水質汚濁負荷、有機汚濁、富栄養化をもたらしました。さらに、モータリゼーションは、利便性、快適性の実現と同時に排ガスによる二酸化炭素の排出や道路沿道の振動、騒音、交通事故などの増加をもたらしました。

　一方、社会環境は、歴史環境にも大きな影響を与えてきました。利便性、安全性、快適性を獲得するための様々な活動によって失われた歴史的景観、歴史的まちなみなどの歴史環境の変化も数多く挙げられます。主要な歴史環境を構成する都市の風土や景観は、その地域で営まれてきた人々の社会活動を写し出すものです。

　都市景観とは、都市の歴史、機能、文化、自然を総合的に反映するものであり、このための各種の操作は都市計画の重要な部分です。手つかずの自然空間に対して、人々の働きかけによって得られた自然との調和がもたらす里山のような空間は、それ自体が文化的な現象です。

　上質な都市景観は住む人の生活の質向上に深く関係するものであり、それ自体が快適性の重要な条件です。それゆえに都市の魅力を構成し、集客性向上の資源にもなります。

6-1 都市環境とは

都市環境要素の相互作用

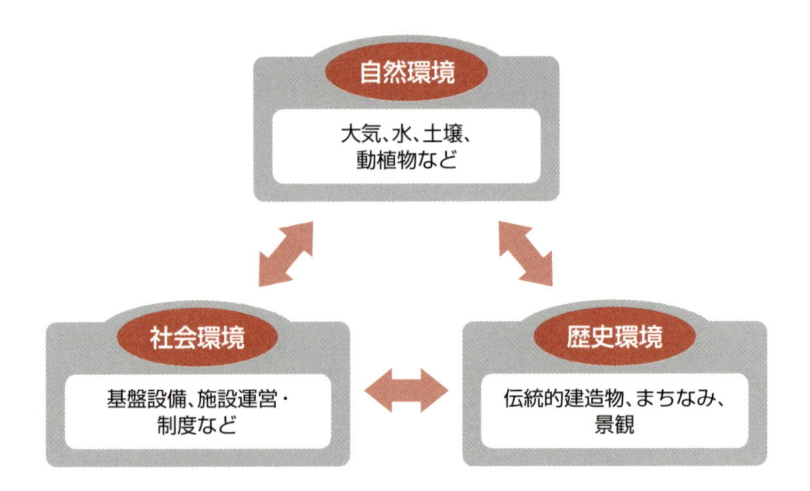

```
           ┌─────────────┐
           │  自然環境    │
           │ 大気、水、土壌、│
           │  動植物など   │
           └─────────────┘
              ↗       ↖
  ┌─────────────┐   ┌─────────────┐
  │  社会環境    │ ⇔ │  歴史環境    │
  │基盤設備、施設運営・│   │伝統的建造物、まちなみ、│
  │  制度など    │   │    景観     │
  └─────────────┘   └─────────────┘
```

▶▶ 都市環境の特徴

　都市環境は、構成する3つの環境要素が密接に関係しています。それゆえに、1つの要素の変更は、同時に他の要素に影響を与えます。利便性、快適性を得ようとする豊かさの追求、高度消費に支えられた生活様式や大規模な生産活動は、大量な資源やエネルギーの消費や、排出物質による影響をもたらしました。

　利便性追求の生活様式はそのまま環境負荷、資源採取による自然への影響を生み出しました。すなわち、都市型生活をすることは、生活者が環境の加害者であり同時に被害者で、その加害者、被害者とも不特定多数である特徴があります。

　一方、都市環境の多くは価格がありません。社会生活を営む上で手に入れる利便性、快適性という価値を持つものは価格のあるものであるのに対し、大気、河川水質、自然環境などは生存に関わる重要な価値を持ちますが価格がありません。

　都市の住居では、眺望、静寂、日照、通風なども生活の質にとって重要な価値ですが、必ずしも価値のあるものは価格が高いという社会経済の原則が当てはまりません。もちろん、高層マンションでは同じ間取りでも眺望のよい上層階の方が高価であるといったことはありますが、一部にとどまっています。

6-1 都市環境とは

　都市環境が悪化する原因の一端は、この価値はあるが価格がないということにあります。有償であればその価値を得るために引き換えとする共通価値である金銭の支出という抑制と管理の作用が働きます。これがないと価値ある自然環境、歴史環境は抑制というコントロールが効かずに無秩序な消費につながってしまいます。

　都市環境の価値は、多様な価値を持つ複雑系であることも特徴です。人々が都市生活をおくるための最も基本的活動に応えるものは何があるでしょうか。人々が住むための施設である住宅があります。働く場所であるオフィスや生産現場としての工場、人々の憩い遊ぶ場所、施設であるレクリエーション施設や公園、そして様々な活動のために場所を移動するための手段となる道路、鉄道など交通施設があります。

　この住む、働く、憩う、動くの4つの活動に利用される施設を提供することが都市環境として求められます。さらに、現在から将来にわたって継承されて利用される歴史的まちなみ、風土、文化遺産、歴史的景観なども都市環境に含まれます。都市環境は、直接的にただちに効果を生み出す利用価値や間接的なものも含めて、都市の住みやすさ、働きやすさ、魅力の形成に密接に関係しています。環境まちづくりとは、このような多様で複雑系システムを対象として、都市環境に様々な働きかけをすることです。

> 都市の景観、まちなみの質は都市環境を構成する重要な要素。

▲まちなみ　　　　　　　　　　　　　　　　　　by InSapphoWeTrust

6-2 環境アセスメント

環境から創出される仕組み

社会環境は自然環境に多くの影響を与えながら変化をしてきました。この変化の中には公害の発生を含む多くの代償を伴ったものが含まれます。ここでは、社会環境と自然環境相互の関係の経緯とその中から創出された環境アセスメントの仕組みについて見ていきます。

▶▶ 環境問題発生の経緯

　戦後におけるわが国の環境問題の始まりは、1950年代後半から1960年代に多発した公害です。水俣病は、化学産業の大手企業であるチッソが海に流した廃液によって引き起こされた大規模な公害で、昭和31 (1956) 年に熊本県水俣市で発生しました。この後、新潟県で昭和電工が起こした公害も水銀中毒に起因する公害病として第二水俣病と呼ばれました。経済重視の産業の急激な発展の負の部分としての健康被害といわれています。

　公害病とは、産業活動の過程で排出された有害物質が廃水や排気によって直接、あるいは水や空気中の浮遊物、有害物質で汚染された食物によって人体に蓄積されて発病するものです。影響を受ける範囲は、その生産活動をする工場や事業所など発生源の周辺、流域に住む人々です。

　水質汚濁に起因する公害病としては、水俣病、第二水俣病のほかに岐阜県の三井金属鉱業の神岡鉱山における精錬過程による廃液を原因として、富山県の神通川の流域で発生したカドミウム中毒のイタイイタイ病があります。大気汚染に起因する公害病としては、1960年代の四日市や川崎で多発したぜんそくがあります。これらの公害の中で最も多くの健康被害を及ぼしたとされる水俣病、第二水俣病（新潟水俣病）、四日市ぜんそく、イタイイタイ病を**四大公害病**と呼んでいます。

　多発する産業による健康被害に対して、はじめて施行された法律が昭和42 (1967) 年に制定された**公害対策基本法**です。公害発生の原因をもたらす行為に対して、個別的に規制をかけることで有害物質の排出を防ぐものです。

6-2 環境アセスメント

　一方、1980年代になると、経済のグローバル化の進展にともなって、大気、水などの影響による健康被害は、より多様になります。健康被害の原因は、産業活動だけでなく、人々が都市で生活することにより排出される廃棄物、生活雑排水、水質汚染などに温暖化、酸性雨、オゾン層の破壊による被害も加わります。初期の公害が特定の工場における生産活動の過程で排出される有害物質による特定の地域の人々への影響でした。これに対して温暖化や酸性雨の問題は、より広範で多数の原因が影響し、かつ発生のメカニズムも複雑で影響を受ける人々や地域もより地球規模に拡大しました。

　原因の複合化や発生メカニズムの複雑化は、人間だけでなく動植物を含めた生態系全体を対象とする世界規模での取り組みの必要性を意味しました。このような背景から、わが国では、局所的な健康被害を対象とする公害対策基本法からより広範囲を対象とする**環境基本法**（平成5年：1993年）が制定されました。

　環境基本法が制定された前年の1992年は、リオデジャネイロで最初の地球サミット（環境と開発に関する国際連合会議）が開催され、**持続可能な開発**（Sustainable Development）が宣言されました。これは、私たちの世代が将来の世代の生活の利便性や環境などを確保しつつ、環境や資源を利用するという考え方です。

　環境の維持を図りつつ、利便性の追求のための開発的行為を行うことが可能であるとする人類の環境に対する基本的なスタンスとしての世界の共通認識です。環境に対する取り組みの基本をなすわが国の環境基本法もこの持続可能な開発をベースとしています。

第6章　都市環境とまちづくり

> 持続可能な開発は人類の環境に対する基本的なスタンスとしての共通認識。

▲国連持続可能な開発会議（リオ＋20）2012年　　　　by Argentina

▶▶ 環境アセスメントの概要

●環境アセスメントの目的

環境アセスメントは、平成5(1993)年制定の環境基本法とこの基本法を上位法とする環境アセスメント法を法的根拠として実施されます。**環境アセスメント**では、環境影響を計測することによって、その結果を反映した事業の計画を修正する仕組みとその意思決定のシステムが組み込まれています。

環境基本法の第15条の環境基本計画で環境基本方針が定められ、第20条の環境アセスメント、第22条の経済的措置で方針実施の手段が定められています。第20条は環境アセスメント実施における法的根拠の根幹部分です。

環境基本法第20条「環境影響評価の推進」
（環境影響評価の推進）

第二十条　国は、土地の形状の変更、工作物の新設その他これらに類する事業を行う事業者が、その事業の実施に当たりあらかじめその事業に係る環境への影響について自ら適正に調査、予測又は評価を行い、その結果に基づき、その事業に係る環境の保全について適正に配慮することを推進するため、必要な措置を講ずるものとする。

環境アセスメント法は、環境基本法第20条を受けて、平成9(1997)年に制定され平成11(1999)年に施行されました。環境アセスメント法の目的は、「事業を実施するにあたって環境への影響を自ら調査、予測、評価」し、「結果を公表して国民、地方公共団体から意見を聴取」すると共に「環境保全の観点から総合的かつ計画的により望ましい事業計画作成」することです。

6-2 環境アセスメント

環境アセスメントの目的

環境への影響を自ら調査、予測、評価 → 結果を公表して国民、地方公共団体から意見を聴取 → 環境保全の観点から総合的かつ計画的により望ましい事業計画作成

●環境アセスメントの意味

わが国で高度経済成長の影の部分として多発した公害によって発生した健康障害の問題は、その処置に現在でも尾を引くように、あまりにも大きな代償を支払いました。環境アセスメントは、このような公害とその後の環境問題の広がり、世界的な環境問題への流れを背景として生まれたものです。

環境アセスメント法の施行以前には、事業執行を前提とした上で、後追い的に環境保全対策が検討されてきましたが、1999年以後は事業執行の判断の過程にアセスメントの結果が組み入れられたことは大きな変化です。このことから、環境アセスメントは「環境に配慮した人間行為の選択」ということができます。

これは、総合的な環境の積極的保全であり、持続可能性確保のために人間行為を環境と調和させることです。このための意思決定を社会的に支援する方法とその実施のための手続きが環境アセスメントです。

6-2 環境アセスメント

●手続きの科学性と民主制

　環境アセスメントとは、事業執行の前にあらかじめ環境への影響を調査、予測して評価することです。この評価の前提となるのが、科学的方法で実施した調査結果です。科学性のある調査手法で得たデータは、誰が調査しても同じ結果となる客観性のあるものでなければなりません。評価においては、恣意的な部分は一切排除され、客観性のあるデータによって再現性のある検証プロセスが大切となります。

　民主制とは、科学的手法で得られたデータを元とする評価のプロセスが社会に開かれていることです。その事業によって影響を受ける関連主体の価値判断を評価に反映させることが合意形成を図る上では不可欠であるからです。

　社会的な意思決定のプロセスが組み込まれていることから、環境アセスメントとは、環境を配慮した社会的意思決定に一般市民が関与するための社会的手続きであるともいえます。

●環境アセスメントの手法

　環境アセスメントは、環境への影響予測、評価、判断の方法のプロセスがあります。影響予測は、環境質の項目ごとに分解して、事業を実施した場合のそれぞれの影響を予測します。その後、影響予測結果を統合して総合評価を行います。評価によって環境保全上の問題や懸念が指摘されれば、代替案を立てて、その中から最適案を分析的な手法で選択することになります。代替案とは、環境の影響が予測される場合、緩和や代償措置がとられます（第11章のミティゲーション参照）。

　大まかな環境アセスメントの実施手順は、当該事業を環境アセスメントの対象とするか否かの判断（**スクリーニング**：Screening）を行ったあと、対象事業に関する調査、予測・評価の方法を決めて、検討範囲の絞り込み、検討するための代替案の範囲および影響評価の項目を決めます（方法書の作成）。

　この方法書に従って、詳細なアセスメントが実施されます（準備書の作成）。次いで詳細なアセスメントに基づいて、代替案の検討（評価書の作成）が実施されます。

6-2 環境アセスメント

環境アセスメントの手順*

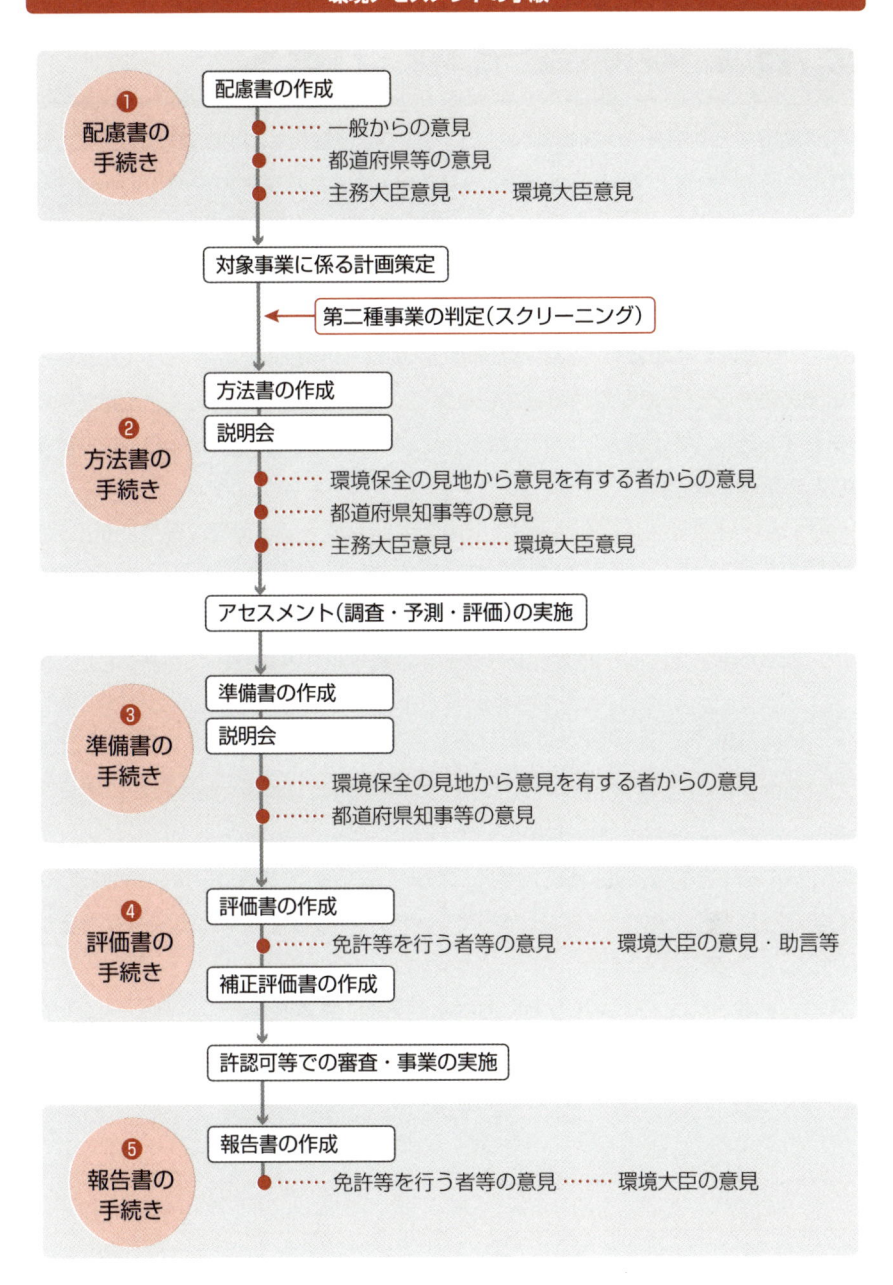

❶ 配慮書の手続き
- 配慮書の作成
  - ……… 一般からの意見
  - ……… 都道府県等の意見
  - ……… 主務大臣意見 ……… 環境大臣意見

↓

対象事業に係る計画策定

← 第二種事業の判定（スクリーニング）

❷ 方法書の手続き
- 方法書の作成
- 説明会
  - ……… 環境保全の見地から意見を有する者からの意見
  - ……… 都道府県知事等の意見
  - ……… 主務大臣意見 ……… 環境大臣意見

↓

アセスメント（調査・予測・評価）の実施

❸ 準備書の手続き
- 準備書の作成
- 説明会
  - ……… 環境保全の見地から意見を有する者からの意見
  - ……… 都道府県知事等の意見

❹ 評価書の手続き
- 評価書の作成
  - ……… 免許等を行う者等の意見 ……… 環境大臣の意見・助言等
- 補正評価書の作成

↓

許認可等での審査・事業の実施

❺ 報告書の手続き
- 報告書の作成
  - ……… 免許等を行う者等の意見 ……… 環境大臣の意見

***環境アセスメントの手順**　出典：環境省ホームページより。

6-3 生活上の障壁を取り除く

都市のバリアフリー

　公共施設などを障害者や高齢者などのいわゆる生活弱者も利用ができるように、段差など生活上の障害となる物理的な障壁を取り除くことを**バリアフリー**といいます。

▶▶ バリアフリーとユニバーサルデザイン

　バリアフリーは、日常よく耳にする言葉です。その意味するところは、公共施設において、障害者や高齢者などのいわゆる生活弱者も利用ができるように、段差など、生活上の障害となる物理的な障壁を取り除くことです。これに対して、**ユニバーサルデザイン**とは、特定の人だけではなく、誰もが利用しやすいようにモノを設計することを意味します。

　いずれも利用する人に対してやさしい設計を目指すという点では同じですが、都市施設の整備方法に大きな影響を与えています。

　日常的な事例では、都市部の鉄道駅では、歩行者の移動をよりスムーズにするために、階段の幅を減らしてエスカレーターを設置することが行われてきました。また、コンコースからホームへの垂直移動ができるようにエレベーターの設置の例も多くみられます。

　これらは当初、生活弱者に対するバリアフリーの目的で開始されました。しかし、設置数が増加して通常設備化することで、不特定の人の利用のためのユニバーサルデザインになっています。階段に加えて、エレベーター、エスカレーターの選択肢も加わることになり、全体としては、すべての利用者を対象とするユニバーサルデザイン化したことになります。

　高齢化社会を迎えて、公共の場における高齢者、障害者などの移動の円滑化を狙って進められてきたバリアフリーは、よりユニバーサルデザインに近付いているともいえます。

▶▶ バリアフリー法と整備対象

　バリアフリー法は正式名称を「高齢者、障害者等の移動等の円滑化の促進に関する法律」といいます。高齢化社会を迎え、高齢者や障害者の積極的な社会参加を促すために、バリアフリー施設の整備促進を目標とする法律です。これ以前は、建築物のバリアフリー法（ハートビル法）と公共交通機関のバリアフリー法（交通バリアフリー法）がありましたが、両者を統合して、平成18（2006）年12月に**バリアフリー新法**として施行されたものです。

バリアフリー化の対象施設

施設の種類		
鉄道	鉄道駅	
	鉄道車両	
バス	バスターミナル	
	乗合バス	低床バス
		ノンステップバス
船舶	旅客船ターミナル　旅客船	
航空	航空旅客ターミナル　航空機	
タクシー	福祉タクシー	
道路	主要な鉄道駅周辺などの主な道路	
建築物	不特定多数の者などが利用する建築物	
都市公園	園路および広場	
	駐車場	
	便所	
路外駐車場		
信号機など	信号機等の移動等円滑化が実施された主要な鉄道駅周辺等の生活関連経路	

6-3 都市のバリアフリー

　バリアフリー法では、鉄道駅、道路、路外駐車場などの交通施設や公共建築物、都市公園などがバリアフリーを満たすための水準が規定されています。バリアフリーを推進する対象公共施設は、鉄道、バス、船舶、航空、道路などの交通関連施設などがあります。この他、不特定多数の人が利用する公会堂、県民ホールなどの建築物や都市公園などがあります。

　具体的な内容としては、駅構内へのエレベーター、エスカレーター、スロープなどの設置による段差の解消、車いす対応のトイレの設置、運賃表や案内板などへの点字表示、低床式のバスや路面電車の導入、音声案内付きの信号機の設置、鉄道ホーム、歩道の点字ブロックの設置などがあります。

▶▶ 鉄道駅前のペデストリアンデッキ

　バリアフリーの対象物が多く含まれる身近な施設の典型例として、主に鉄道駅前広場の上空に設けられたペデストリアンデッキがあります。

　ペデストリアンデッキとは、鉄道駅周辺で歩行者を自動車交通から立体的に分離するために、地上より上方に設置された歩行者専用の通行、滞留空間の施設です。エレベーターやエスカレーターによる段差の解消の点からはバリアフリーの施設ですが、不特定多数の駅利用者の安全性と快適性を確保するユニバーサルデザインの事例でもあります。

　ペデストリアンデッキは、鉄道と他の交通手段との結節点として交通の円滑化を図るために、鉄道駅付近の再開発と共に1970年代より建設がはじめられ、近年では一般的な都市施設となりました。

　公共交通の発達したわが国の都市内の鉄道駅では、改札、コンコースなどの駅舎機能をプラットホーム、軌道をまたぐ上階部分に設置する橋上駅が多く採用されています。歩行者交通の面からは、駅と地下鉄、バス、タクシー乗り場、商業施設、ホテル、事務所建物などの周辺施設と平面交差を避け、移動抵抗の少ないアクセスを確保する施設としてペデストリアンデッキが導入されたものです。

　歩行空間の確保と共にイベント広場や喫煙所、トイレなど、広場としての滞留機能をもつ設備も追加されるように変化してきました。

6-3 都市のバリアフリー

ペデストリアンデッキ

鉄道と他の交通手段との結節点として歩行者交通の円滑化を図る。

▲ JR津田沼駅北口駅前ペデストリアンデッキ

▲ 豊田駅北口駅前ペデストリアンデッキ

歩行空間の確保と共に広場としての滞留機能を有する。

第6章 都市環境とまちづくり

6-3　都市のバリアフリー

　ペデストリアンデッキは、構造的には駅前広場や道路上に位置することから、横断スパンは30m未満が多く、まれにシンボル性の観点から塔を持つ斜張橋やアーチも見られます。床版は鋼製のデッキプレートやRCプレキャスト版にタイルによる路面舗装が施され、地上レベルへ接続するために昇降階段に加えて、バリアフリー化が始まった1990年代よりエスカレーター、エレベーターなどの昇降機を設置する事例も増加しました。

　国内で最初の鉄道駅隣接のペデストリアンデッキは、千葉県のJR常磐線柏駅東口に1973年に供用開始されたものです。これ以後、2000年代初頭までの30年間で建設箇所数は年間6～7箇所が新設されてきました。全国の合計件数はおよそ240件（2010年：平成22年）で首都圏、大阪圏、中部圏が多く、県別では神奈川県に最も多くのペデストリアンデッキが設置されています。

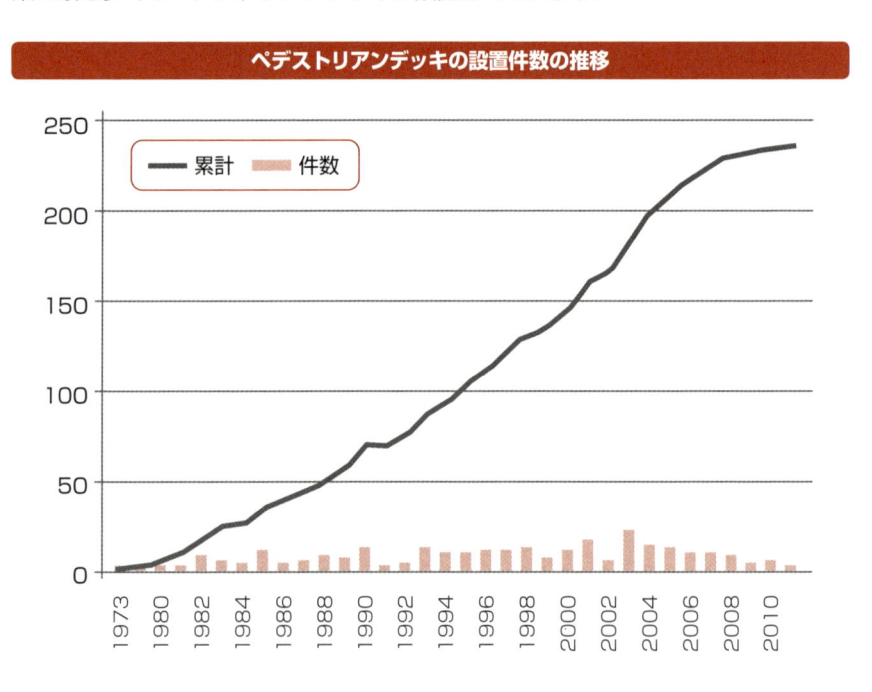

ペデストリアンデッキの設置件数の推移

6-4 都市の景観計画

利便性から快適性へ

　都市の歴史、機能、文化、自然を総合的に反映するものが都市景観です。自然環境、社会環境と並んで都市計画の重要な対象です。

▶▶ 都市景観計画

　近年のまちづくりでは、機能・利便性向上重視の空間整備・都市基盤整備からプラス快適性（アメニティ）へのシフトの傾向があります。これは、都市の環境の有り方が都市景観に総合的に表れているからです。

　この都市景観をまちづくりの中で具体的に進めるための計画が都市景観計画です。景観計画の項目、景観管理、枠組みの規範、対象地域、地区の全体との位置付け、整備施策、施策への展開のプロセスなどのほか、上位計画、関連計画との整合、調整などが盛り込まれています。

▶▶ 都市景観計画の対象

　まちづくりで対象とする都市景観には、まず「各地域、地区の風景（景観）」があります。これは個々の要素によって構成されるものですが、目指すべき地区の風景として、都市景観計画の基本となるものです。

　「歴史的景観や伝統的景観の保全」は、その地域固有の風情、情緒、たたずまいなどの保全を進めるための項目です。「街路景観の規制・誘導」や「地区を指定した建築規制・誘導」は、目指すべき地区の風景や歴史的景観の保全のための規制、誘導に関する項目です。

　「眺望の保全」は、歴史的景観や地域の良好な環境を損なうような建築物に対する規制・誘導を含むものであり、「工作物・屋外広告の規制」や「開発行為の規制」に関わりがあります。「地区計画」、「建築協定」、「緑化計画・協定」は、歴史的景観や街路景観、眺望保全などを実現するための手段としての計画、協定に関わる項目です。

　都市景観計画では、これらの項目を網羅して策定されます。

6-4 都市の景観計画

景観計画の対象

No.	対象項目	No.	対象項目
1	地域の風景（景観）	6	工作物・屋外広告の規制
2	歴史的景観保全	7	開発行為の規制
3	街路景観の規制・誘導	8	地区計画
4	地区を指定した建築規制・誘導	9	建築協定
5	眺望の保全	10	緑化計画・協定

▶▶ 都市景観のマネジメント

●都市景観保全の経緯

　歴史的風土まちなみ保全は、昭和40年代以後の公害問題発生や都市景観画一化、都市近郊の景観混乱、それに伴う伝統的まちなみ喪失といった危機に瀕した状況から始まりました。歴史的風土を守るための市民運動などを背景として古都保存法（昭和41年：1966年）、伝統的建造物群保存地区制度（文化財保護法／昭和50年：1975年）が制定されました。また、昭和53（1978）年の神戸市都市景観条例の制定以後、多くの地方自治体で景観条例や指針の制定や、助成制度が整備されました。

　一方、景観法などが美しい国づくり大綱に引き続き平成16（2004）年に制定され、同じ年には文化財保護法が改正されて保護対象として文化的景観が追加されました。そして平成20（2008）年には歴史まちづくり法が制定されました。

　景観法は、良好な景観の形成を促進するための法律ですが、強制力のない地方自治体の景観条例に実効性・法的強制力を持たせるためです。景観計画の策定等を総合的に講ずることによって、美しく風格のある国土の形成、潤いのある豊かな生活環境の創造、個性的で活力ある地域社会の実現を目的とするものです。

　歴史まちづくり法（正式名：地域における歴史的風致の維持及び向上に関する法律）とは、神社、仏閣などの歴史上価値の高い建造物やその周辺には、歴史的建造物によって醸し出される地域固有の風情、情緒、たたずまいなどの良好な環境（歴史的風致）を維持、向上させ、後世に継承するために制定された法律です。

6-4 都市の景観計画

重要文化財日本橋の上を通過する都市高速道路*

首都高速道路と
その下に隠れてしまった
重要文化財の日本橋。
文化的価値と利便性の
両立は大きな課題。

千葉県佐原市（重要伝統的建造物群保存地区）のまちなみ

旧街道と
小野川沿いに広がった
佐原の保護地区の
まちなみ。

＊…**通過する都市高速道路**　東京都中央区。

6-4 都市の景観計画

▶▶ 景観設計の範囲

　都市の景観設計は、その地域固有の環境条件に応じて行うことが基本です。橋や建物といった都市施設を単独でとらえるのではなく、それらの置かれている場所、周囲状況と一体で捉えるということです。この意味から都市の景観設計は、コンテキスチャリズム（文脈主義）の立場をとるともいわれます。

　都市の景観設計のためには、景観の分析が必要です。これは対象とする都市のあるまとまりを持った地区の景観状況を把握することで文脈の解読に相当します。

　都市景観の分析の方法には、4つの視点からチェックする方法があります。まず地形、水、緑の構成状況である自然軸、次いで建物、街路、空地の構成状況である空間軸、娯楽施設、交通施設、美術館などの生活や文化の空間的状況である生活軸、そして地区の歴史、成り立ちである歴史軸です。これらの4つの軸がどのようになっているかを調べます。さらに軸相互の関係や影響を知ることで対象とする地域の都市景観の状況の把握をします。

　景観設計は、対象そのもののデザインと共に、その見え方を設計することです。この場合、対象が置かれた場所や背景は与える条件です。景観設計では、それを見る人の視点が存在する場所の設計、すなわち見せ方の空間設計が主要な部分となります。例えば、橋を主対象とする景観設計では、橋の色彩、形状などのデザイン以外に橋の周辺状況から、どのような見せ方をするかが景観設計の範囲となります。

ミニ知識　作業船はどうやって安定を保つのか？

　海洋土木では、クレーン船、台船などのいろいろな作業船が使われます。作業船が安全に操業するには、荷重を受けた状態でも浮体として安定を保つことが大前提です。浮物が安定を保つのは、その物体が排除した**浮心（水の重心）**に働く浮力と物体の重さが同一線上にあってつり合っているからです。浮体に荷重がかかると傾斜をしますが、安定であるためには、傾斜方向のモーメントに対して、姿勢を戻そうとする復元のモーメントが大きくなければなりません。重心の位置が低く、浮心までの水平距離が十分ある場合は、傾心が重心より上に来て復元力のモーメントが大きくなります。この逆に重心の位置が高く、浮心との水平距離が短い場合は、復元モーメントが小さくなります。これは縦長断面の浮体よりも、横幅の広い浮体の方がより安定性が高いという経験による感覚と一致します。

6-5 文化遺産としての歴史的構造物

歴史的構造物

インフラ構造物である橋、鉄道、道路などで長年人々の生活を支え、生活に溶け込んできた構造物を**歴史的構造物**といいます。

▶▶ 都市環境としての歴史的構造物

歴史的構造物は**工学遺産**（Engineering Heritage）とほぼ同義です。「遺産」の一般的なイメージから、すでに実用を終えた施設や構造物を対象とするように受け取られる傾向もあります。土木分野では、本来の役割を果たしつつ、歴史的価値も評価されるものが多くあります。歴史的文化的価値をもつ歴史的構造物の存在は、都市環境の重要な要素としてまちづくりに大きな影響を与えています。近年では、歴史的なまちなみを構成する中心的なものとして歴史的構造物を活用するまちづくりの事例が増えています。

歴史的構造物の文化遺産としての価値がまちづくりになぜ求められるのでしょうか？ **文化遺産**とは、広辞苑によれば「将来の文化的発展のために継承されるべき過去の文化」とあります。さらに「文化」とは、「人間が自然に手を加えて形成してきた物心両面の成果」と記されています。

ここで、物的な面からの成果とは、例えば、橋を架け、ダムを建設することによって得られる物理的な影響、すなわち交通時間の短縮、電気の供給といった利便性や安全性の確保、あるいは自然に変更を加えて新たにつくり出された景観などです。

一方、心的な面での成果とは、土木施設や構造物がその本来の役割を果たしている長年にわたる時間の経過の中で社会と人々の営みに関わる影響、例えば、建設時の技術、デザインなどの活動の証としての記録の媒体です。橋やダムが生活の舞台装置の一つとして存在することで人々の営み、生活様式、スタイルなどに与える影響です。そのモノが生活の場に存在することで、過去の人々の活動を想起させるメモリアルとしての役割です。これはローマ時代の建築家が世界初の建築書の中で「建築は、実用性、強さ・美しさの三拍子を兼ね備える必要性」を述べていますが、建築を人がつくり出す都市まで拡大すれば、心的効果とはこの美しさに相当するものです。

6-5 歴史的構造物

　歴史的構造物が存在し続けることで、その地域で継続的に発揮する物的、心的な効果全体が文化財としてのまちづくりに影響を及ぼします。

▶▶ 重要文化財の歴史的構造物

●橋梁

　歴史的構造物の事例として、重要文化財の事例をいくつか見てみます。首都圏における橋梁の事例としては、平成18（2007）年に重要文化財の指定を受けた隅田川の震災復興橋梁の永代橋、清洲橋、勝鬨橋があります。

　永代橋（大正15年：1926年）、清洲橋（昭和3年：1928年）の竣工には、いずれも基礎に当時の先端技術のニューマチックケーソン工法が使用され、上部工にはデュコール鋼という強度の高い鋼材を使用しています。昭和15（1940）年に竣工された勝鬨橋は、日本最大級可動橋として建設された鋼アーチです。勝鬨橋、清洲橋、永代橋共に1日3万台以上の交通量のある幹線道路の現役の橋として重要文化財の指定を受けています。

永代橋

> 墨田川に最初に完成した震災復興橋梁。タイドアーチとしてわが国で初めて100メートルを超えるスパンを誇る。

6-5 歴史的構造物

清洲橋

> ドイツ、ケルンのチェイン吊り橋を手本として設計された。チェインには永代橋と共に高張力鋼が使われている。

勝鬨橋

> 幻に終わった皇紀2600年に当たる1940年の日本万国博覧会に合わせて国産技術のみで設計、建設された。

第6章　都市環境とまちづくり

6-5 歴史的構造物

●ダム

ダムの例としては、神戸の布引ダムがあります。布引ダムは神戸近代水道の貯水池として明治33（1900）年に完成したわが国で最初の重力式粗石コンクリートのダムです。阪神淡路大震災によって一部に被害を受けましたが、修復されて平成17（2006）年に重要文化財に指定されました。

神戸の布引ダム

> 良質な水道水
> Kobe Waterを供給する
> 水源に建設された
> わが国初の重力式粗石
> コンクリートのダム。

●造船ドック

　横浜船渠第2号ドックは、明治29（1898）年に竣工以来、昭和48（1973）年に機能停止するまで75年間にわたって使用された造船ドックです。横浜みなとみらい地区の再開発によりランドマークタワーとの一体構造として再整備されました。長さを約10m縮小し、水平方向に30m移動して、平成5年に復元工事が完成し、平成9（1998）年に重要文化財の指定を受けました。すでに造船ドックとしての本来の役割はありませんが、人々の集うイベント広場のスペースとしての新たな役割を担って活用されています。

横浜船渠第2号ドック

> かつて多くの船が建造された造船ドックは、今は横浜みなとみらい地区のランドマークタワーに隣接してイベント広場のスペースとして利用される土木遺産。

6-5 歴史的構造物

●堰堤

　1939（昭和14）年に完成した富山県の白岩堰堤は、防災施設の機能を継続したまま重要文化財に指定されました。この砂防堰堤は、急流河川常願寺川の源流域の立山カルデラから供給される土砂を、その出口でせき止める役割を担っています。

白岩堰堤

> 富山県の立山カルデラの出口で下流の常願寺川へ流下する土石をせき止めて富山平野を守る役割を担う。

さらに学ぶための参考図書　　study

1) 『都市・地域・環境概論』大貝彰他、朝倉書店、2013年刊
2) 『環境アセスメントの最新知識』環境影響評価研究会編、ぎょうせい、2006年刊
3) 『図解入門 よくわかる 最新 都市計画の基本と仕組み』五十畑弘、秀和システム、2020年刊
4) 『景観法と景観まちづくり』日本建築学会編、学芸出版社、2005年刊
5) 『歴史的土木構造物の保全』土木学会編、鹿島出版会、2010年刊

第7章

河川と水の動き

　わが国の国土を流れる川の特徴は、長さが短く、こう配が急であることにあります。世界平均より多い年間降水量のあるわが国では、急流河川によって洪水、土石流などの災害が起こされてきました。堤防や護岸などの河川構造物も、河川の特徴に密接に関わりを持っています。本章では、国内の河川の特徴、堤防をはじめとした河川の主な施設と共に、水の流れの性質、波力などの基本的な事項について学びます。

1・2級土木施工管理技術検定試験（対応）

出題分野（試験区分）

分野：専門土木

細分：河川・堤防、海岸

7-1 国内河川の特徴 ★★☆

水害を起こしやすい日本の河川

国内の河川の性質やその特徴について考えてみましょう。

▶▶ 集水域（流域）と分水界

　地上に降り注いで、地上面を流れて海に注ぐ流れを考えると、高度の高い場所から低地に向けて、いくつもの支川が合流を繰り返して、やがて本川（本流）として海に注ぎます。

　本川および本川に注ぎ込むすべての支川が集める水の範囲、すなわち降った雨が本川、支川に流れこむ地上の範囲をその河川の**集水域**（流域）と呼びます。地上面は、いずれかの河川の集水域に属し、隣接する集水域との境目が**分水界**です。山岳地帯であれば尾根の分水嶺がこの分水界となります。日本列島の脊梁山脈の分水界（中央分水界）によって、降った雨は、太平洋側と日本側に振り分けられることになります。

▶▶ 流水こう配と川の特徴

　日本列島の河川の最大の特徴は、河川の長さ（流路延長）が短く、こう配（流水こう配）が急であることにあります。傾斜が急で険しい地形とそこを流れる急こう配の河川は、洪水、土石流などの災害を起こしやすく、堤防や護岸などの河川構造物のつくり方もこの特徴に密接に関わりを持っています。

　日本列島の細やかな地表面の形は、複雑な集水域をつくり出しています。降り注いだ雨水は、傾斜が急で険しい地形と急こう配の河川を短時間で流下することから、降った雨は比較的短時間で海に達することになります。時間をかけて海にたどり着く流水こう配の緩い大陸諸国の河川に較べて、水を地上に留める保水能力や浸透能力が小さいこともわが国の河川の特徴です。洪水期、渇水期の流量の差が大きい場合、洪水期の降雨量が多くても、保水が少なく地表や地中に留まる水が少なければ、渇水期は水不足にもなりがちです。

国内外の河川の流水こう配*

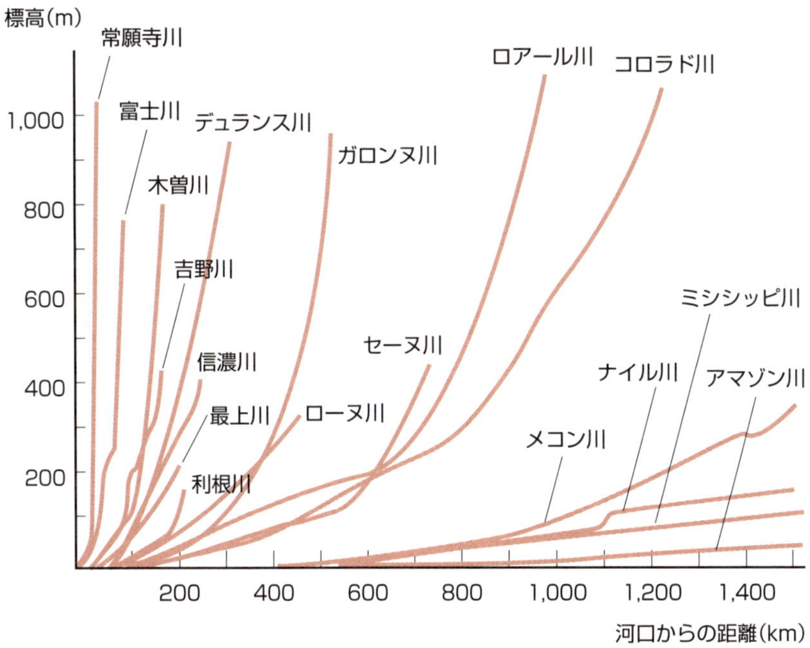
標高(m)
常願寺川
富士川
デュランス川
ガロンヌ川
木曽川
吉野川
信濃川
最上川
利根川
ロアール川
コロラド川
セーヌ川
ローヌ川
ミシシッピ川
ナイル川
アマゾン川
メコン川
1,000
800
600
400
200
200
400
600
800
1,000
1,200
1,400
河口からの距離(km)

年間降雨量

日本の傾斜が急で険しい地形を流れる急こう配の河川は、水害を起こしやすく、人々への水の供給からも不利な条件をもたらします。わが国は有数の多雨地帯に位置し、年間降水量は世界平均より多いのですが、人口1人当たりでみれば多くはありません。さらに、年間を通じた降雨量も梅雨や台風などによって季節ごとに大きな変動があります。

東京地方の降雨量は、年間1400～1600mm^{3}程度で、区部平均では1529mm^{3}です。季節変動は3月から10月が多く、冬季が少なくなっています。日本全体では、年平均降水量は1730mm^{3}で世界平均の973mm^{3}の2倍になります。

しかし、人口1人当たりの年平均降水量は5280mm^{3}で世界平均の26900mm^{3}に比べると1/5ほどになってしまいます。

＊**国内外の河川の流水こう配**　出典：国土交通省関東地方整備局。

7-2 堤防と護岸

氾濫を防止する堤防施設

河川の施設で最も身近なものが堤防と護岸です。

▶▶ 堤防の種類と働き

堤防は、川筋を固定し洪水による氾濫を防止することが目的です。都市を流れる川の堤防上の道路を歩きながら、堤防の高さに対して低い地盤の住宅地を目にすると洪水で川の水位が上昇したときに堤防が氾濫を防ぐ施設であることがよくわかります。

堤防にはいろいろな種類があります。川に沿って連続的に築かれている堤防が**本堤**です。本堤を保護する小規模の堤防が副堤や控え堤です。多くの堤防は、川の流れと平行して築かれますが、本堤から川の中心側に向けて直角に突き出して築く**横堤**と呼ばれる堤防もあります。洪水のときに川の流れに抵抗して流速を落とす目的があります。

川の合流する場所で下流に向けて伸びる堤防が**背割堤**と呼ばれるものです。合流した2つの流れを分けることで逆流を防ぎます。**導流堤**とは川の中や河口付近などに設けて、流れの方向をコントロールする役割があります。筑後川の河口に向けて長さ6km以上にわたって築いた堤防は、オランダ人技術者のデ・レーケが明治23（1890）年に施工したもので大規模な導流堤です。川筋を固定し流速を上げ、堆積を防いで航路を維持する目的でつくられました。

霞堤は、本堤防の後ろ側に断続的に重なりを持たせて設けられた堤防です。堤防が連続していないことで、増水時に堤内側へ逆流させて流れを緩めたり、いったん氾濫した水を川へ早く戻す効果があります。武田信玄が釜無川に設置した信玄堤が霞堤の例です。

輪中堤とは、人の住む集落や耕地の回りを囲って設けたリング状の堤防で木曽三川の下流域の濃尾平野に例が見られます。

7-2 堤防と護岸

堤防

> 航路の維持のために河口付近で6キロメートルにわたり川の真ん中に設けられた。

▲筑後川導流堤

> 左側が堤外、右側が民家のある堤内。堤防上から川の両側を見ると堤防の氾濫防止の役割を理解しやすい。

▲吉野川下流部の本堤

堤防の種類

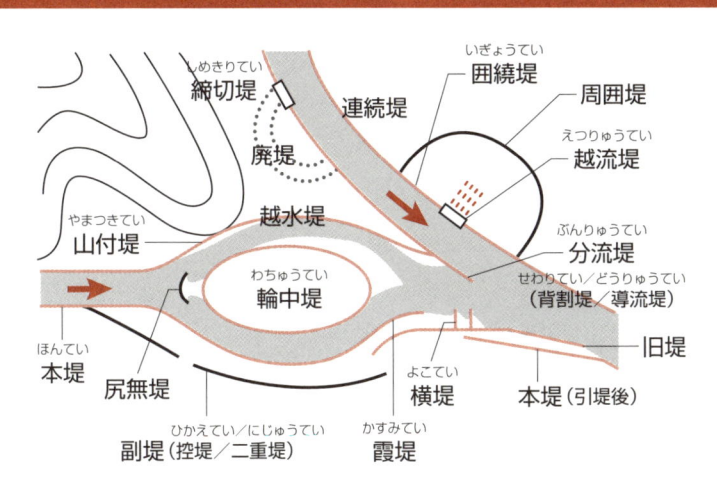

- しめきりてい 締切堤
- 廃堤
- いぎょうてい 囲繞堤
- 周囲堤
- 連続堤
- えつりゅうてい 越流堤
- やまつきてい 山付堤
- 越水堤
- ぶんりゅうてい 分流堤
- わちゅうてい 輪中堤
- せわりてい/どうりゅうてい (背割堤/導流堤)
- ほんてい 本堤
- 尻無堤
- よこてい 横堤
- 旧堤
- ひかえてい/にじゅうてい 副堤(控堤/二重堤)
- かすみてい 霞堤
- 本堤(引堤後)

第7章 河川と水の動き

堤防の構造と名称

都市部の河川では、川のすぐ横の河川敷に、グランドやゴルフ練習場が設けられ、その外側に堤防がある場合があります。この場合、グランドやゴルフ練習場を含んで、堤防から川のある側を**堤外**（ていがい）、反対側の住宅のある側を**堤内**（ていない）と呼びます。

ほとんどの堤防は土を盛って築かれていますが、隅田川の堤防のようにコンクリート壁でできているものもあります。土を築いてつくる堤防の形状は、ほとんどが台形となっています。台形の上底の部分を**天端**（てんば）と呼び、河川管理を目的とした道路となっている場合が多く見られます。天端の両端（**法肩**：のりかた）から始まる斜面が**法面**（のりめん）で、川側の堤外の法面**表法**（おもてのり）、堤内側を**裏法**（うらのり）と呼びます。

多くの場合は、洪水時の水流に抵抗するようにシバなどの植生やコンクリートで保護（護岸）されています。堤防の高さが3mを超える高い場合は、堤体の安定のために法面の途中に小段が設けられます。

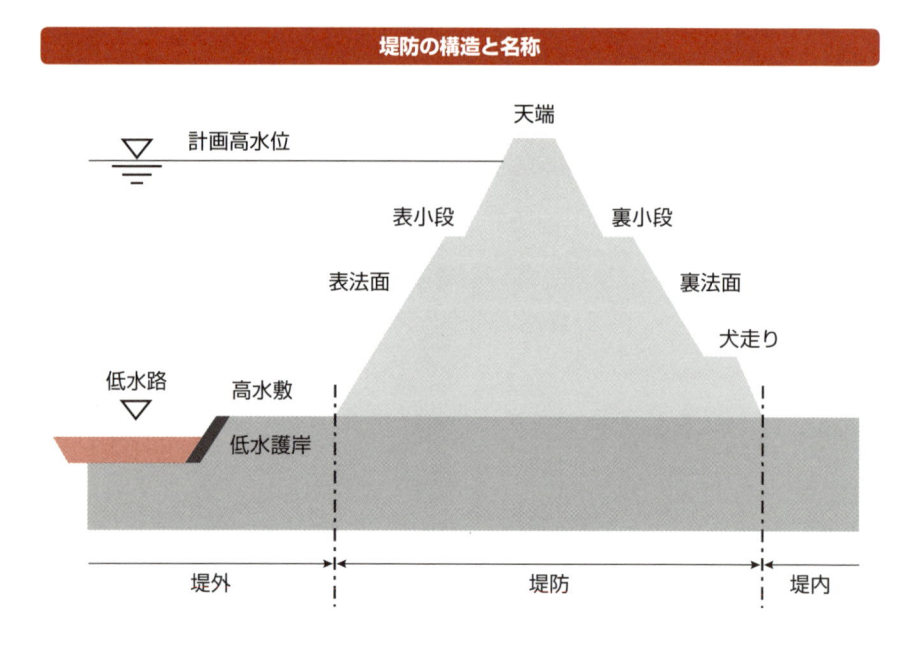

堤防の構造と名称

▶▶ 護岸

　河川は、ふだんは静かに流れていても洪水時は流速も増し、川の両岸の堤防にかかる力が大きくなります。このため水流によって堤防が崩壊することを防ぐために堤防の法面を保護することが必要となります。これは海岸でも同様で、海岸が波や高潮で浸食されるのを防ぐために地盤の表面や堤防の法面を保護します。

　護岸は、堤防の表面の部分をシバなどの植生やコンクリートブロックで覆ったり、コンクリート枠で補強して、堤体を直接保護・補強する方法と共に護岸にかかる水流や波の圧力を低下させる方法を組み合わせて用いられます。

　この水流や波の力を減少させる方法は、川の場合は**水制工**、海の場合は**消波工**と呼びますが、いずれも水の運動エネルギーを吸収して、堤防や岸壁に作用する力を減じることを目的としています。

階段型の親水護岸の例[*]

> 護岸の役割と共に人々が安全に水辺に接することができる。

[*] **階段型の親水護岸の例**　横浜市、宮川右支川。

7-2 堤防と護岸

練石積護岸

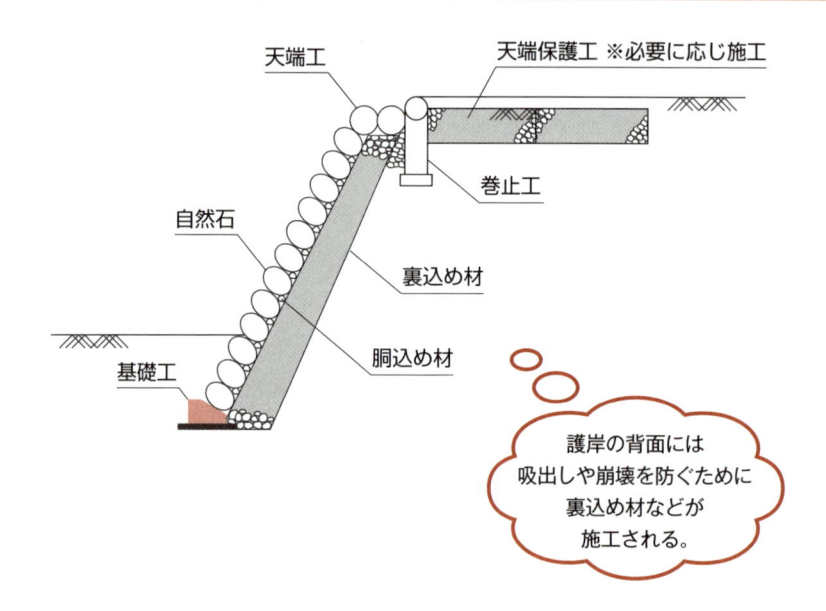

（図：練石積護岸の構造）
- 天端工
- 天端保護工 ※必要に応じ施工
- 自然石
- 巻止工
- 裏込め材
- 胴込め材
- 基礎工

護岸の背面には吸出しや崩壊を防ぐために裏込め材などが施工される。

　水制工には、水の流れを岸から川の中央部に追いやる蛇かごなどの工作物を河川中に設置したりします。伝統的工法では流れに抵抗して流水速度を低下させる**聖牛**（ひじりうし）と呼ばれる工作物が高水敷に設けられてきました。消波工の代表的なものとしては、コンクリート製のテトラポットがあります。

　この他、直接護岸を保護する工作物ではありませんが、関連する河川工作物として、**床止め**あるいは**床固め**があります。これは護岸が水流から堤防法面を保護するのに対し、河床が水流によって洗い流されること（**洗掘**：せんくつ）を防いで、川底のこう配を安定させるものです。護岸と同様に川底に石材やコンクリートブロックを埋め込んで川底を安定させることで河川形状を保持することが目的です。

7-3 水の性質と流れ

流速・流量、層流・乱流 ★★☆

流速や流量、層流や乱流など、水の基本的な性質について見ていきましょう。

▶▶ 静水の水理

　川を流れる水に対して、水槽、池や貯水池などの貯められた水は、動きがなく静止状態にあることから、摩擦は作用せずに圧力（静水圧）のみが働きます。この圧力は、水深に比例して次の式で表せます。

$$P = \rho g z$$

Pは静水圧、ρは水の密度、gは重力加速度、zは着目点の水深

　圧力は、水深zの一次関数ですので、水面で0ですが、深くなるのに従って一次的に増加する三角形の分布となります。これは水槽の壁に開けた穴から放水される水の勢いをイメージすれば直観的な理解ができます。浅いところの穴から出る水よりも深いところの穴から放出する水の方が勢いは強く、遠くまで届きます。これは穴の開けられた水深の水圧の違いをそのまま示しています。

静水圧の分布

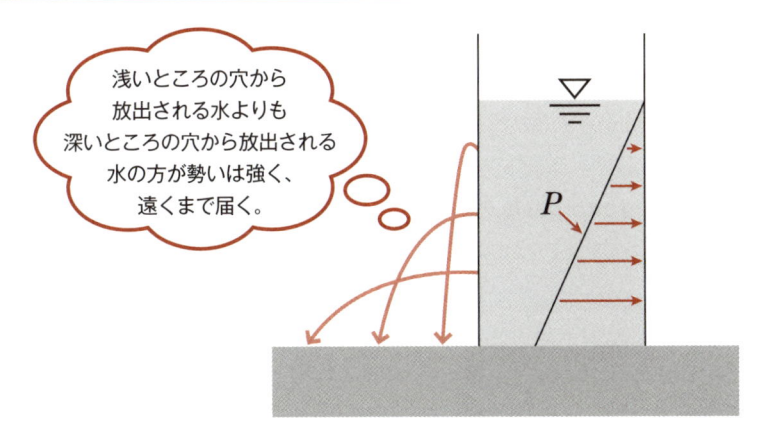

浅いところの穴から放出される水よりも深いところの穴から放出される水の方が勢いは強く、遠くまで届く。

第7章　河川と水の動き

7-3 流速・流量、層流・乱流

なお、垂直な水槽の壁に作用する水圧の方向は、壁面に直角です。水中では斜めや曲面がある壁に対しても、水圧は常に壁面に対して垂直に作用します。

様々な壁面への静水圧の作用

▶▶ 流速と流量

実際の川の流れは、水の性質や水路の条件によって複雑です。水には粘性があり、川底や側壁（護岸）付近では流れが遅く、川の中央では速くなる傾向があります。洪水時の水の流れは時間と共に刻々と変化をします。河口付近では潮の影響を受けて逆流もあり複雑な動きをします。

例えば、水の粘性がゼロ（完全流体）でこう配の緩やかな人工の均一断面の水路に一定の水を流す場合を考えます。この場合、流れる水の速さ（流速）は、単位時間当たりの水路を流れる水塊の移動距離で示します。流れる水の量（流量）は、水路のある点を1秒間に通過する水の体積です。

したがって、流速をV、流量をQ、水路の断面積（流積）をAとすれば、水路を移動する水の体積（流量：Q）は、流れる水の速さ（V）に水路の断面積（A）を乗じて得られます。

$$Q = VA$$

Q：流量　V：流速　A：流積

7-3 流速・流量、層流・乱流

流量と流速

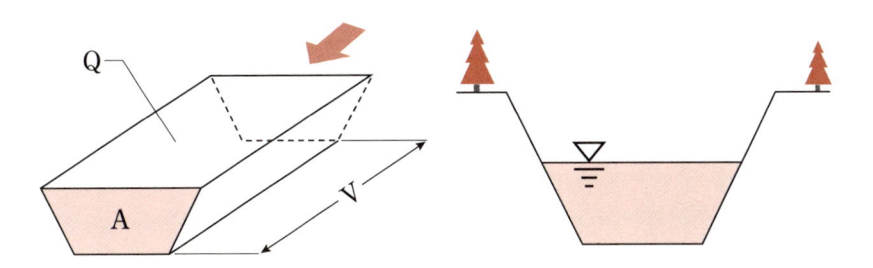

▶▶ 層流と乱流

　自然の水の動きは実に表情が豊かです。水面に乱れなくゆったりと静かに流れる場合もあれば、空気を巻き込んで波打ちながらの急流もあります。自然の河川は実際には浅瀬や深みがあり、川の幅も変化をしたり曲がったりしていることが水の流れに影響を与えます。しかし、このような水路の形や寸法などをまったく同じとしても、水の流れは同じにはなりません。

　例えば、直径が一定でまっすぐな透明なアクリル樹脂の管の中を流れる水を考えてみましょう。この管に水をゆっくりした速度で流しはじめ、次第に流速を上げていきます。目で見やすいように管の中心の位置にインクを連続的に注入することとします。

　このとき、どのような変化が起きるでしょうか？　流れの速度の遅い時点では、インクで着色された水は、細く筋をひいてスーっと滑らかに伸びて流れていくでしょう。次第に速度を上げてゆくとインクの筋に乱れが生じ始めます。さらに速度を上げるとインクは注入された直後から筋とはならずに広がり始め、さらに乱れによって断面全体に拡散していきます。

　インクの筋がスーっと伸びる乱れのない水の流れを**層流**と呼びます。これに対し、速度を上げていくとインクの筋が広がりをみせ混じり合いながら管の断面全体に拡散してゆく乱れのある流れを**乱流**と呼びます。この水の流れの違いを起こす条件について、様々な実験から最初に明らかにしたのが**レイノルズ**です。

7-3 流速・流量、層流・乱流

レイノルズ*の実験装置

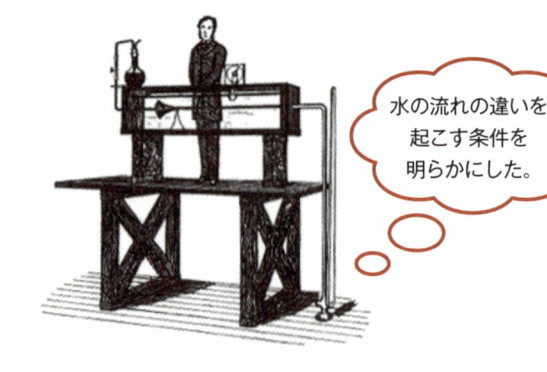

▲レイノルズ

水の流れの違いを起こす条件を明らかにした。

　実験の結果、流れる水の密度ρ、流速V、管の直径Dが大きいほど、また水の粘性係数μが小さいほど乱流が発生することをつきとめ、この関係を**レイノルズ数**によって示しました。

$$R_e = \frac{\rho V D}{\mu}$$

R_e：レイノルズ数　ρ：密度　V：流速　D：管の直径　μ：粘性係数

　レイノルズ数は無次元数ですが、流れは2000以下では層流、4000を超えると乱流となり、2000から4000はこの中間領域で遷移状態にあります。

▶▶ 管路

　水の流れは、川や側溝のように流れが水面を持ち、空気と接している場合を**開水路**といいます。これに対して、水道管の水流のように管の中全体が水で満たされている場合を**管路**と呼びます。

　管路を流れる水の流量とは、管路のある点を1秒間に通過する水の体積です。したがって、質量保存の関係から異なる直径の水道管がつながれた管路であったとしても、途中で水の漏水がなければ、水道管のどの場所でもこの流量は等しくなるはずです。

　この関係が成り立つとすれば、異なる断面の水道管の流速をV_1、V_2、流量をQ_1、

＊**レイノルズ**　Osborn Reynolds, 1842〜1912年。

Q_2、断面積をA_1、A_2とした場合、次のような関係が導き出せます。

すなわち、$Q_1=Q_2$であるので、$Q_1=A_1V_1$、$Q_2=A_2V_2$より、
$A_1V_1=A_2V_2$となります。

さらに、$\frac{V_1}{V_2}=\frac{A_2}{A_1}$の関係が得られます。

この式は、流速は管路の断面積に反比例をして、管が太くなれば、流速は遅くなり、逆に細くなれば速くなることを示しています。これらの式を**流れの連続式**と呼びます。

水の流れとエネルギーの関係について見てみます。ある運動する質量を持った物体について考えてみます。高さhで静止している物体が摩擦のない斜面を転がり落ちた場合、エネルギー保存則の式は、次式のとおりです。

$$\frac{1}{2}mv^2 + mgh = Const.$$

m；運動する物体の質量、v；物体の速度

この式から、静止している場合は、運動エネルギーを示す第1項は0なので、転がり始める前の全エネルギーはmghの位置エネルギーのみです。斜面を転がり落ちて$h=0$となると今度は第2項の位置エネルギーが0となり、全エネルギーは$\frac{1}{2}mv^2$となります。つまり位置エネルギーが運動エネルギーに変換されただけで、全エネルギーは変わらず保存されています。

同様のことが、液体の水の流れについても当てはまります。ただし、斜面を転がり落ちる個体である物体と管路を流れる液体である水には圧力がかかるという異なった点があります。これがベルヌーイの定理で、次の式で表されます。

$$\frac{1}{2g}v^2 + h + \frac{P}{\rho g} = Const.$$

7-3 流速・流量、層流・乱流

斜面を転がる物体のエネルギー

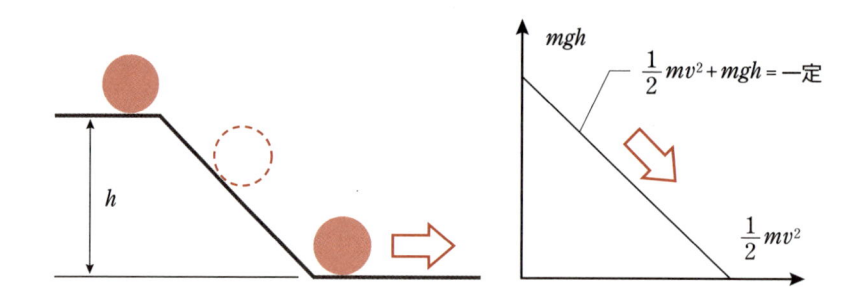

　第1項が運動エネルギー、第2項が位置エネルギー、そして第3項が圧力のエネルギーです。式の両方の辺にmgをかけると、第1項、第2項は個体の場合と同じ、$\frac{1}{2}mv^2$および、mghとなります。つまり、個体の場合のエネルギー保存の式に液体特有の第3項が追加されたものです。

　ベルヌーイの定理を水面の高さがhとなる高置水槽から供給される水道水の例に適用してみます。水槽内の水面は十分大きいので、水はほぼ静止しているとみなせ、速度vは0です。また、水槽内には自由水面があるので、圧力は0です。ベルヌーイの定理の式で残るのはhのみとなります。

　一方、蛇口の方は、高さが$h=0$で、蛇口の栓を開いているので圧力も0となり、残るのは、$\frac{1}{2g}v^2$だけとなります。**ベルヌーイの定理**式の3つの項の合計は常に一定なので、次のようになります。

$$\frac{1}{2g}v^2 = h \quad \therefore v = \sqrt{2gh}$$

　高置水槽の位置エネルギーが運動エネルギーに変換されて蛇口から水が吹き出し、その速度は、高置水槽の水面高さhの平方根に比例することがわかります。

7-3 流速・流量、層流・乱流

高置水槽と水道の蛇口

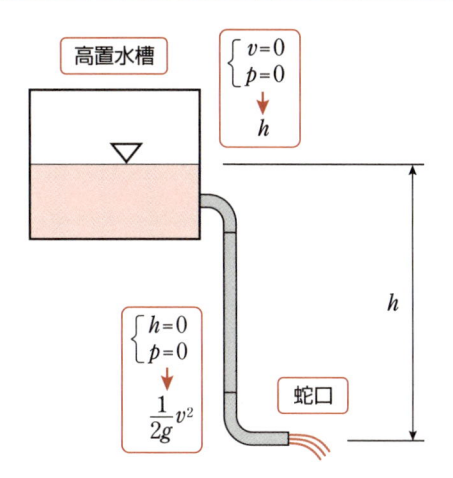

高置水槽
$\begin{cases} v = 0 \\ p = 0 \end{cases}$
↓
h

$\begin{cases} h = 0 \\ p = 0 \end{cases}$
↓
$\dfrac{1}{2g}v^2$

蛇口

h

▶▶ 波

流体が作用する力には、橋脚が流水から受ける力と共に波力があります。

●波の要素と波の種類

波の規模や性質は、波高（振幅）H、波長L、周期T、波速Cで示します。**波高**とは波の底から峰までの距離、**波長**とは波の峰から次の峰、谷から谷までの距離です。

波の基本要素

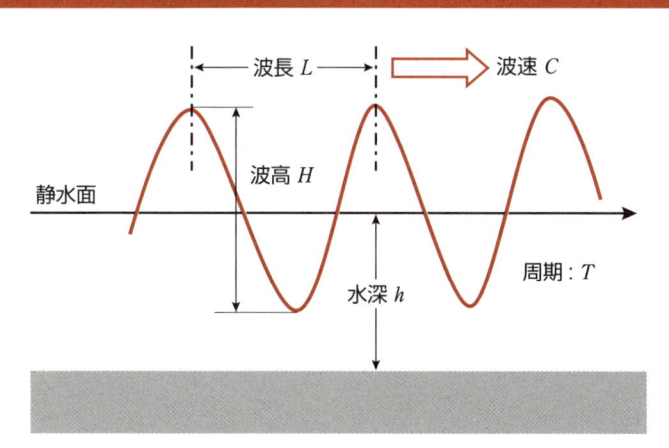

波長 L
波速 C
波高 H
静水面
水深 h
周期：T

第7章 河川と水の動き

7-3 流速・流量、層流・乱流

　周期とは、波の峰（谷）から次の峰（谷）がくるまでの時間です。波の速度は、波の伝わる速度（伝播速度）（水の実施部の移動ではない）です。波長Lを周期Tで除して得られます。

$$C = \frac{L}{T}$$

　波を起こす原因によって波を分類すると毛管波、重力波、長周期波、潮汐波に分けられます。

　毛管波は、風速1～2m/sで、水面の表面張力によるって発生する周期Tが0.1より小さい**さざ波**と呼ばれるものです。**重力波**は、風の作用下で重力の影響によって水面が上下するものです。重力波の多くは、波高は4～5m、波の速度は15～30m/s、波長は100m～250mの範囲にあります。一般に目にすることが最も多い波で**風浪**と呼ばれるものです。**長周期波**は、暴風や地震の振動で発生する波で、波高は1m未満で10分から20分の長い周期の波です。**潮汐波**は月、太陽の引力によって発生する潮の干満で、周期は干満の12時間です。

　このほか、力としての波を水深と波長の関係から分類する方法もあります。水深Dが波長の1/2以上の場合を深海波、1/2以下の場合を浅海波と区分します。磯や浅瀬に打ち寄せる波のように、水深Dが波長の1/10以下の場合は、磯波と区分されます。

●有義波高

　海岸の防波堤のようなインフラ施設を設計する場合、どのような波を対象とするのでしょうか？　波は常に変化する複雑な外力です。設計にあたってこれらの波のうち最も波高の大きな最大波高を用いてよいのでしょうか？　最大波高は、統計的に発生確率が極めて低いことから、設計には20分間観測の波高スペクトル（大きい方から並べる）の上位1/3の平均値を用いています。この平均波を**有義波高**と呼びます。

7-3 流速・流量、層流・乱流

有義波高

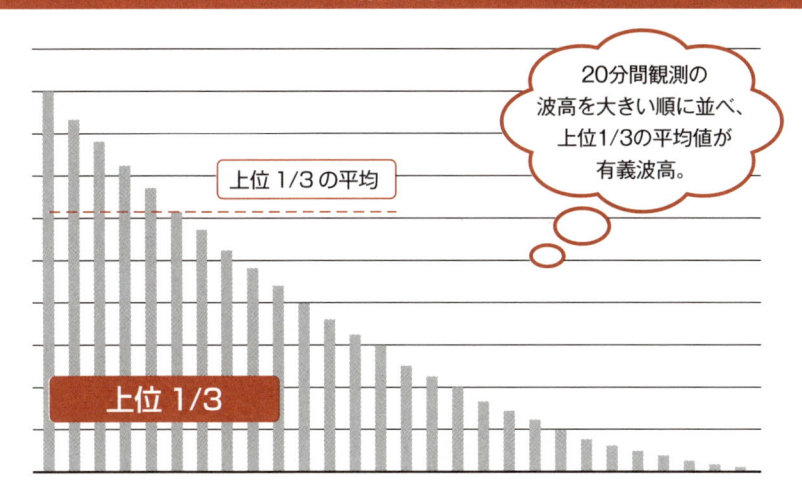

上位 1/3 の平均

20分間観測の波高を大きい順に並べ、上位1/3の平均値が有義波高。

上位 1/3

▶▶ 川の流れと波速

　水路の流れを観察すると様々な表情があることがわかります。これらの流れのうち、水深が比較的浅く速度の速い流れを**射流**、深い水深でゆっくりした流れを**常流**と呼びます。

　流れの速度 V をもう少し厳密に区分してみましょう。例えば、流れている水路に小石を投げ入れて波を起こしたとします。この場合、水面を伝わる波の速度 C は、$C=\sqrt{gh}$ で与えられます。ここに、h は水深、g は重力加速度（9.8m/s²）です。流れの速度が速いか遅いかは、投げ入れた小石で起きるこの波の速度 C を基準にします。

　流れの速度 V が、波速 C よりも遅いとき、すなわち、$V<\sqrt{gh}$ のときが常流です。これに対して、流れの速度 V が、波速 C よりも早いとき、すなわち、$V>\sqrt{gh}$ のときが射流です。常流と射流の境界である流れの速度 V と波速 C が等しくなるときを**限界流**と呼びます。

　仮に流れのない水槽に石を投げ入れると、波は同心円を描いて周囲に拡がっていきます。常流の場合は、心が少しずつずれますが、やはり上下流を含めて周囲に拡がっていきます。これに対して、射流の場合は、波は上流側には伝わらずに下流側のみに拡がっていきます。このとき、波の円に接する線上に衝撃波が発生します。

第7章 河川と水の動き

7-3 流速・流量、層流・乱流

流速と波の伝わり方

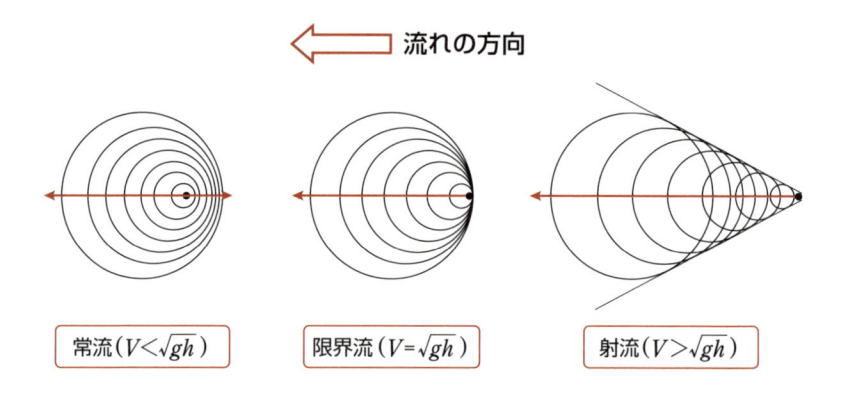

← 流れの方向

常流（$V<\sqrt{gh}$）　限界流（$V=\sqrt{gh}$）　射流（$V>\sqrt{gh}$）

常流、射流の区別を流れの速さと波速の大小で示しましたが、流れの速度Vと波速Cの比（無次元量）を次のように定義し、このFを**フルード数**と呼びます。

$$F = \frac{V}{C} = \frac{V}{\sqrt{gh}}$$

つまり、**フルード数**（F）が1より小さい場合が常流、1より大きい場合が射流です。常流、射流の違いによって、開水路の性質は大きく変わることになります。

さらに学ぶための参考図書　study

1)『やさしい水理学』和田明ほか、森北出版、2005年刊
2)『ゼロから学ぶ土木の基本、水理学』内山雄介ほか、オーム社、2013年刊
3)『絵とき　水理学』国沢正和ほか、オーム社、1998年刊
4)『水理学の基礎』有田正光、東京電機大学出版局、2006年刊

COLUMN 伝統的木造建物のアーケード…チェスターの回廊（イギリス）

　チェスターは、古代ローマの城壁が市の中心部をぐるりと取り囲む遺跡の街です。城壁の内側の古代遺跡上に、中世以降の建造物が重ねられてできたまちなみが今日のチェスターです。街のランドマークであるチェスター大聖堂の創建は10世紀までさかのぼるといわれています。

　古代ローマの遺跡や大聖堂に加えて、チェスターの特徴をつくり出しているのは、通りに沿って並ぶハーフティンバーの木造の建物です。黒い梁や柱と白い壁がコントラストをなすこの建物は、一見すると2、3階部分が通りに向けてせり出しているように見えます。これはロウズ(Rows)と呼ばれる通路が、通りに面した1階に回廊のように組み込まれているからです。

　建物の中には、アーケードのようなこの回廊の内側にあるドアから入ります。ロウズを歩くと、道路であって同時に建物内部の感じもする公共と私の中間的な場所を実感します。

　ロウズの成り立ちには長い歴史があり、最も古いものでは13世紀から14世紀に建設の記録があります。数世紀にわたって改造され、ビクトリア期になって、ハーフティンバーの木造の建物に組み込まれた現在の姿になりました。木造建物は文化財登録されたものも多くありますが、店舗や、事務所、レストランなど現在の生活の中で普通に使われています。

　チェスターは、城壁のある遺跡都市であることから、他の都市のように産業革命下で街中まで鉄道が敷設され工場など二次産業が栄えるような都市とはなりませんでした。しかし、今日では車の進入を最小限に抑え、歩きながらの回遊ができる歩行主体の観光都市となっています。

　チェスターを訪れる観光客は、街の入り口付近の大型駐車場に車を停めて、バスや徒歩で街中の通りやロウズを散策します。歩行を主体としたまちのつくりは、モータリゼーションで変わってしまった多くの都市に対し、快適さや魅力を持つ本来のまちのあり方を示しています。

（中世以降の建造物が重ねられてできたまちなみ。）

▲チェスターの回廊

COLUMN 壊れたまま残る古代ローマの橋…ポンテ・ロット(ローマ)

ヨーロッパを旅するといろいろなところでローマ人の遺跡を目にします。ローマ帝国が地中海からイギリスまでも支配圏に収めることができたのは、その強大な軍事力や経済力と共に、道路、橋などのインフラストラクチャーの技術が優れていたことが挙げられます。

ギリシャが衰退するなかで、ローマが勢力を拡大し始めた紀元前のDC178年に、ローマのテベレ川に、美しい4連の石造アーチが建設されました。半円形のアーチで、スパンドレル(円弧と橋脚、路面で囲まれる部分)には、レリーフがはめ込まれています。

この橋は建設当初、エミリオ橋と名付けられたましたがその後、何度か名前を変えて1800年もの間テベレ川を渡る交通手段を提供してきました。

しかし、16世紀末の1598年に4連のアーチは端部の1連を残して3連が崩壊してしまいました。これ以後、残った1連は取り壊されることなくそのまま今日まで壊れた橋(ポンテ・ロット)と呼ばれる遺跡として残されています。

今日使われている橋は、1887年になって、この橋の代わりとしてすぐ下流側に建設された鉄製のラチス桁のパラチーノ橋で、紀元前2世紀から数えて2代目の橋です。2000年以上をわずか2代の橋で乗り切ってきたことを想うと、短いものでは、30年程度で架け替えられていく今日の橋と比べ、たんなる技術の優劣では説明できない力を感じます。

「インフラストラクチャーほどそれを成した民族の資質を表すものはない…」とは塩野七生のローマ人の物語の一節ですが、ローマ人のインフラストラクチャーに対する思想には、遥か悠久の彼方を見つめる視点が感じられます。

▲ポンテ・ロット

> 今日まで壊れた橋(ポンテ・ロット)と呼ばれる遺跡として残されている。

第8章

水辺空間と
アメニティ

　日本列島は、太古の昔より、沖積平野を流れる河川に沿って農耕集落が形づくられ、人々の生活、地域の風土、文化は、川と接するなかから生まれてきました。しかし、高度経済成長期には、都市化の進展による生活排水、下水の流入などによって河川環境は大きく悪化しました。本章では、1970年代半ば以降に始まった水辺空間の整備・回復とアメニティについて、多自然川づくり、ビオトープ、せせらぎ回復など事例を通じて見ていきます。

1・2級土木施工管理技術検定試験（対応）

出題分野（試験区分）
分野：専門土木
細分：河川、護岸工

8-1 河川環境への意識の高まり

河川と環境 ★☆☆

わが国の平野部は、ほとんどが長年による自然の営みである川の堆積作用によって形成された沖積平野です。

▶▶ 魅力が失われた川

沖積平野において、川から引き込んだ水によって農作物をつくる農耕文化が栄え、河川流域を中心に道路、水路による交通が発達し、人々の集う生活の場としての都市が形成されてきました。このため、川は常に人々の生活の場にあって密接な関わりを持ち、人々の生活の影響を強く受けてきました。

都市人口がさらに増加した高度経済成長期では、生活排水、下水の流入などによって河川の環境は大きく変化をしてきました。流域の開発は人口増を招き、増加した水質負荷は河川を下水化させました。コンクリートによって固められた護岸は川の構造を変化させ、自然な河川空間は次第に姿を消していきました。

その過程で川と共に育まれてきた地域の風土や文化も忘れ去られ、人々が地域の中で日常に感じてきた川の魅力は失われていきました。人々が水に親しみ、子供の遊び場であった川辺は、危険な場所とされ暗渠（あんきょ）などによって日常生活から隔離されるべきものとなりました。

河川

自然な河川空間の多くは高度経済成長期に姿を消した。

by boy wakanmuri

▶▶ 風土、文化の重要な役割を担う川

　川は、もともと人々の生活の場にあることで、流域の歴史や風土を表す文学、絵画などの芸術や、水に関わる祭りなどの伝統行事が生まれ、それぞれの地域固有の風土、文化を形づくる重要な役割を担ってきました。

　下水と化してしまった川をもう一度本来の姿に戻そうとする動きの発端は、昭和30年代に許容できないほどまで悪化した水質問題への取り組みでした。昭和39（1964）年の東京オリンピックを契機とした国民体育運動を背景としたオープンスペースとしての河川空間の利用が広がり始めました。

　1970年代半ばには、人々が生活の中で水に触れることのできる親水性の向上を求める意識が高まり、河川環境が変わり始めました。まちづくりの観点から河川環境を改善する例や生態系重視の考え方、安全でおいしい水に対する社会の関心も高まりを見せるようになりました。

▶▶ 明確な意識の変化

　このような河川環境への意識の高まりの中で昭和56（1981）年に河川審議会によって答申された「河川環境のあり方」の中では、「河川環境とは、水と空間との統合体である河川の存在そのものによって人間の日常生活に恵沢を与え、その生活環境の形成に深く関わっているもの」と定義付けられました。

　これは、河川とは自然環境であるだけでなく、人間の生活環境の一部をも構成するもので、まちづくりの対象であるということを意味し、1970年代における人々の河川に対する意識の明確な変化を示しています。これが今日につながるまちづくりの視点から水辺空間におけるアメニティ実現への流れです。

8-2 多様な自然を活かす川づくり

多自然川づくり ★☆☆

自然を活かした川づくりは、もともと1970年代ヨーロッパのスイスやドイツ、オーストリアで生まれた河川整備の考え方に基づいています。

▶▶ 多自然とは

自然を活かした川づくりは、1980年代の中頃から日本に紹介されて、「近自然的な河川づくり（近自然河川工法）」と呼ばれる技術のなかに組み込まれて実施が始まりました。わが国では、自然的な河川づくりの中の「近自然 (near natural)」と「多自然 (more natural)」という2つの方法のうち、「多自然」が事業の名称として採用されました。

多自然とは、自然が多いという意味ではなく、自然のとらえ方が多様であることを意味します。この事業の目的は、生物が生息する河川の多様な自然環境を保全、復元することであり、良好な自然景観の保全、創造にあります。

水生植物の植生と水辺テラスの散策路＊

コンクリートブロック護岸に水辺テラスやステップを設け、植生された水生植物が繁茂している。

＊…の散策路　出典：長野市ホームページより。

8-2 多自然川づくり

　多自然川づくりが本格化したのは、平成3（1991）年11月に建設省（現国土交通省）がモデル的な河川事業の「多自然型川づくりの推進について」として全国通達した以降とされています。その後、平成9（1997）年の河川法改正では、河川の生態系保全が河川事業の中に位置付けられるようになり、河川工事のあり方が大きく変わりました。

　多自然川づくりは、当初、多自然型の護岸をつくることが多自然川づくりであるという限定的なとらえ方がされましたが、次第に総合的な河川整備の方法として理解されるようになりました。

水生生物の良好な生息、成育環境として創設されたワンド（湾処）*

> 瀬や淵などによる流れの多様性は安定した環境を与え、様々な植生が繁殖している。

第8章　水辺空間とアメニティ

＊…されたワンド（湾処）　出典：埼玉県ホームページより。

8-2 多自然川づくり

多自然川づくりの基本的考え方[*]

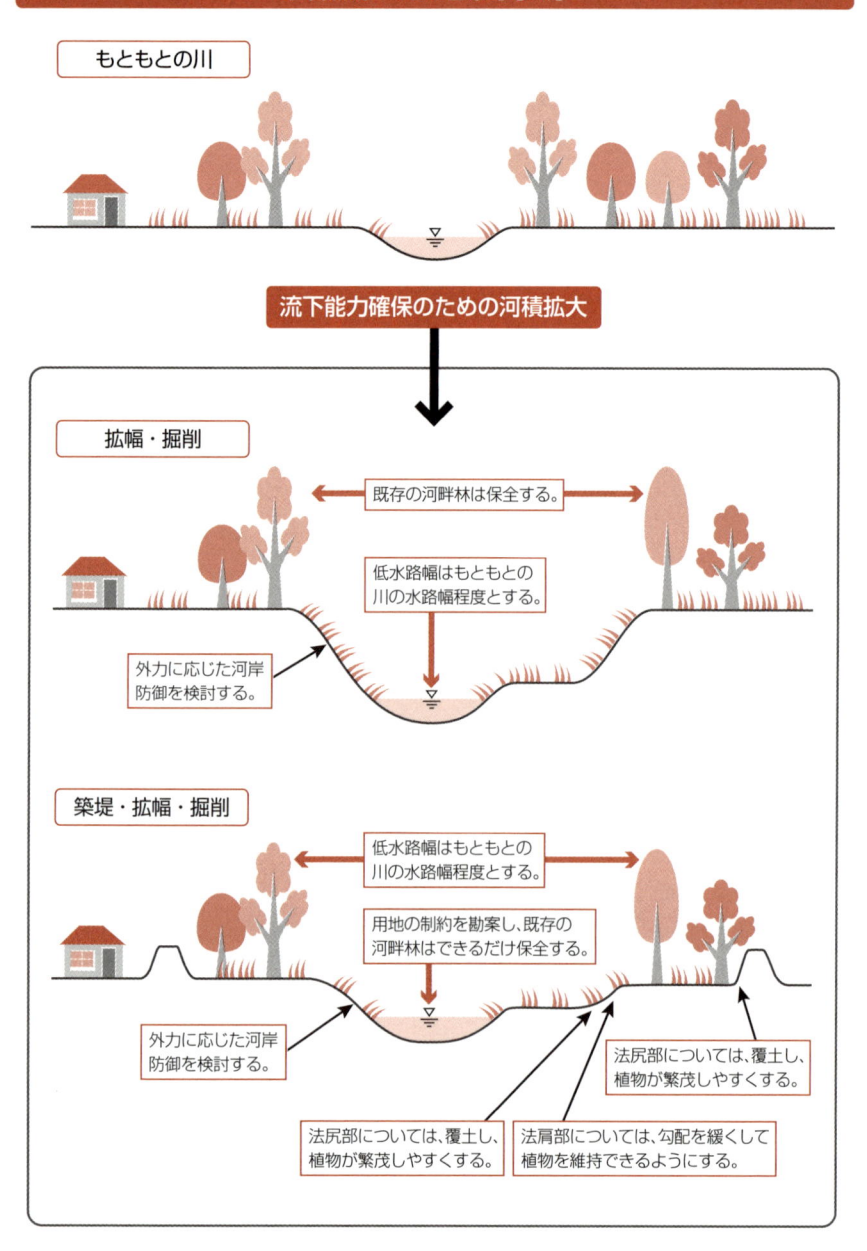

もともとの川

↓ 流下能力確保のための河積拡大

拡幅・掘削
- 既存の河畔林は保全する。
- 低水路幅はもともとの川の水路幅程度とする。
- 外力に応じた河岸防御を検討する。

築堤・拡幅・掘削
- 低水路幅はもともとの川の水路幅程度とする。
- 用地の制約を勘案し、既存の河畔林はできるだけ保全する。
- 外力に応じた河岸防御を検討する。
- 法尻部については、覆土し、植物が繁茂しやすくする。
- 法肩部については、勾配を緩くして植物を維持できるようにする。

[*] **…の基本的考え方** 流下能力確保のために河積を拡大するが低水路は元の水路幅程度。河畔の樹木を保全し、法面覆工で河岸防御をする。法尻、法肩は覆土や緩やかなこう配として植物の繁茂を促す。出典：富山県ホームページより。

▶▶ ビオトープ

　ビオトープ (biotope) とは、ドイツで生まれた概念で生物の生息場所を意味します。都市化や産業活動によって動植物の生息条件が変わり、生物が住みにくくなってしまった場所などにおいて、周辺地域から区分して生息環境を人為的に再構成してつくり出した生物の生息場所がビオトープです。

　1970年代のドイツでは、ビオトープでの保全すべき対象として平野部のごくありふれた池や沼、湿地も含まれ、実際にそこに住む生物の保全も行われました。しかし、当時のわが国ではこれらの身近な自然環境は、自然環境としてはあまり着目されることはありませんでした。このためビオトープの考え方が導入された当初は、自然環境復元事業そのものがビオトープと扱われることも多くありました。

　ビオトープは、まちづくりにおける河川、道路、公園、緑地などの整備においても、生態系の多様性を維持することから着目されるようになり、様々なビオトープが検討されて実際に施工されるようになりました。

▶▶ 国内におけるビオトープの導入の経緯

　わが国でビオトープが着目されるようになった背景には、都市整備などの開発行為によって自然環境が失われた開発の方法への反省があります。都市化の過程で、身近に見かけられた人里の環境で最も破壊が進んだのが水辺環境です。昔ながらの自然河岸はコンクリートの護岸工事で固められ、都市化に伴って川の水質汚濁が進みました。

　里山における雑木林の消失や減少によって里山の生物の減少が指摘され、雑木林の保全への認識の高まりはその一例です。一方、環境省は昭和61 (1986) 年より緊急に保護を要する動植物の種の選定が開始され、その後、**レッドデータブック**として公表されるようになりました。この動植物保護の考えに基づく動きが自然保護への関心を高め、ビオトープづくりが着目されるようになりました。

8-2 多自然川づくり

里山の風景*

> 集落や人里と接したことで、人間の手が加えられ影響を受けた生態系が存在する地域が里山。

　1990年代に入ると、環境悪化への危機感による自然保護への関心の高まりから、環境改善を目的として、小さな水辺に水草や抽水植物、小魚などを飼育する環境づくりが**ビオトープ事業**と呼ばれて行われるようになりました。このような動きは多自然型川づくりの推進、河川法の改正や河川を自然環境媒体の視点からみる考え方の普及につながりました。

　また、生物保護はたんにその生物単体の採取を規制するだけではなく、その餌となる生物や繁殖地、さらに餌となる生物が食べる植物など、関連する自然生態系全体の維持が必要であることも次第に認識されるようになってきました。

　ビオトープづくりは、生物が暮らす環境に配慮した公園整備、道路整備（エコロード）、河川整備（多自然川づくり）などの行政主体の事業と共に市民参加による活動まで広がりを持つようになりました。特に都市部を中心に身近な自然を見直すホタルが生息するせせらぎの復元、トンボ公園づくり、環境教育に着目した学校ビオトープなどの例も増えてきました。近年では、これらの環境に配慮した様々な事業を総称して**ビオトープ**と呼ぶ場合もあります。

＊**里山の風景**　愛媛県内子町。

8-2　多自然川づくり

学校ビオトープ*

都市部のビオトープは身近な自然を見直す環境教育の場でもある。

企業敷地内のビオトープ*

横浜市生麦のビール工場の敷地内に設置されたビオトープはヨコハマメダカ、ホトケドジョウなど貴重な生物の域外生息地となっている。

第8章　水辺空間とアメニティ

＊学校ビオトープ　　　　　　出典：神戸市ホームページより。
＊企業敷地内のビオトープ　　出典：麒麟麦酒株式会社横浜工場ホームページより。

8-3 生物生息と護岸工

試験区分関連度 ★☆☆

繁茂した樹木による生息空間

　繁茂した樹木は鳥類や昆虫類、魚類の生息空間になり、柳で日差しのさえぎられた箇所はアシやマコモなどの水際の草が繁茂することで魚類が生息しやすい環境が保たれます。

▶▶ 柳枝工

　柳枝工とは、石と粗朶（そだ）に柳などの樹木を差し込んで、その生育で張った根によって石を抱き込んで、護岸法面の安定化をはかる法面の覆工です。洪水時における法面の土砂の流出を防ぎ、しなやかに倒れる柳の枝葉によって流速を弱める効果もあります。

柳枝工施工直後と3年後[*]

◀施工3年後の繁茂した柳枝工

しなやかに倒れる柳の枝葉によって流速を弱める。

施工直後▶

[*]…**施工直後と3年後**　出典：愛知県ホームページより。愛知県大府市鞍流瀬川。

8-3 生物生息と護岸工

柳枝工の断面

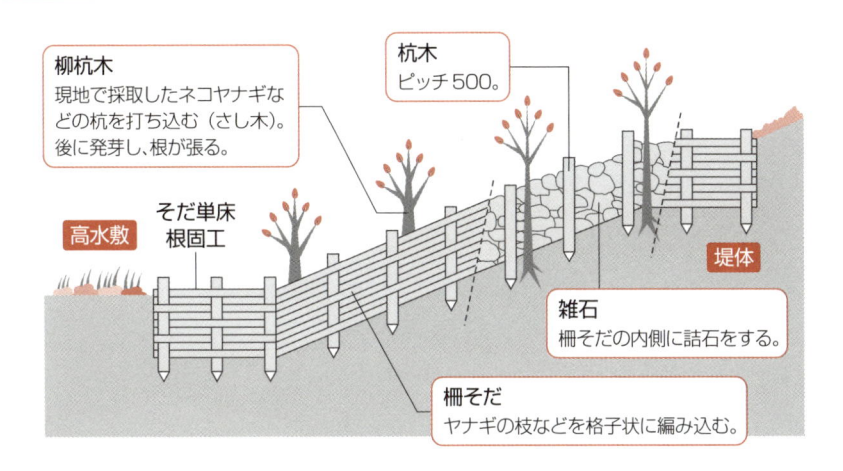

柳杭木
現地で採取したネコヤナギなどの杭を打ち込む（さし木）。後に発芽し、根が張る。

杭木
ピッチ500。

高水敷

そだ単床根固工

堤体

雑石
柵そだの内側に詰石をする。

柵そだ
ヤナギの枝などを格子状に編み込む。

▶▶ 植生護岸工

植生護岸工とは、法面全体を植物で覆って根を張らすことで法面の安定を図る工法です。植生工によって、表流水による浸食防止、凍上による表層の崩壊を防ぐ目的もあります。また、植生により法面を覆うことで自然環境の保全や修景の効果も狙っています。

多自然型の植生護岸*

自然環境の保全や修景の効果もある。

＊**多自然型の植生護岸**　出典：国土交通省ホームページより。

8-3 生物生息と護岸工

植生護岸[*]

法面を植物で覆って根をはらすことで安定を図る。自然環境の保全や修景の効果も期待できる。

植生護岸工

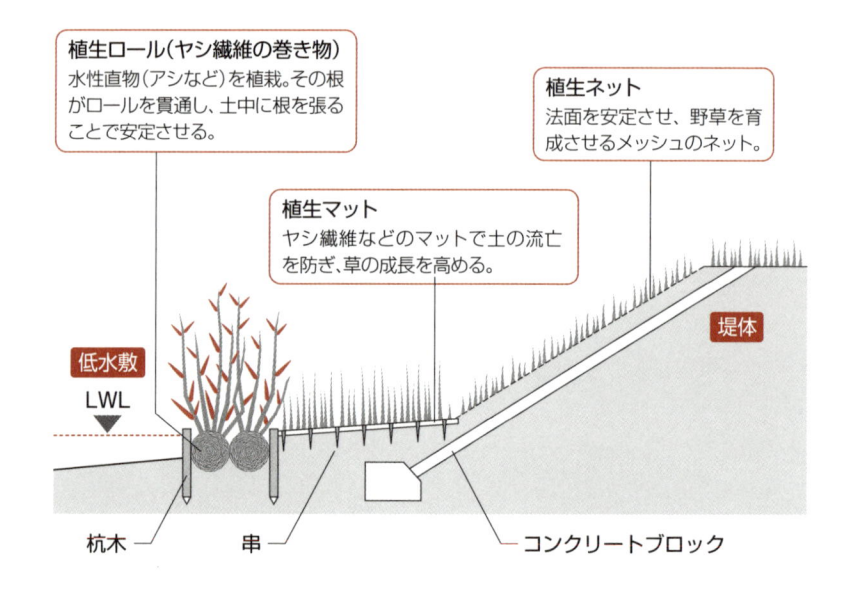

植生ロール（ヤシ繊維の巻き物）
水性直物（アシなど）を植栽。その根がロールを貫通し、土中に根を張ることで安定させる。

植生マット
ヤシ繊維などのマットで土の流亡を防ぎ、草の成長を高める。

植生ネット
法面を安定させ、野草を育成させるメッシュのネット。

低水敷
LWL
杭木
串
コンクリートブロック
堤体

[*] **植生護岸**　出典：建設総合ポータルサイトより。

8-4 水辺空間整備、人工流路

自然を活かした憩いの場

　戦後、高度経済成長期以後の急速な都市化によって、都市河川周辺が宅地に転用され、コンクリート3面張り（両側面、底面の3つの面をコンクリートで覆った水路）による改修が進み、同時に未処理の下水、汚水、雑排水の流入によって身近な河川の汚濁が進みました。

▶▶ 整備事業が活発化する水辺空間

　水路は下水道に編入され、暗渠や蓋が被せられて人々の暮らしと河川とのかい離が進むことで、生活の場から河川の水辺が喪失していきました。

　1980年代以降、自然環境保全への関心が高まり、都市のアメニティ向上の観点から河川環境保全・再生や親水性のある水辺空間を創出する動きが始まりました。この流れの中で埋め立て空間や暗渠化によって消失した生活の中の河川・水路を人工流路によって取り戻し、水辺空間を整備する事業が活発化し始めました。

●東京都世田谷区北沢川の人工せせらぎの造成

　北沢川は目黒川の支流として東京都（世田谷区内）を流れる二級河川でしたが、1970年代から80年代にかけて全体が暗渠化され下水道に転用されました。

　一方、暗渠上の緑道化が進められ、人工流路が設けられました。平成7（1995）年には東京都の「城南三河川清流復活事業」により、落合水再生センターからの高度処理水が目黒川（北沢川の下流）に通水されました。

　これを受けた世田谷区は、都に交渉し、「水質を劣化させることなく目黒川へ水を落とすこと」、「費用はすべて区が負担すること」などを条件に処理水の一部の供給を受け、この水を利用して平成8（1996）年より目黒川の上流部にあたる北沢・烏山両河川暗渠上の緑道に沿って、人工のせせらぎ（小川）を造成する作業を進めました。暗渠上のせせらぎは、随所に見られる桜並木と共に区民の憩いの場として親しまれています。

8-4 水辺空間整備、人工流路

　せせらぎの計画水量は2,200m³です。水質の劣化を防ぐために供給された高度処理水をさらに浄化した上で放流しています。水辺には鯉、小魚、カモ類などが見られるほか、中流あたりにはザリガニが多く、子どもたちの格好の遊び相手となっています。

暗渠上のせせらぎ*

> 暗渠化された上に
> 高度処理水による
> 人工流路を設置。

*****暗渠上のせせらぎ**　横浜市江川せせらぎ。出典：横浜市都筑区ホームページより。

8-4 水辺空間整備、人工流路

●横浜市釜利谷小川アメニティ

　横浜市は、住宅開発が進んだ地域であっても、近郊に自然環境が残されている場所も多く、水があふれないような対策を行いつつ、積極的な自然環境の活用が進められています。源流域の小川を周辺環境との調和を配慮した**小川アメニティ事業**は、流域環境の魅力を一般への周知と共に水辺に親しめるように人工流路、緑道の整備をする事業です。

釜利谷小川アメニティ*

> 宅地化された都市河川の源流域の小川を緑道と共に整備。

●横浜市宮川せせらぎ緑道

　横浜市南部を流れる宮川は、谷津川と合流して平潟湾に注ぐ延長わずか2kmの二級河川です。この支流の中流部を暗渠化してその上に2段構造で設けたのが**宮川せせらぎ**です。人工流路のせせらぎの脇には緑道が設けられています。付近の金沢自然公園につながる散歩コースとなっています。

＊釜利谷小川アメニティ　横浜市。

第8章　水辺空間とアメニティ

8-4 水辺空間整備、人工流路

宮川せせらぎ緑道*

二級河川の暗渠化と共に人工流路がその上に設置された。

*宮川せせらぎ緑道　横浜市。

▶▶ 道路空間で創設された生息空間

　横浜横須賀道路の釜利谷ジャンクションにおける高速道路脇の空間を利用して、多様な構造の人工水路を設けて動物の繁殖場所を創出した例があります。付近の緑道からつながったこの地域では、毎年ゲンジボタルが確認されています。

横浜横須賀道路釜利谷ジャンクション付近の人工水路＊

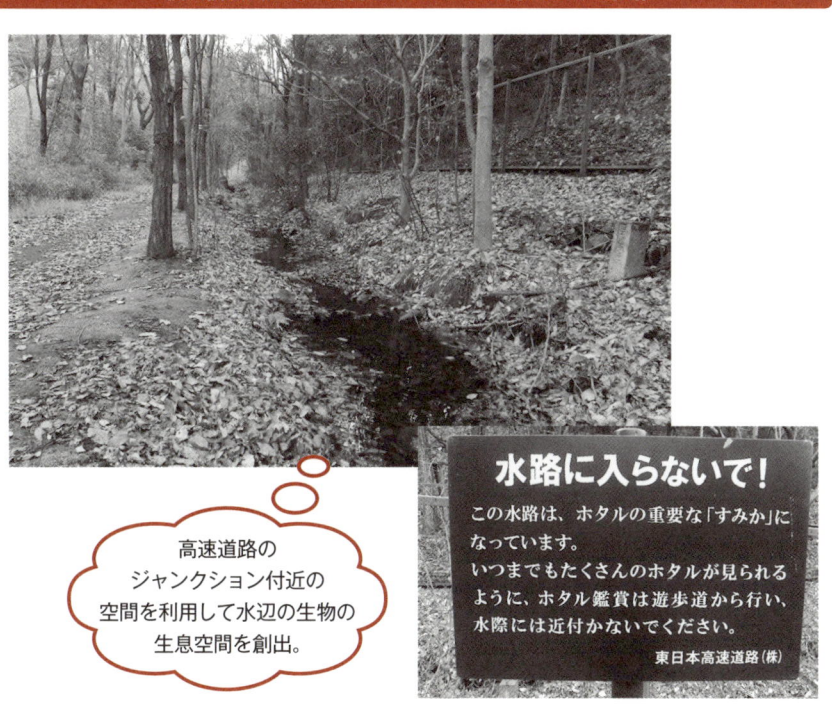

（吹き出し）高速道路のジャンクション付近の空間を利用して水辺の生物の生息空間を創出。

（看板）
水路に入らないで！
この水路は、ホタルの重要な「すみか」になっています。
いつまでもたくさんのホタルが見られるように、ホタル鑑賞は遊歩道から行い、水際には近付かないでください。
東日本高速道路（株）

＊…の人工水路　横浜。

8-4 水辺空間整備、人工流路

▶▶ 市民の森、ほたるの里

　都市緑化機構では、民間企業（花王株式会社）のスポンサーによって、身近な場所で緑の環境創造の市民団体活動を支援しています。全国20件以上の民間プロジェクトがこの支援を受けて実施していますが、その一つが神奈川県横浜市の関ヶ谷市民による森愛護会の**ほたるの飛ぶ森プロジェクト**です。源流域を整備して、ほたるの生息空間を創造するものです。

関ヶ谷市民の森「ほたるの里」*

▲みんなの森づくり事業の看板

市民参加によって身近な場所で緑の環境創造活動が行われている。

＊関ヶ谷市民の森「ほたるの里」　2007年にプロジェクト立ち上げ。

8-5 流域水マネジメント ★☆☆

水をマネジメントする

水は飲料水にとどまらず、私たちの生活に最も深い関わりを持っています。水資源の供給、洪水対策、地下水と地盤沈下対策、塩害回避、安全な飲料水供給、水処理、栄養塩の除去、河川の土砂運搬、堆積など、どれも私たちの生活に影響を与える水の課題です。

▶▶ 水マネジメント

水マネジメントは、水の課題を広い視点でとらえて、環境保全上からも最良の対応をとるために必要な技術として、研究が求められている分野です。

流域水マネジメントというと、日本は島国で国際河川がないことから国際的視点がなじみにくい条件にあります。しかし、水資源に着目した水ビジネスが国際的に急拡大している中にあって、わが国における流域水マネジメントにおいても国際的な見方が必要となっています。

乾燥地における塩害や砂漠化は、わが国では問題とされていませんが、地球規模の環境問題にとっては大きな水問題です。森林伐採、焼畑に起因する砂漠化に対して、わが国の地下水開発技術や淡水化技術による緑化の取り組みが求められています。

●ダムの存在

ダムについては、わが国では環境保全と治水対策の関係で近年多くの議論がされてきました。しかし、ダムの環境に対する影響は依然と明らかになっていない部分も多くあります。水をせき止め、水を蓄えるという行為は自然に対する大きな改変です。どのような影響がどのように長期間にわたって表れるかについて科学的に解明することも、公共施設の整備、維持のための合意形成といった水マネジメントにとって必要なことです。

人工的な改変はダムにとどまらず、人間が生活することそのものが自然環境に対して変更を与えることになります。ダムの影響によってどのような被害の発生が予測されるかについても、環境アセスメントが行われている現在も、まだ多くが解明されていません。自然に対する人間の人工改変の影響をより正確に把握する技術が水マネジメントのために重要です。

8-5 流域水マネジメント

●ヒートアイランド現象

わが国の都市では、雨水は下水管を通り速やかに川や海に排出されます。このため都市部の舗装された表面に水がとどまることは少なく、蒸発潜熱による冷却効果は多くありません。舗装面は夏季の日中では60℃にも達し、舗装、建物に蓄積された熱によって起こされるのが**ヒートアイランド現象**です。屋上や壁面緑化、舗装面への散水、海水利用の冷却など水を利用した都市冷却も水マネジメントの課題に含まれます。

▶▶ 地下水脈のマネジメント

都市化の進展は、地下水のくみ上げによる地下水位の低下を起こしました。これによって湧水の枯渇や池の干上がりが発生し、東京の井の頭公園（三鷹市）の池では1960年代から水をほかから引き入れなければ池の水位が維持できない状態になっています。

同じような地下水位の低下と地盤沈下は全国で発生しています。逆に地下水のくみ上げが禁止されている都心では、地下水位の上昇が起きています。地下水脈の循環不全に対しても水マネジメントからの取り組みが必要です。

水を飲料水や生活水といった水資源の範囲だけでなく、洪水調節、水利用、水循環管理、水質保全、生態系などより多くの面から私たちの都市生活への影響を考えた総合的な評価に基づく水マネジメントへの取り組みが必要です。

さらに学ぶための参考図書　　study

1) 『川の技術のフロント』辻本哲郎ほか、河川環境管理財団、技報堂出版、2007年刊
2) 『河川環境の保全と復元、多自然型川づくりの実際』島谷幸宏ほか、鹿島出版会、2000年刊
3) 『河川の生態学』水野信彦ほか、築地書館、1994年刊
4) 『都市の水辺と人間行動』畔柳昭雄ほか、共立出版、1999年刊
5) 『新領域土木工学ハンドブック』土木学会編、pp.811〜844、朝倉書店、2003年刊

第**9**章

上下水道と都市環境

　　良質で衛生的な水を安定的に供給するための上水道と、汚れた水を人が居住する近辺から速やかに排除する下水道は、人間の血流の動脈と静脈に相当し、都市環境のための最も基本的な事柄です。本章では、上下水道施設について、その役割から、取水、浄水、配水・給水、および配水設備、下水処理施設などの構成や仕組み、関連技術、さらには、大量に排出される汚泥などの下水道資源の有効利用などについて概観します。

1・2級土木施工管理技術検定試験（対応）

出題分野（試験区分）

分野：専門土木
細分：上・下水道

9-1 上下水道の役割

水道は都市環境の重要なテーマ

古来より水の安定的な供給は、集落の立地と密接な関わりがありました。都市環境の重要なテーマでもある上下水道の役割について考えてみましょう。

▶▶ 都市環境の保全

人々は川や湖、湧水や井戸など、きれいな水が常に得られる付近に場所を選んで集落をつくりました。安定的に水を手に入れられることは、同時に汚れた水を常に排出することでもあります。

良質で衛生的な水を安定的に供給するための上水と、汚れた水を人が居住する近辺から速やかに排除する下水は人間の血流の動脈と静脈に相当し、人々の健康で衛生的な生活のための都市環境にとって必須の条件です。

上下水道の基本的な役割は、良質で衛生的な水の供給と汚水の速やかな排出による都市環境の保全です。

ミニ知識　物理学の質量と土木工学の質量

土木工学は力学をベースとした学問体系であるといわれますが、いろいろな数値計算で、最も多く扱うこととなるのが力（Force）です。

力とは、物体に働いて状態を変化させる原因となる作用で、「質量mの物体にFの力を作用させると物体はαの変化率で動き始め、F=mαと示される」と高校の物理で習います。

変化率αとはm/s^{2}の単位で示されるように、加速度です。そもそも質量mとは、その物体を構成する陽子、中性子、電子の個数で決まる固有の値です。

これに対し土木工学で扱う力Fは質量に重力加速度gをかけた重量mgです。質量mは、どこにあっても変わることはありませんが、重量加速度が9.8m/s^{2}の地球上に対して、約1/6の1.6m/s^{2}となる月では、重量も地球の1/6となります。

将来、月で建設する橋は私たちの見慣れた形状や構造など、まったく異なるものとなるかもしれません。

9-2 上水道 ★★☆

衛生的な水を都市へ供給する

近代水道は、産業革命後のヨーロッパにおいて、都市への急速な人口集中が開始した時期に始まりました。

▶▶ 近代水道の始まり

衛生的な水を人々に供給するために、清浄な水を引くことに加えて、ろ過によって水質の変換をする浄水が行われるようになりました。近代水道は、ろ過機能とろ過された水に圧力をかけた管路を経て、各戸に配水する水輸送機能をもって成立しました。

わが国では、江戸期に河川系の清浄な水を人工水路によって長距離にわたって都市の中心まで送水し、木製の樋管によって配水をする大規模な上水道がありました。近代水道の導入は、19世紀後半になってからで、欧米技術の導入によって横浜、神戸などの外国人居留地を持つ都市から始まりました。

幕末の開港以来、急速に人口の増加した横浜は、イギリス人技術者のヘンリー・パーマー（1838～1893年）の技術指導のもとに、明治20（1887）年に道志川で取水した水を鉄管で送水し、沈殿、ろ過を経て、各戸に配水をするわが国最初の近代水道を完成させました。

▶▶ 上水道の事業区分

水道法の規定をみると、上水道の定義や構成する施設などが示されています。この法律は、「清浄、豊富、低廉な水の供給をもって公衆衛生、生活環境の改善に寄与」することを目的としており、水道とは、「水道、導管その他の工作物で飲用に適する水を供給する施設の総体」とされています。

水道は事業上の区分として4つに分類されます。給水人口5000人以上の都市の一般的な水道を**上水道**と呼びます。これに対し、給水人口5000人以下100人までの町村部の小規模水道を**簡易水道**と区分します。**専用水道**とは、社宅など特定の人向けに給水する水道です。このほか、水道事業者に水を供給する**水道用水供給事業**も水道の1区分です。

▶▶ 上水道の技術領域と施設

　上水道の技術の領域は、水を水源地から取水をする水源系、取水した水を浄水する水質変換系、そして浄水を必要とされる場所まで移動する輸送系の3つの系で構成されています。

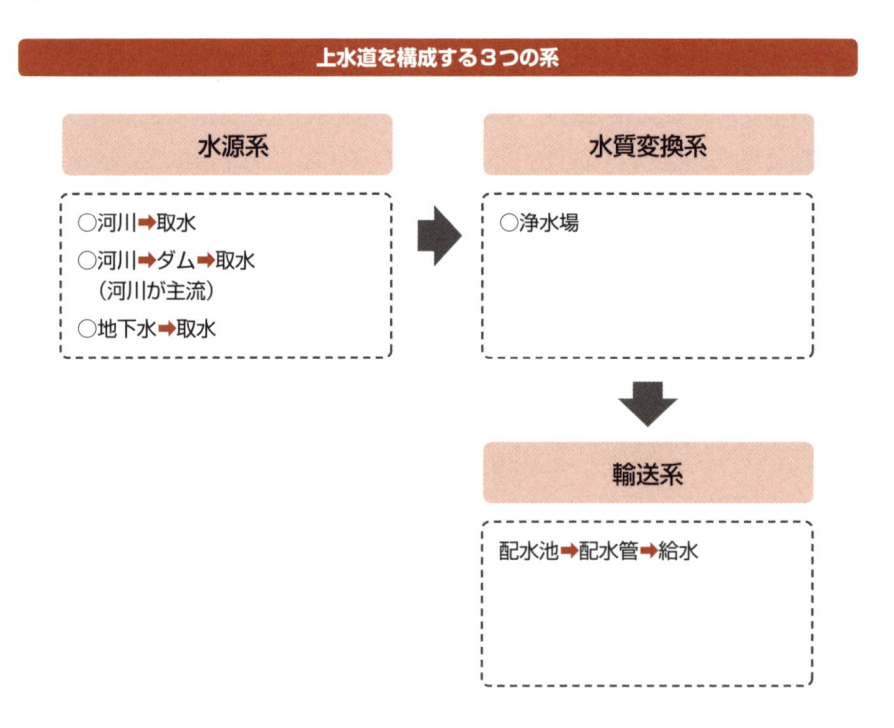

上水道を構成する3つの系

水源系
- ○河川➡取水
- ○河川➡ダム➡取水
　（河川が主流）
- ○地下水➡取水

水質変換系
- ○浄水場

輸送系
配水池➡配水管➡給水

● **取水施設**

　取水の対象となる水源の70%以上は河川です。わが国では河川こう配が急であり保水性が低いことから、ダムによる貯水なしには安定的な水の供給は成り立ちません。給水人口が100万人以上となる水道では半分以上がダムを経ての取水です。

　水の引き込み施設は、貯水池の場合は取水塔であり、水深が大きな河川、湖沼の場合は取水施設を水中に設置して取水します。流れのある河川から取水をする場合は、水取水堰（せき）のゲートで仕切ることで、水位を上げて水を引き込みます。

9-2 上水道

取水施設

◀東京都村山貯水池の取水塔

取水のために水位を上げるための可動の取水堰。

▲埼玉県荒川の秋ヶ瀬取水堰

● 浄水施設

　取水された原水はその水質に応じた浄水の方法が適用されます。一般的な方法としては、まず濁りを沈殿によって分離して、沈殿物が除去されます。沈殿には、凝集剤で沈殿を促進させる薬品沈殿が行われます。濁りが除去されたあとは、塩素殺菌による消毒が行われます。原水にマンガン（Mn）、鉄（Fe）、悪臭などの含有物質が含まれる場合は、含有物に応じた特別な浄化施設が別途に設けられます。

9-2　上水道

　浄水の工程は、最初沈殿池で一次沈殿を実施し、次いで空気の吹き込み（エアレーション）によって生物反応による処理を行います。再度、最終沈殿池で二次沈殿を行い、最終工程で塩素による消毒がされます。なお、近年ではより上質な水道水のために、通常の沈殿とろ過の組み合わせによる浄水方法に加え、活性炭やオゾン処理といった高度な浄水処理が行われています。

　沈殿池は、水深を深くとったプールで引き入れた水の流速を下げ、凝集剤によって沈殿を促進します。プールの底に沈殿した汚泥はゆっくりと動く汚泥掻寄（かきよせ）機によってピットに貯められて排出されます。

●配水施設

　配水施設には、配水池と配水管路があります。配水池は一定量で供給される浄水施設からの水を時間的に変動のある水需要に対応できるように水量調節をする役割と共に、**水頭**＊（すいとう）を確保して配水管に水圧を加える役割があります。配水管路は、配水区域に行きわたるようなネットワークを組んで、水圧の保持、均等化をする役割があります。

●給水施設

　給水方式は、送水された配水管に直接つながれた直結給水方式と、いったん水槽で水道水を受けてから給水するタンク給水方式があります。直結給水方式には水道管の圧力そのままで配水する直圧式とさらに圧力をかける「増圧式」があります。3階建て程度までの配水の場合は、直圧式が使われますが、それ以上の高さになると圧力を増加した「加圧式」が採用されます。

　タンク給水方式は、ホテルなど大量の水を必要とする施設に採用する方式です。受水槽から配水する場合と高置水槽を経由して配水する場合があります。直結式は配水された水はすぐに消費されるのに対し、タンク給水方式は配水された水を一定時間貯留することから、タンクの清掃方法など衛生上の配慮が必要となります。

＊**水頭**　水の持つエネルギーのこと。

9-3 雨水や汚水を速やかに排水する

試験区分関連度 ★★☆ 下水道

わが国の近代下水道は、明治初期に神戸や横浜の居留地で外国人技師によって、レンガ製や陶製の下水管が埋設されたのが最初です。

▶▶ 近代下水道の始まり

日本人技術者が関与したものでは、明治10（1877）年代中頃になって横浜や東京（神田）でレンガ製の卵形の下水管が埋設されました。

下水道に関する法律である下水道法が制定されたのは、明治33（1900）年のことです。下水道の目的を「土地を清潔に保つこと」として、下水事業は市町村公営で新設には主務大臣の認可を受けることが義務付けられました。日本で最初の下水処理場は大正11（1922）年に完成した三河島汚水処理場です（現三河島水再生センター（平成19年重要文化財）。

わが国初の近代下水道（神田下水）＊

> レンガ積みで明治17年から18年に建設され、現在も一部が機能を果たしている。

＊わが国初の近代下水道（神田下水）　出典：土木学会。

▶▶ 下水道の普及率

わが国の下水道普及率（全国平均）は、76.3％（平成24年度末）です。先進国としては低い普及率です。普及率の地域格差が大きいのも特徴です。北海道、東京、神奈川、近畿圏では80から90％台に達してほぼ下水道が網羅されていますが、全国的には徳島県や和歌山県のように、10％台、20％台の県もあり、普及率にばらつきが見られます。

▶▶ 下水道の役割

下水道の基本的な役割は、雨水や汚水を速やかに排除して（排水）、居住地域への浸水を防除することです。

下水処理の対象となる生活用水は、トイレ、風呂、炊事、洗濯などの家庭から排出される下水（生活用水）と企業の事務所やホテル、レストランなどから排出される下水（都市活動用水）があります。排出量は、2000年頃から減少傾向になっていますが、およそ1人1日当たりで300リットル程度になっています。

下水処理を行うことによって生活空間を良好な衛生状態に保つことは、都市環境保全のための基本的な事柄です。下水処理は伝染病などの発生を予防すると共に公共水域の水質の保全や水環境を保全することで人々の憩うレクリエーション活動の水辺空間などの提供にも効果を上げています。

●分流式と合流式

下水の流し方には雨水と汚水を別々に流す分流式と両方をいっしょに流す合流式があります。**分流式**では、汚水は雨水と別に下水処理場に送られて処理されたのちに放出されますが、雨水は地表を流れる途中に汚れた状態で川に放出されてしまいます。また管路は下水用と雨水用の2系統が必要です。

合流式は雨水、汚水両方を同じ管路で流すために1本で済みますが、大雨が降った場合、汚水を含んだ下水が無処理のままで放流されてしまうことがあります。下水の整備は合流式から始まったことから、古くから整備の進んだ地域では合流式が多く、1970年以降に整備された地域は分流式が採用されています。

9-3 下水道

2種類の下水の流し方＊

合流管

合流式

雨水と汚水をいっしょに流す。

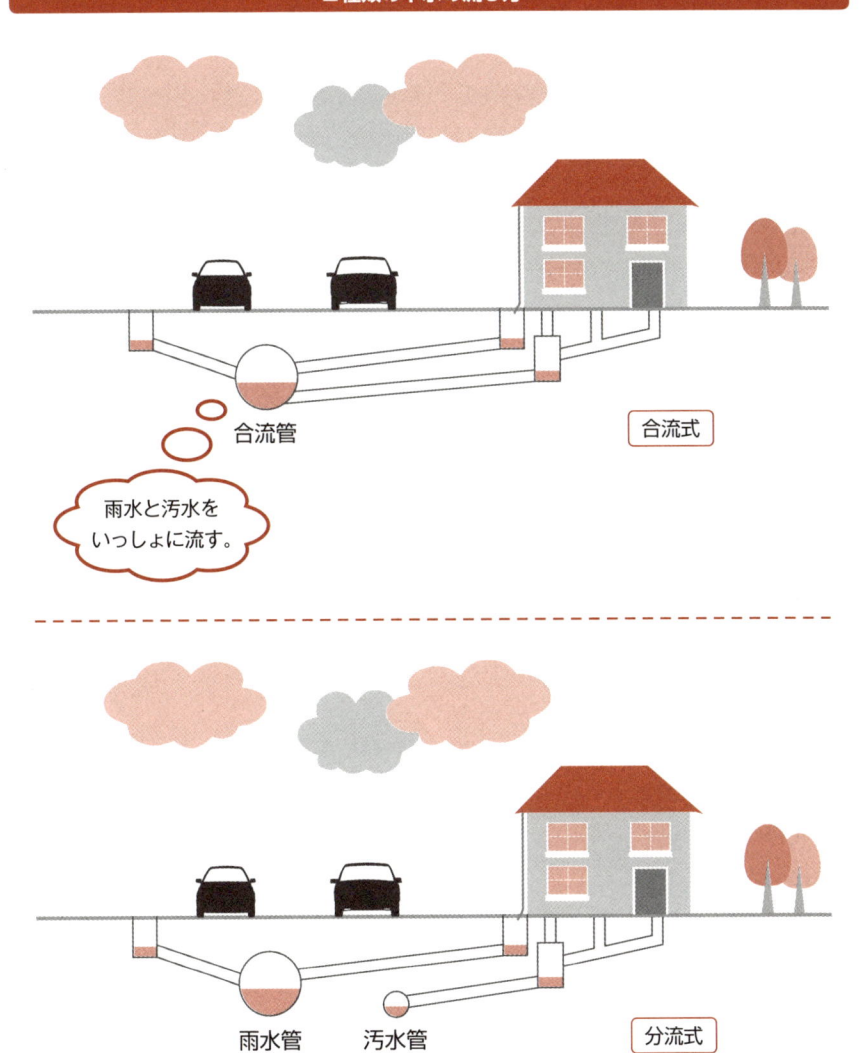

雨水管　汚水管

分流式

雨水と汚水を別々に流す。

＊2種類の下水の流し方　出典：下水道協会ホームページより。

9-3　下水道

▶▶ 排水設備

　　排水設備はその地域の土地や建物の下水を公共下水道に流入させるための施設で、管路施設、管渠（かんきょ）、公設ますなどがあります。

　　管路施設は、発生した下水を処理施設まで移動するためのものであり、下水を流す水路や管である管渠とポンプ場などの付帯設備があります。

　　下水が管路施設を通して移送される方法としては重力を利用する自然流下式や真空式、圧力式といった方法があります。自然流下式は地形条件の影響を受けますが、真空式は地形条件に左右されにくく、一般には平坦で軟弱な場所で採用されます。圧力式は、汚水をポンプで圧送する方式で急こう配のある地形にも対応できます。

　　管路の材料は、硬質塩化ビニール管、強化プラスチック管、ポリエチレン管、鋳鉄のダクタイル管、コンクリート管、鋼管など、様々な管が用途に応じて使われます。

　　ポンプは流路の途中で放流先に対して水頭を確保するために設けられるものです。自然流下式のみで下水を流す場合を除き必要な施設です。管路の所々に中継ポンプ場が設置されて揚水することで地形条件によらず、地表から一定の深さで管路が設置できます。

　　排水ますには、管渠と取付管で接続された公設ます、公設ますへ接続する前に私有地内で汚水や雨水をとりまとめる私設ますがあります。

　　マンホールは、道路上で蓋をよく目にしますが、管渠の点検や清掃のため一定間隔で設けられた施設です。いくつかの管路が合流する場所や曲がりのある場所などには必ず設置されます。

▶▶ 下水処理施設

　　下水処理のプロセスも上水の場合と大まかな工程は同じです。砂やその他の固形物を物理的に除去する処理と微生物を利用するエアレーションによる生物反応の組み合わせで処理を行い、最終的に消毒、滅菌をして川に放水します。

　　沈殿池に下水を引き込む前に上水ではなかった沈砂池を通して土砂分離をする場合もあります。富栄養化など環境保全を考慮して閉鎖水域へ放流する処理下水の場合、物理的、生物的な方法では除去できない浮遊物や窒素、リン、その他の有機物などに対して高度処理を行う場合もあります。

下水処理施設では、下水の処理関連の施設以外に下水から分離した大量の汚泥の処理を行う施設があります。汚泥処理施設は、汚泥から水分を除去する脱水や焼却、脱臭などの汚泥の減量、安定化を図るものです。

▶▶ 下水道資源の有効利用

下水に関する課題の一つに下水処理施設の空間や下水処理を経て生成されたものの資源としての有効活用があります。

下水処理場で処理される水は年間約140億m^3にのぼります。そのほとんどは、川などにそのまま放流されています。これを貴重な水資源として、都市内の水辺空間の創出、公園のせせらぎ復活用水などの環境用水、農業用水、融雪、消火・防火水、工業放水、電車の車両洗浄用水、トイレ用水などへの活用が行われています。しかし、全体からすればごく一部にとどまっています。

下水の熱も資源化の対象です。下水の温度は冬季でも10℃以上で年変化が少ないことから熱資源となります。実用例は多くはありませんが、ポンプ場や下水処理場において地域冷暖房に利用されています。

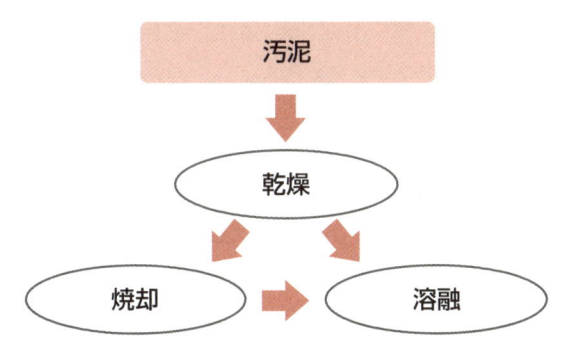

汚泥の資源化

汚泥 → 乾燥 → 焼却 → 溶融

焼却	焼却	溶融
改良土	ブロック、レンガ	路盤材
セメント原材料	透水性レンガ	骨材
計量骨材	タイル	タイル
陶管		埋戻し資材

9-3　下水道

　消化ガスは、汚泥の有機物分解などによって発生するメタンガスです。火力発電や加温用ボイラーの燃料として下水処理場内で利用される例があります。

　汚泥は水処理の過程で排出される泥状物質です。沈砂、スクリーンかす、スカム（浮遊汚泥）が含まれます。有機分を多く含む下水汚泥は、産業廃棄物の約2割を占めており、資源として有効活用が望まれています。再利用先としてはかつて埋め立てが圧倒的に多かったのですが、セメント材料や歩道舗装用のブロック、レンガなどの建設資材への再利用が進んでいます。

　下水処理場は広大な土地を必要とし、2011年時点では処理場の全面積は、全都市公園の約1割に相当する約8400ヘクタールに及びます。また、管渠の延長は、約37万kmもあります。これらも貴重な施設空間として終末処理場の上部スペースのスポーツ施設への利用や公園などへの活用、管渠内を光ファイバーの敷設用のスペースとしての使用が期待されています。

●都市環境改善のための下水資源活用例
○処理水によるせせらぎの回復

　下水処理水を利用して遊歩道を整備する例です。江川せせらぎは、横浜市都筑水再生センターからの高度処理水を流し、せせらぎを実現して市民の憩いの場を提供しています。整備事業は都市景観形成を図るせせらぎ回復のモデル事業として国庫補助を受けて実施されました（第8章参照）。

○下水道管渠内のスペースを光ファイバー敷設に活用

　スペースの有効利用のために東京都では昭和61（1986）年に最初に光ファイバーの管渠内への設置を始めましたが、現在では各地で敷設されるようになりました。

○汚泥消化ガスの利用

　消化ガスは下水汚泥を嫌気性消化（発酵）した際に発生するメタンを65％ほど含むガスです。都市ガスの約半分の熱量があります。これをエネルギー源として利用しています。

○汚泥を焼成したレンガを歩道舗装材として活用

大量に排出される汚泥を焼き固めてレンガブロックとして再生して歩道の舗装材などに活用する事例が多く見られます。

○下水処理場の上部利用

下水処理場の広い空間は運動施設、公園などへ利用されています。東京都三河島水再生センターの上部空間は、野球場、テニスコート、児童遊園コーナーなどや新東京百景にも選ばれた公園スペースとして利用されています。

さらに学ぶための参考図書　　study

1)『トコトンやさしい下水道の本』高堂彰二、日刊工業新聞社、2012年刊
2)『土木系大学講義シリーズ、上下水道工学』茂庭竹生、コロナ社、2007年刊
3)『上水道工学』川北和徳ほか、森北出版、2005年刊
4)『上下水道が一番わかる（しくみ図解）』長澤靖之、技術評論社、2012年刊
5)『水道事業の現在位置と将来』熊谷和哉、水道産業新聞社、2013年刊

9-3　下水道

> **COLUMN**

先史時代の遺跡…ストーンヘンジ（イギリス）

　ストーンヘンジというと、まずこのサークル状に並んだ巨石群を思い浮かべます。先史時代の寺院、あるいは巨石の配列の正確さから天文台ではなかったかとも推測されています。ストーンヘンジの石は、近くで産出する砂岩と、200kmも離れたウェールズから切り出されたブルーストーンと呼ばれる2種類であることがわかっています。

　ストーンヘンジを間近に目にすると、だれもが抱く疑問が、動力機械のない時代に重量の大きな石材をどのようにあの草原に運び込み、建て起こしたかということです。一説では、イースター島のモアイ像と同様に、地面に掘られた穴に巨石の一端を落とし込むことで垂直に建て起こしたのではないかとの説が有力とされています。

　ストーンヘンジを詳しく見ると、巨石の他に、これらを取り囲んでいろいろなものがあることに気付きます。巨石サークルの外側には、同心円状に点々と並んだ穴が取り囲んでいます。さらにその外側は、やはり点々と連なる穴、盛り土、溝の3重のサークルが囲み、この円周上の南北2箇所に浅いグラスバンカーのような塚があります。

　外周の3重のサークルは途中で一部が途切れて開口し、ストーンヘンジへの入り口となっています。このすぐ外側から、参道らしき遺構が延々と500ｍも続いて近くを流れる川まで達しています。

　ストーンヘンジのある一帯は、大地がゆるやかにカーブを描くイングランド南部の平原地帯で、周囲数キロの範囲には同じような塚や溝の遺構が無数にあります。ストーンヘンジのすぐ脇を、交通量の少ない幹線道路が走り、近くに駐車場とこじんまりとしたビジターズセンターがあります。世界的に著名な遺跡ですが、平原の中にぽつんとたたずんでいます。

> 巨石サークルの外側には、同心円状に点々と並んだ穴が取り囲んでいる。

▲ストーンヘンジ

第10章

都市の廃棄物

　私たちは、日々の生活における消費活動によって膨大な廃棄物を継続的に排出しています。産業界では工場の生産活動を通じて、材料の屑など不用となったモノが廃棄物として排出されます。都市における廃棄物処理は、将来的にも最も重要な都市の課題であり続けます。本章では、廃棄物処理への取り組み、現況、関連法令、リサイクルの状況、さらには、焼却処理のための施設について概観します。

1・2級土木施工管理技術検定試験（対応）

出題分野（試験区分）

分野：建設関連法規

細分：廃棄物処理法、その他建設関連法

10-1 社会生活と廃棄物
廃棄物への取り組み3つの「R」

試験区分関連度 ★★☆

　私たちが日々の日常生活を送ることは、すなわちモノの消費活動であり、その消費に伴う廃棄物が継続的に排出されます。工場での生産活動でも、材料の屑、梱包廃材など、不要となったモノが廃棄物として排出されます。下水処理と同様に廃棄物の処理施設は、人々の生活の基盤を構成しています。

▶▶ 廃棄物に対する取り組み

　廃棄物に対する取り組みとして大切なこととして3つの「R」があります。量を減らすこと（Reduce）、再利用すること（Reuse）、再資源化すること（Recycle）です。

　廃棄物の処理量の減量は、収集、運搬、焼却、埋め立ての処理工程全体のエネルギー節約につながります。さらにペットボトル、アルミの空き缶、希少金属を含む電子機器類などのような廃棄物は再資源化の対象となります。

　再利用、再資源化がされた廃棄物は、分別、保管、収集運搬、再生、中間処理、最終処分といった順序で処理が行われます。**中間処理**とは廃棄物を物理的、化学的、生物学的な方法で無害、安全、安定化させることです。**最終処分**とは実際に地中に埋め立てて処分をすることです。廃棄物処理の流れのうち、分別から最終処分までの全体を**処理**、中間処理と最終処分を**処分**と区分しています。

廃棄物処理の流れと行為および廃棄物処理法上の用語の概念*

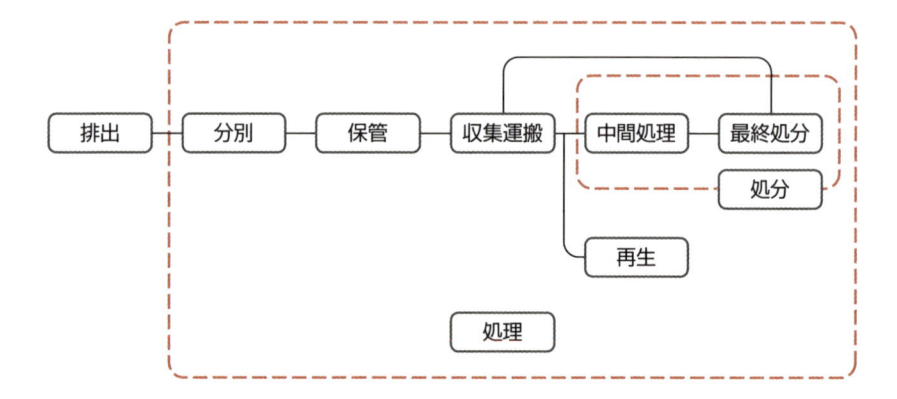

排出 → 分別 → 保管 → 収集運搬 → 中間処理 → 最終処分
　　　　　　　　　　　　　　　　→ 再生
（処理：分別〜最終処分　処分：中間処理・最終処分）

*…廃棄物処理法上の用語の概念　　出典：廃棄物処理法に基づく感染性廃棄物処理マニュアル平成24年5月改訂、環境省。

10-2 法令で定めた廃棄物

廃棄物の区分と種類 ★★☆

廃棄物は、従来、家庭から排出される**一般廃棄物**と工場などの生産活動によって排出される**産業廃棄物**の2つに区分されていました。

▶▶ 産業廃棄物

家庭生活における生活スタイルや生活用品の多様化や産業廃棄物にあっては生産活動の材料や製品などの変化に伴い、有害性、感染性、爆発性のある廃棄物も排出されるようになり、従来とは異なった扱いが必要とされるようになりました。

平成4（1992）年に改正された廃棄物に関する法律（廃棄物処理法）では、有害性、感染性、爆発性のあるものを分離して区分し、4区分とされました。

産業廃棄物は、企業の工場などにおける生産活動によって発生した廃棄物のうち、燃え殻、汚泥、廃油など法令で20種類に分類されています。これ以外の廃棄物が**一般廃棄物**です。

廃棄物の処理については、産業廃棄物は、廃棄物を排出する事業者が責任を持ち、一般廃棄物は市町村が責任を持つことが原則となっています。

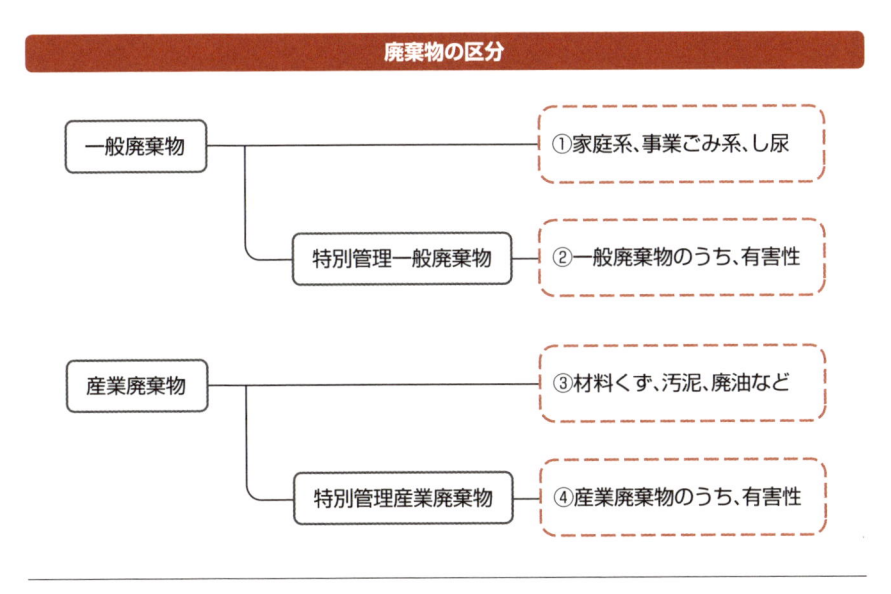

廃棄物の区分

- 一般廃棄物
  - ①家庭系、事業ごみ系、し尿
  - 特別管理一般廃棄物 — ②一般廃棄物のうち、有害性
- 産業廃棄物
  - ③材料くず、汚泥、廃油など
  - 特別管理産業廃棄物 — ④産業廃棄物のうち、有害性

10-2 廃棄物の区分と種類

産業廃棄物の種類と具体例[*]

	種類	具体例
1	燃え殻	石炭がら、焼却炉の残灰、炉清掃残さ物、その他焼却かす
2	汚泥	排水処理後及び各種製造業生産工程で排出される泥状のもの、活性汚泥法による処理後の汚泥、ビルピット汚泥(し尿を含むものを除く)、カーバイトかす、ベントナイト汚泥、洗車場汚泥など
3	廃油	鉱物性油、動植物性油、潤滑油、絶縁油、洗浄油、切削油、溶剤タールピッチなど
4	廃酸	写真定着廃液、廃硫酸、廃塩酸、各種の有機廃酸類など、全ての酸性廃液
5	廃アルカリ	写真現像廃液、廃ソーダ液、金属せっけん液など全てのアルカリ廃液
6	廃プラスチック類	合成樹脂くず、合成繊維くず、合成ゴムくず(廃タイヤを含む。)、などの固形状・液状の全ての合成高分子系化合物
7	ゴムくず	天然ゴムくず
8	金属くず	鉄鋼、非金属の研磨くず、切削くずなど
9	ガラスくず及び陶磁器くず	ガラス類(板ガラスなど)、耐火レンガくず、石膏ボードなど
10	鉱さい	鋳物廃砂、電炉等溶解炉かす、ボタ、不良石炭、粉炭かすなど
11	コンクリートの破片等	工作物の新築、改築または除去により生じたコンクリート破片、レンガの破片その他これらに類する不要物
12	ばいじん	大気汚染防止法に定めるばい煙発生施設、または産業廃棄物焼却施設において発生する不要物
13	紙くず	建設業に係るもの(工作物の新築、改築または除去に伴って生じたもの)、パルプ、紙または紙加工品の製造業、新聞業(新聞巻取紙を使用して印刷発行を行うもの)、出版業(印刷出版を行うもの)、製本業、印刷物加工業から生じる紙くず
14	木くず	建設業に係るもの(工作物の新築、改築または除去に伴って生じたもの)、木材または木製品の製造業(家具製品製造業)、パルプ製造業、輸入材木卸売業から生じる木材片、おがくず、バーク類など
15	繊維くず	建設業に係るもの(工作物の新築、改築または除去に伴って生じたもの)、衣服その他繊維製品製造業以外の繊維工業から生ずる木綿くず、羊毛くずなどの天然繊維くず
16	動植物性残さ	食料品、医薬品、香料製造業において原料として使用した動物または植物に係る固形状の不要物で、あめかす、のりかす、醸造かす、発酵かす、魚および獣のあらなど
17	動物系固形不要物	と畜場でと殺または解体、食鳥処理場において食鳥処理したことで発生した固形状の不要物
18	動物ふん尿	畜産農業から排出される牛、馬、めん羊、にわとりなどふん尿
19	動物死体	畜産農場から排出される牛、馬、めん羊、にわとりなどの死体
20	その他	以上の産業廃棄物を処理したもので、上記の産業廃棄物に該当しないもの

[*]…と具体例　産業廃棄物処理施行令第2条より。

10-3 変化する都市の廃棄物

廃棄物処理の現状

　わが国における一般廃棄物の1年間の総排出量は、平成23年度で4,540万トンです。これは人口1人当たりにすると360kg、1人1日当たりでは約1kgに相当します。

▶▶ 一般廃棄物

　排出された廃棄物の処理方法としては、全体の8割が焼却処理によっています。わが国全体の最終処分量は、482万トンで総排出量の10.6％に相当します。なお、一般廃棄物のリサイクル率は約20％となっています。

一般廃棄物の処理状況（全国）*

総人口（人）	ごみ総排出量(t)	1人1日当たりの排出量(g/人日)	ごみ処理量	
			直接焼却量(t)	直接最終処分量(t)
127,147,232	45,385,340	975	33,989,273	592,855

ごみ処理量			リサイクル率（％）	最終処分量(t)
焼却以外の中間処理量(t)	直接資源化量(t)	合計(t)		
6,113,337	2,144,843	42,840,308	20.4	4,820,545

▶▶ 産業廃棄物

　産業廃棄物の総排出量は、平成22年度で約3億8599万トンです。一般廃棄物の約10倍になります。総排出量は、前年（平成21年度）よりも400万トンほど減少しています。産業廃棄物の種類で排出量の上位を占めるのは、汚泥（44％）、動物のふん尿（22％）、がれき（15％）ですが、この3品目で全体の8割を占めています。特定管理産業廃棄物では、廃油、廃酸、感染性産業廃棄物、廃アルカリ、特定ばいじんが上位を占めています。

＊**一般廃棄物の処理状況（全国）**　出典：平成23年度一般廃棄物処理状況調査、環境省。

10-3　廃棄物処理の現状

産業廃棄物の排出量*

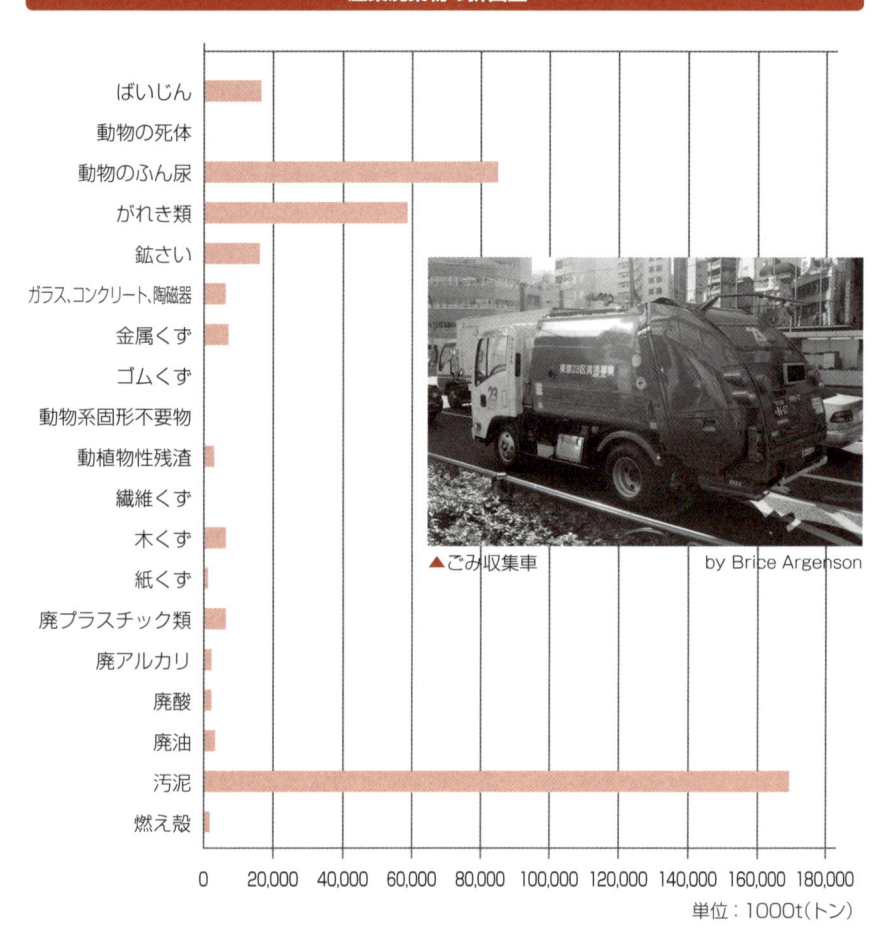

グラフ：
- ばいじん
- 動物の死体
- 動物のふん尿
- がれき類
- 鉱さい
- ガラス、コンクリート、陶磁器
- 金属くず
- ゴムくず
- 動物系固形不要物
- 動植物性残渣
- 繊維くず
- 木くず
- 紙くず
- 廃プラスチック類
- 廃アルカリ
- 廃酸
- 廃油
- 汚泥
- 燃え殻

横軸：0, 20,000, 40,000, 60,000, 80,000, 100,000, 120,000, 140,000, 160,000, 180,000
単位：1000t（トン）

▲ごみ収集車　　by Brice Argenson

　産業廃棄物を排出する業種としては、排出量全体の4分の1を電気、ガス、熱供給、水道が占め、次いで農業林業が22％、建設業が19％となっており、上位3業種の合計で産業廃棄物全体の66％に達しています。

　産業廃棄物の処理状況の推移では、排出総量は平成20年度以降、4億トンを下回り、減量化、再生利用、最終処分量のいずれも減少して、全体として減少傾向にあります。最終処分量については、平成5（1993）年以降一貫して減少しています。焼却の効率化、再生利用の向上によるものと思われます。

＊**産業廃棄物の排出量**　　出典：産業廃棄物排出・処理状況調査、平成22年度実績、環境省。

10-4 循環型社会への取り組み

リサイクル関連法 ★★☆

　廃棄物に関する最も基本的な法律は、廃掃法（または廃棄物処理法；正式名称は「廃棄物の処理及び清掃に関する法律」）です。

▶▶ 廃棄物処理法

　この法律は昭和45（1970）年にそれ以前の汚物掃除法を引き継いで制定されたものです。わが国では戦後復興後の高度経済成長により大量消費、大量廃棄による廃棄物が急激な増加をたどり、公害問題と共に廃棄物の処理が大きな社会問題としての認識が進んだ時期に成立しました。

　この法律は、廃棄物の排出の抑制と処理の適正化によって生活環境の保全と公衆衛生の向上を目的としており、適正な分別、保管、収集、運搬、再生（リサイクル）、処分などの処理に関することが規定されています。

▶▶ 循環型社会形成推進基本法

　循環型社会の形成を推進する基本的な枠組みとして平成12（2000）年に制定された法律です。廃棄物・リサイクル対策を総合的に進めるための基盤づくりをして、関連する廃棄物・リサイクル法律と共に、循環型社会へ確実に向けていくために制定されたものです。関連法としては、再生資源利用促進法、建設資材リサイクル法、食品リサイクル法、グリーン購入法、家電リサイクル法、容器包装リサイクル法などがあります。

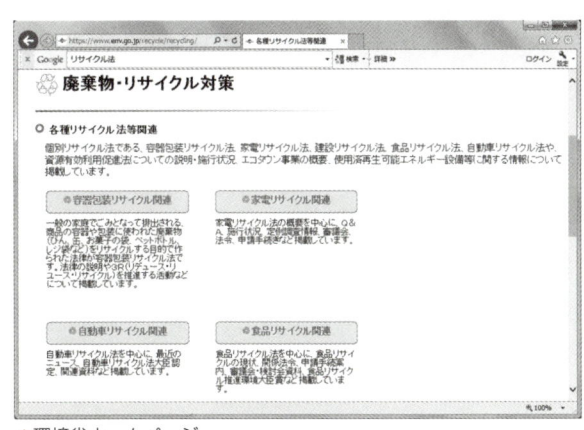

▲環境省ホームページ

10-5 廃棄物処理のプロセス ★★☆

収集、中間処理、最終処分

廃棄物処理において廃棄物の収集は、処理プロセスの最初の工程に位置します。運搬は、収集後の次工程における運搬、最終工程の週末処理への移動、工程間でも発生します。

▶▶ 収集・運搬

廃棄物の収集は、収集頻度、収集方式、収集形態（分別、容器）、運搬については、運搬方式（運搬車、パイプライン）などが条件に応じて選択されます。廃棄物の収集、運搬は多くの場合、民間企業に委託をすることで実施されています。民間企業の廃棄物収集、運搬、処分に関する技術力が大きく影響を与えます。

このため、受託者の施設、人員および財政的基礎、業務経験などのほか、業務遂行のための必要な条件、収集、運搬の方法や運搬車、容器など実施にあたって遵守すべき事項を「廃棄物の収集、運搬、処分等の委託の基準」に定め、委託企業はこの基準に従い実施することが求められています。

▶▶ 中間処理

中間処理とは、最終処分を行うために、廃棄物の分別、粉砕、脱水によって減量化や焼却などの処理を行うための工程です。この工程によって廃棄物は約10分の1の重量となって最終処分で埋め立てられます。中間処理は、主に焼却処理施設、破砕処理施設で行われます。この工程においても、一定規模以上の処理能力を持った産業廃棄物の中間処理施設は許可が必要とされます。

▶▶ 最終処分

中間処理をした廃棄物を埋め立て処分して土壌還元することです。かつては海洋投棄もされていましたが、現在は禁止されています。

10-6 焼却処理施設 ★★☆

焼却灰を無害化する施設

　わが国の廃棄物処理の特徴は、処理の主力が焼却処理にあることです。焼却施設は国内で約2000箇所あります。焼却処理は、全処理量の75％以上を占めています。これは、米国の10％程度に比べると極めて高い数字です。

▶▶ 国内の焼却処理

　焼却処理施設は、収集・運搬された廃棄物をリサイクル可能な資源に分別し、可燃ごみを焼却処理して、焼却後に残った灰を無害化処理するための施設です。運営の主体は地方自治体ですが、生ごみの堆肥化施設や下水処理場の汚泥処理施設といっしょの場合もあります。

▶▶ 焼却施設の構成

●供給施設

　搬入された廃棄物は、処理に先だってごみ計量機により重量が計測されます。計測後に廃棄物はピット（バンカー）に投入されます。投入されたごみはできるだけ均等化するために撹拌してからクレーンによってホッパーへ投入されます。ピット内にごみを滞留させるのは、焼却炉における1日当たりの処理能力の3～4日分を貯留することで継続的な運転を確保する目的があります。

●焼却炉

　焼却炉の最も重要な性能は、完全燃焼をすること、その完全燃焼が安定的に継続することです。ごみが完全燃焼せずに未燃焼部分が残れば、腐敗によるにおいやダイオキシンなどの有毒ガスの発生という環境上の問題が発生します。また、焼却炉は連続運転によって継続的に操業され、いったん稼働が始まれば、次の改修まで炉の火を落とさずに24時間、365日連続して850℃以上の安定的な燃焼温度を保つことが求められます。

　焼却炉は、燃焼方式の違いによっていくつかのタイプがあります。

10-6 焼却処理施設

●ストーカー式焼却炉

ストーカー炉は、焼却対象のごみがストーカー（火格子）の上を移動する間、下から燃焼用空気を通すことで燃焼する方式です。ストーカーには、格子の面状のものから筒状で回転をするものまで、形や作動方式には様々な種類があります。ストーカー式焼却炉は、ごみ焼却の方式としては、最も多く採用されている形式です。

●流動床式焼却炉

流動床式焼却炉は、不燃物の混入した廃棄物を焼却するために開発された焼却炉です。高温に熱した砂の中にゴミを投入して燃焼する方式です。粒径が0.6mmから1mm程度の砂を熱媒体として、砂の充満した炉の底部から流動用の高温の空気を吹き込み、高温となった砂によってごみを燃焼します。不燃物は砂といっしょに排出され、振動ふるいなどによって分離されます。

ストーカー（火格子）焼却炉の構造

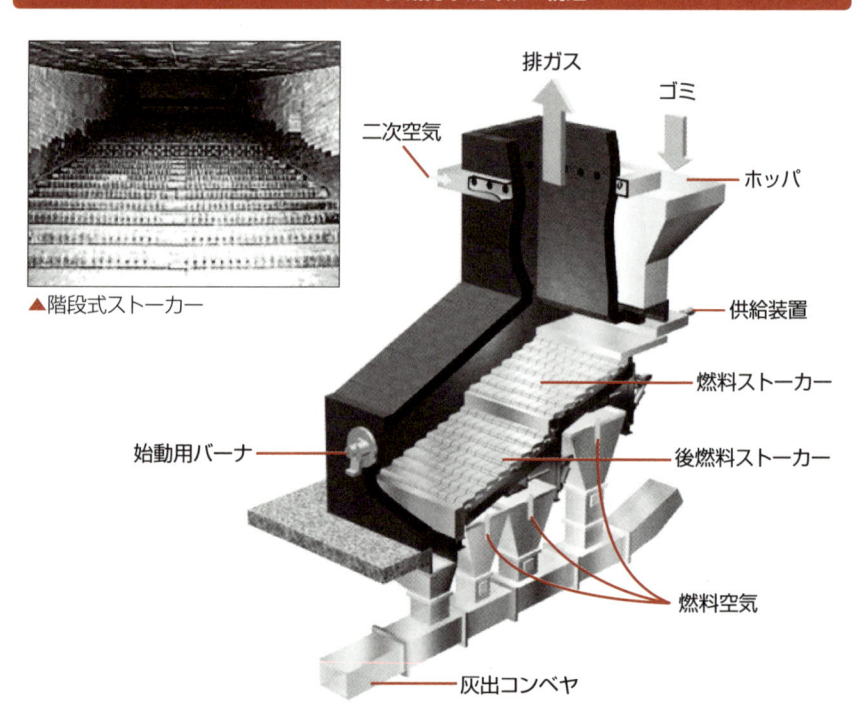

▲階段式ストーカー

10-6 焼却処理施設

　不燃物を除去した砂は、再度炉に戻されて使用されます。流動床式焼却炉の特徴としては、ゴミと砂の伝熱効率が高いことです。水分を多く含んだ生ごみなども効率よく短い時間で燃焼することができます。流動床式焼却炉は、ストーカー炉に次いで多く採用され、2008年度において全国で216基が稼働しています。

流動床式燃焼炉*

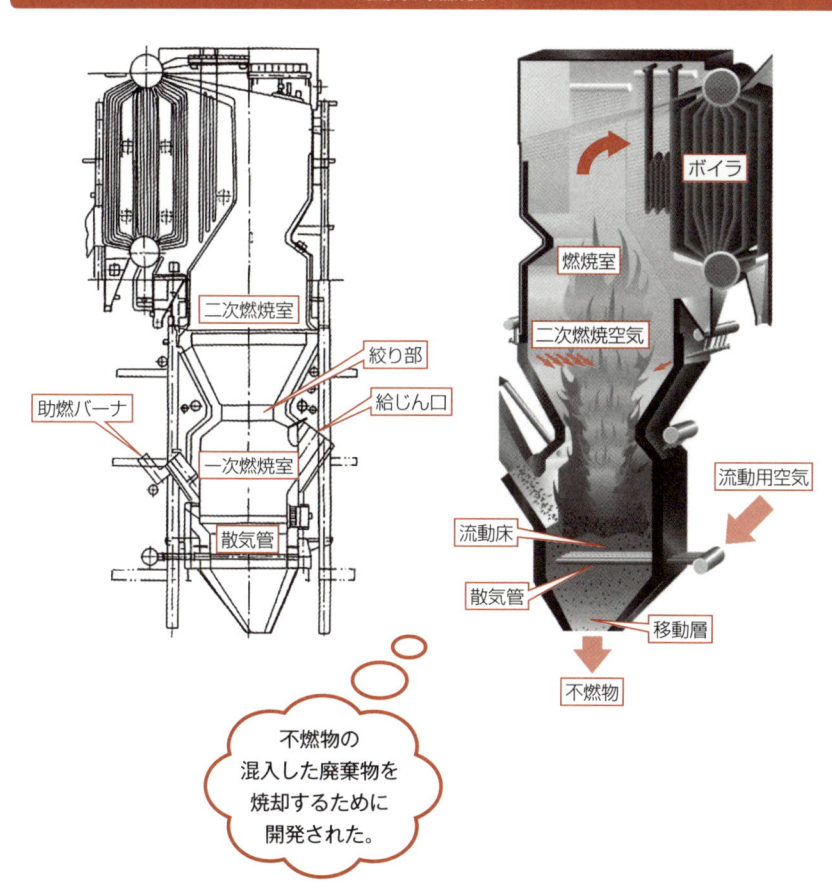

（図中のラベル：二次燃焼室、絞り部、助燃バーナ、給じん口、一次燃焼室、散気管、ボイラ、燃焼室、二次燃焼空気、流動用空気、流動床、散気管、移動層、不燃物）

> 不燃物の混入した廃棄物を焼却するために開発された。

＊**流動床式燃焼炉**　出典：環境省ホームページより。

10-6 焼却処理施設

●回転式焼却炉

　回転式焼却炉は、横置きした円筒形の燃焼炉（キルン）を回転させて燃焼をする方式です。燃焼炉自体が回転をするめ撹拌効果が良く、多くの発熱量を取得できます。また、大型の廃棄物の処理も他の方式よりも容易です。

回転式焼却炉[*]

撹拌効果が良く、多くの発熱量が取得できる。

---

[*] **回転式焼却炉**　出典：宮城東部災害廃棄物処理業務JVホームページより。

その他の焼却施設内の設備

　燃焼炉により燃焼した排ガスは、減温塔を経て集じん器、排ガス洗浄、触媒反応を通り、煙突から放出されます。この過程で燃焼ガス冷却装置、廃ガス処理施設、余熱利用施設、通風施設、灰出し設備、排水処理施設などの関連設備があります。

　余熱利用施設によって、排ガスの熱を利用した温水の場内への供給や蒸気タービンによる発電によって、施設の場内だけでなく、場外へも電気を供給しています。

排ガス処理施設

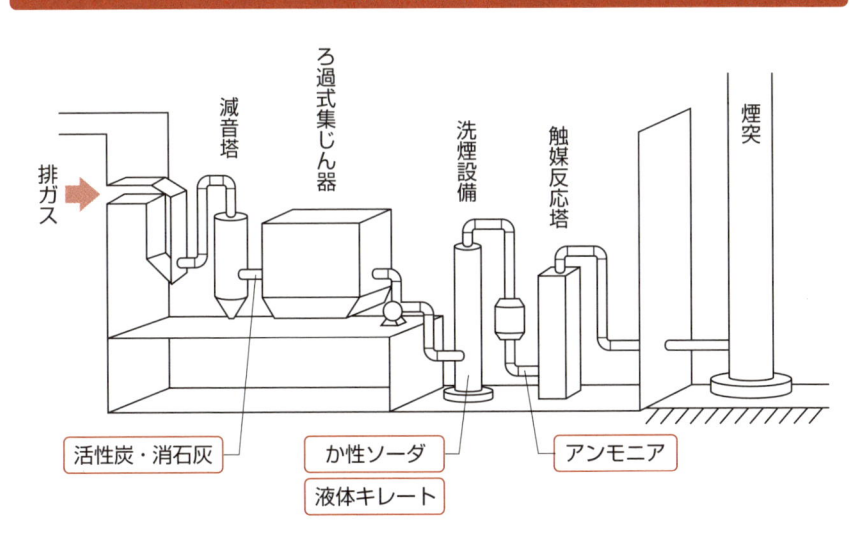

排ガス／減音塔／ろ過式集じん器／洗煙設備／触媒反応塔／煙突
活性炭・消石灰／か性ソーダ／液体キレート／アンモニア

余熱利用施設

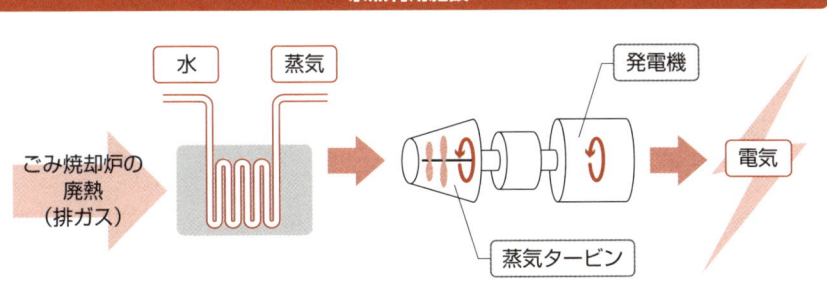

ごみ焼却炉の廃熱（排ガス）→ 水／蒸気 → 蒸気タービン／発電機 → 電気

10-6 焼却処理施設

清掃工場の排ガスなどの活用

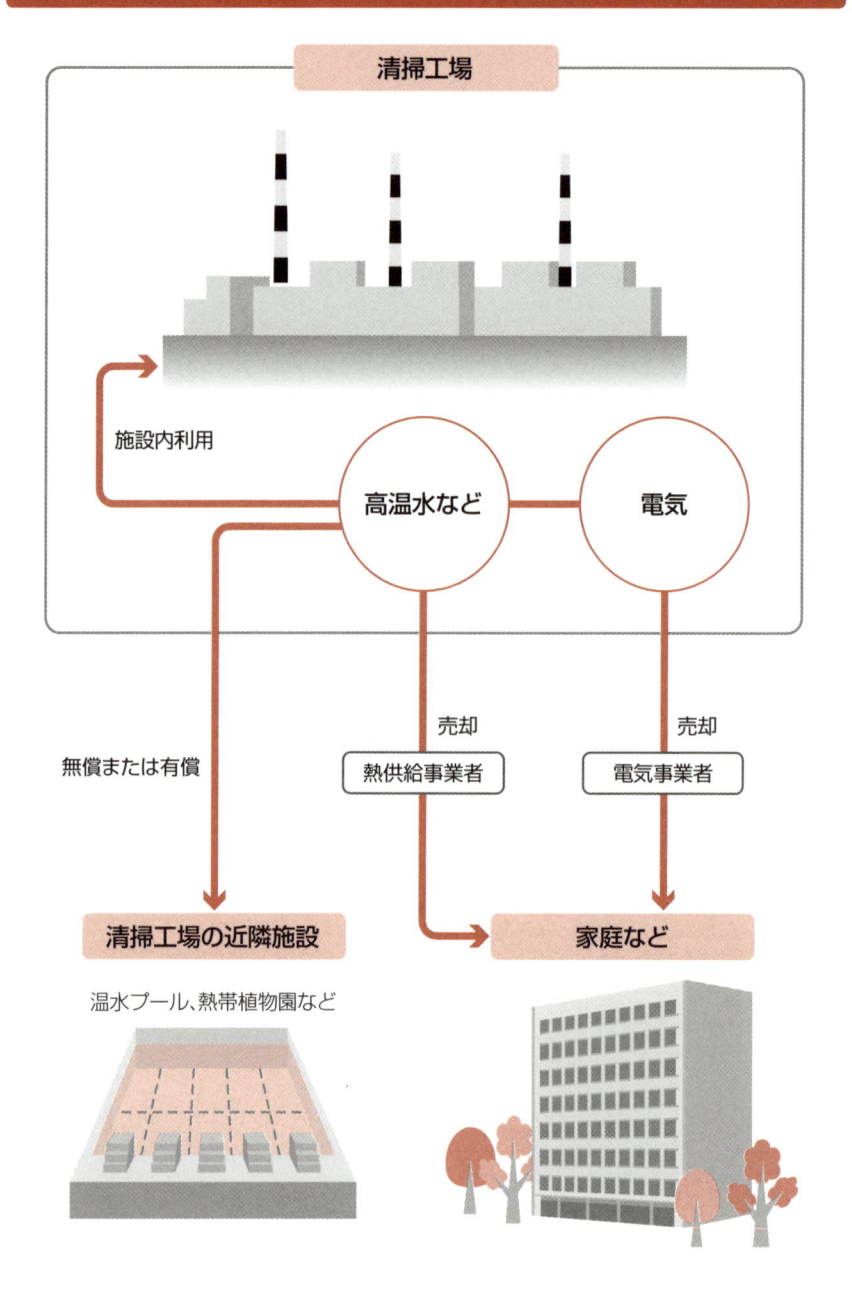

清掃工場

施設内利用

高温水など　　電気

無償または有償

売却　熱供給事業者

売却　電気事業者

清掃工場の近隣施設
温水プール、熱帯植物園など

家庭など

▶▶ 最終処分場

最終処分場とは、中間処理を実施した後に再利用や再資源化が困難なものを埋め立て処分するための施設です。廃棄物の容積を減らし、それ以上は変化せずに安定化させることが目的です。安定化の達成のために廃棄物処理法では、最終処分場の施設の構造や維持管理の基準について、埋め立て対象物の性質によって定めています。最終処分場は大きく分けて3種類があります。

●管理型処分場

管理型処分場では、埋め立て後に安定化に向けて分解が進む過程で浸出する水が周辺の河川や地下水に流れ込まないように、また、降った雨や地下水が埋設物に侵入しないようにゴムや合成樹脂などのシートで遮水します。浸出した水は無害化のための処理が行われます。これらの一連の施設は、埋設された廃棄物が安定化するまでの間、機能が継続するように定期的に点検・運営されます。

首都圏最大級規模（容積107万m³）の最終処分場*

❶ 環境塔
❷ 埋立地
❸ 浸出水処理施設
❹ 貯留堰堤
❺ 調整池

＊…の最終処分場　出典：君津環境整備センターホームページより。

10-6 焼却処理施設

最終処分場の覆土

ビニールシートで覆い覆土する。

●安定型最終処分

安定型最終処分とは、廃プラスチック類・金属くず・ガラス陶磁器くず・ゴムくず・がれき類などの環境に影響を与えない廃棄物だけを埋め立てる処分場です。

●遮断型処分場

遮断型処分場とは、有害物質を含む産業廃棄物の処分場です。ただし、廃棄物は時間が経っても安定化、無害化することはないことから、周辺と完全に遮断され、永続的に保管をするための施設です。廃棄物に含まれる有害物質が周辺に漏れ出さないように厳重な構造とすることが必要となります。

さらに学ぶための参考図書　　study

1）『誰でもわかる日本の産業廃棄物』産業廃棄物処理振興財団編、大成出版社、2012年刊
2）『新領域土木工学ハンドブック』土木学会編、pp.736〜743、朝倉書店、2003年刊
3）『図解入門ビジネス、最新産廃処理の基本と仕組みがよーくわかる本』尾上雅典、秀和システム、2011年刊
4）『図解 産業廃棄物処理がわかる本』ジェネス編、日本実業出版社、2011年刊

10-6 焼却処理施設

> **COLUMN**
>
> ## 2階建ての鋼アーチ橋…ビア・アケム橋（パリ）
>
> 　ビア・アケム橋は、パリのセーヌ川にかかる橋の中でも2階建ての構造によって特異な景観を見せています。
>
> 　川の中洲に石造アーチの橋台を設け、ここから両岸に向けてそれぞれ3径間の鋼アーチが架け渡されています。橋の長さは237mあります。下層は片側2車線の道路とその両側に歩道があり、中央分離帯を含めて幅員は24.7mです。この道路橋の上に幅員7.3mの地下鉄高架橋の桁が、中央分離帯の上に林立する動物の脚を模した柱で支えられています。
>
> 　薄い高架橋の鋼桁とそれを支える細い鋼製の支柱は、重厚なレリーフの施された中洲の石造のアーチ橋台や、両端の橋台と面白いコントラストをなしています。
>
> 　この橋のすぐ近くにあるエッフェル塔に代表される19世紀末に始まった巨大鉄鋼製の構造物の街中への出現は、多くの人々に景観の面で物議を巻き起こしました。
>
> 　ビア・アケム橋の完成した1905年はエッフェル塔の完成から16年が経ち、石造とは異質な鉄鋼構造物に対する人々の目も慣れた頃でした。
>
> 　下層にある道路橋の両側の歩道を歩くと林立する高架橋の支柱とアールヌーボーの唐草模様の高欄、桁下にペンダント様につり下げられた室内照明のような道路照明、レリーフのある中間橋脚の石造アーチがつくり出す独特の橋の景観が楽しめます。
>
> 　ビア・アケム橋は完成後、パッシー橋と呼ばれてきましたが、第二次大戦の北アフリカ戦線で多大な犠牲者を出したビア・アケムの戦いの戦死者のメモリアルとして、戦後になってから改名されました。セーヌを右岸のパッシー側から地下鉄で渡るとすぐに橋と同名の駅に着きます。ここで降りるとエッフェル塔まで歩いて数分です。
>
> ▲ビア・アケム橋
>
> （2階建ての構造によって特異な景観を見せている。）

第10章　都市の廃棄物

10-6　焼却処理施設

> **COLUMN**
>
> ## 荒川治水の要…旧岩淵水門（東京）
>
> 　その昔、利根川と合流して東京湾に注いでいた荒川は、下流部で氾濫を繰り返しては流路を変える文字どおり荒ぶる川でした。近世になると荒川と利根川は分離され、利根川は太平洋へ、荒川は東京湾へと注ぐように大改造が行われました。
>
> 　この荒川の下流部が、大川とも呼ばれた隅田川です。しかし、流路は固定されてもこの荒川がひとたび決壊すると、下流部の流れる江戸下町一帯は、甚大な水害の被害を受けました。
>
> 　明治末に続いて発生した大水害をきっかけとして、荒川下流部を分水して東京湾に流す放水路建設の計画が進められました。
>
> 　この分水工事は、赤羽岩淵付近から東京湾まで長さ22kmにわたって幅500mの人工河川を開削するという大規模なものでした。大正5(1916)年に着工され大正13(1924)年に旧岩淵水門の設置を含む1期工事の完成を見て、昭和5(1930)年に全工事が終了しました。
>
> 　これ以後、洪水時にはこの岩淵水門が閉じられ、増水した水は荒川放水路を経由して東京湾に流下することで、隅田川の水位が制御されるようになりました。
>
> 　荒川放水路建設の指揮をとったのは、当時30歳の青山士という青年土木技術者でした。大学を卒業するとすぐにパナマ運河の建設工事に身を投じ、8年の辛苦を経て帰国後に携わったのが、この荒川放水路の工事でした。
>
> 　一高時代に、内村鑑三の影響を強く受けた青山士は、治水工事に従事することで国のため、人のためにつくすという、工学的良心に従って行動する利他行を地で行くエンジニアでした。
>
> 　この旧岩淵水門は、昭和57(1982)年にすぐ下流に新たに建設された2代目の水門に、その役割を引き継いで現役の座を退きました。しかし、現在もなお、その塗装色から赤水門と呼ばれ、赤羽岩淵のシンボルとして、地元の人々に親しまれています。
>
> ▲旧岩淵水門
>
> （赤水門と呼ばれ、赤羽岩淵のシンボルとして、人々に親しまれている。）

第11章

自然環境の保全

　私たちの日々の生活に伴う諸活動は、様々なかたちで自然環境に影響を与えてきました。近代以降の産業の活発化による都市への人口集中や、埋め立てによる海岸線に立地を始めた工場群は、緑や自然海浜を喪失させました。本章では、このような経緯の中から生まれた自然環境の保全について、その考え方、ミティゲーションによる対処、湿地回復、生物多様性、河川における外来植物対策などについて概観します。

11-1 自然環境保全への取り組み

保全の経緯

　わが国の環境問題への取り組みが戦後公害の発生から公害防止法、そして環境基本法へと進んだのと同様に、人々の活動による自然環境に与える影響を無視できなくなった状況への対応として自然環境保全への取り組みが起こりました。

▶▶ 自然環境保全の経緯

　明治以降の近代化は、自然環境にも大きな影響を与えつつ急激な改変をもたらしました。殖産振興によって、地方から都市への人口の集中を招き、都市化によって神社仏閣の樹林や名所旧跡、各地の森林、自然海浜が喪失していきました。大規模な森林破壊と復旧の例を別子銅山や足尾銅山に見ることができます。

樹木に覆われた足尾銅山旧坑道（通洞坑）付近*

足尾銅山の大動脈で昭和48年の閉山まで使われた。現在は見学コースとなっている。

　喪失する森林に対して森林保護の動きが出て、明治30（1897）年の森林法による保安林制度や大正4（1915）年の天然林保存のための国有林における保護林制度が設けられました。

11-1 保全の経緯

　その後、大正8（1919）年には、希少野生鳥獣の保護を目的とした「史蹟名勝天然記念物保存法」が制定されました。さらに、昭和6（1931）年には、優れた風景の保全とその活用を促進するために国立公園法が制定されました。

　国立公園法は、戦後になって活発化した国立公園指定の要請を背景に昭和32（1957）年に国定公園、都道府県立自然公園を含む自然公園法に改正されました。自然公園法は、公園指定によって観光資源による地域振興としての受け止め方が強かったのですが、高度成長期以後、進展する国土開発に対し自然環境の保護として作用するようになりました。

　明治以来制定されてきた森林法、公園法などは自然保護をある側面からとらえた個別対応的であり、自然が有している多様な側面や役割を総合的な視点から保全を図ろうとするものではありませんでした。地方自治体では、昭和45（1970）年の北海道を皮切りに自然保護条例が次々に制定されていきました。しかし、同時期の景観条例と同様に規制を行う条例については、根拠となる法制度がなく強制力がありませんでした。国土の開発が広域化、大規模化すると産業活動による公害の発生と同様に、自然保護のための開発規制などを個別の法律ではなく一本化して昭和47（1972）年に制定されたのが、自然環境保全法です。

●自然環境保全法

　自然環境保全法では、「自然環境の保全は、自然環境が人間の健康で文化的な生活に欠くことのできないものであることにかんがみ、広く国民がその恵沢を享受すると共に、将来の国民に自然環境を継承することができるよう適正に行われなければならない」と基本理念が定められています。

　また、この法律では、関係者である国、地方公共団体、事業者および国民のそれぞれの役割が示されています。国の責務は、自然環境を適正に保全するための基本的かつ総合的な施策を策定、推進することです。事業者は、実施に当たって自然環境が適正に保全されるよう必要な措置を講じることが責務であり、国民も自然環境が適正に保全されるよう努めることなどが定められています。

　さらに国は、自然環境の保全を図るための基本方針を定めることとされており、これに基づいて自然環境保全基本方針が昭和48（1973）年に閣議決定されました。これがわが国の自然環境保全の考え方を示すものです。

11-2 自然環境保全の考え方

自然環境保全基本方針

ここでは、「自然環境保全基本方針」に基づく、わが国の自然環境保全の考え方を見ていきましょう。

▶▶ 対象とする自然環境

保全すべき対象である自然環境とは、私たちにとって、経済活動のための資源であると同時に人間生活に不可欠な構成要素です。特に日本人の自然観は、自然との折り合いを基本とするスタンスであり、自然と人が有機的かつ複合的に一体化された環境を対象とします。これは、和辻哲郎や寺田寅彦の著述でも示されてきた日本人の自然観です。

▲寺田寅彦　by Wikipedia

●自然環境保全の基本条件

生態学（ecology）とは、生物とそれを取り巻く環境を扱う学問です。この学問を学ぶと自然の成り立ちを体系的に理解できます。自然環境保全は、自然を構成する諸要素間のバランスに注目するこの生態学を踏まえた知識を尊重することが必要です。人間の活動も日光、大気、水、土、生物などによって構成される系を乱さないということが基本的な姿勢として求められます。

●複雑化する自然破壊への適確な対応

私たちが住む社会では、自然環境破壊がますます進み、規模の大きさや多様性において深刻な問題提起がされています。このため一部の社会的公正を損なう不均衡な利害が発生し、このことがさらに、私たちが自然破壊に向けてとるべき適確な対応を複雑化している現実があります。

11-2 自然環境保全基本方針

●対処の方向

自然環境の保全への対処の方向としては、次の諸点があります。

① 人間活動を厳しく規制する方向で総合的な政策を強力に展開。
② 大量生産、大量消費、大量廃棄という経済活動に厳しい反省。
③ 公害の未然防止。
④ 見落とされがちであった非貨幣的価値の適正な評価・尊重。
⑤ 自然環境の保全に留意した土地利用計画のもとに適切な規制と誘導。
⑥ 破壊から免れている自然の保護。
⑦ 自然環境の共有的資源としての復元・整備。
⑧ 国土に存在する貴重な植生、野生動物、地形地質などの十分な面積にわたる保全。
⑨ 農林水産業の環境保全の役割を高く評価し、健全な育成を図る。
⑩ 自然環境保全政策は、国際的な視野に立つ。

●自然環境保全施策の基本的な方向

具体的にとるべき方策としては、以下の諸点があります。

① 自然環境保全法をはじめとする各種の関係制度の総合的な運用。
　・原生の自然地域、傑出した自然景観、学術上、文化上特に価値の高い自然物などの厳正な保全。
　・自然地域、優れた自然風景、野生動物の生息地の適正な保護。
　・農林水産業が営まれる地域の環境保全能力の評価と健全な育成。
　・都市地域における樹林地、草地、水辺地などの自然地域の保護育成、復元。
② 必要な民有地の買い上げの促進。
③ 大規模な各種の開発の自然環境に及ぼす影響の予測、代替案の比較を含めた事前調査。
④ 人間活動と自然との関係、物質の循環、生態系の保全技術などについての研究、科学的な調査の実施。
⑤ 環境教育の積極的な推進。
⑥ 野外レクリエーション政策の調整。

▶▶ ミティゲーション

ミティゲーション (mitigation) の意味は「和らげること、緩和、軽減」です。環境対策に関して使われる場合は、開発による自然環境への影響を何らかの措置によって緩和し、生態系の損失をゼロに近付けることを意味します。ミティゲーションの考え方は、1970年代後半の米国で環境政策の一つとして導入されたもので、今日では広く各国でも導入されています。わが国では、平成11 (1999) 年に施行された環境アセスメント法においてミティゲーションが義務付けられています。

●ミティゲーションの３つの措置

ミティゲーションで実際にとるべき措置としては、回避、低減、代償の３つに分類できます。

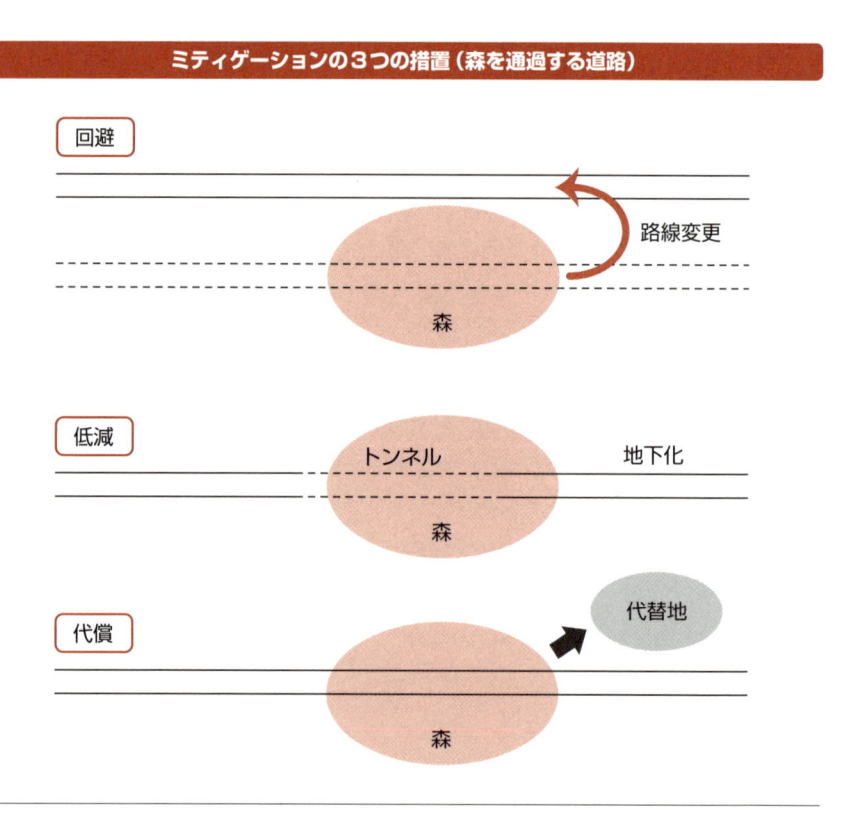

ミティゲーションの３つの措置（森を通過する道路）

回避：路線変更（森を避けて道路の経路を変更する）

低減：トンネル・地下化（森の下にトンネルを通して地下化する）

代償：代替地（森を通過するが、別の場所に代替地を設ける）

●回避

回避とは、特定の行為あるいはその一部を行わないことにより、影響全体を回避する方法です。例えば、道路計画で、騒音レベルが下がらないことが予測される場合のルートそのものを変更することです。

●低減

低減とは、行為とその実施において、程度と規模を制限することにより、影響の度合いを低下させる措置です。例えば、道路計画の場合では車線数の減少、防音壁の設置、地下化、緩衝緑地帯の確保などです。水路の改良では水辺の生物が生息可能な自然石および自然木を利用した護岸とする生態系への配慮による影響の低下措置です。

●代償

代償とは、回避や低減による緩和措置では、不十分な場合にそこで損なわれる環境質をほかの場所で償うことにより、影響を代償する措置です。例えば、保護生物の生息する池や湿地などを道路が通過する場合、同規模の生息空間を確保することで補う措置は、代償になります。

代償措置による池の設置*

高速道路の計画路線上の池に希少生物のヒメウキガヤやホトケドジョウが生息するため、その上流側の工事区域外に代替の池が設けられた。

＊…**池の設置**　横浜環状南線、金沢市民の森。

11-3 水質浄化の改善と生態系

湿地の回復

　湿地には、湖沼、河川などのほかに河川がせき止められたりしてできた湿原、沿岸域などで砂泥が堆積した場所である干潟、海草や海藻が繁茂した地域である藻場があります。

▶▶ 湿地回復の背景

　湿地は、多くの野生生物の生息場所であり、生物多様性に富み、さらに水質を浄化する働きや遊水池としての洪水調節によって人の生存を支えてきました。近年では、湿地は気候緩和の作用によって地球温暖化防止にも寄与することが指摘されています。

　しかし、戦後の高度経済成長下での都市化の中で道路用地や産業用地のために埋め立てられ、多くの湿地が姿を消していきました。東京湾では約90％の干潟が、大阪湾ではほぼすべてが消滅したといわれています。世界全体ではこの半世紀の間に先進国を中心に70％の湿地が消失したとされています。

　このような湿地の急速な消失に対して、国際的に湿地生態系の保全をも目的として、1971年に**ラムサール条約**が締結されました。この条約は、同条約締約国会議の決議・勧告によって、各締約国に対して、湿地保全を図るための有効な対応策の策定を求めています。

　わが国では、このような流れの中で、平成13（2001）年に最終処分場として埋め立て計画のあった藤前干潟（愛知県名古屋市港区）は計画が中止されました。同年には、環境省は開発計画などに際して保全上の配慮を促し、ラムサール条約登録湿地の選定の基礎資料とするために重要湿地500選を公表しました。

　湿地回復で着目されつつあることは、水生植物の生育環境として水質浄化の改善によるだけでなく、生育環境である生態系の回復の必要性です。湿地を構成する諸要素間のバランスに注目した生態学的な視点から、湖沼、地域全体を考慮しつつ、対象とする湿地を本来の形態へ戻すことが水生植物帯を回復させ、水生生物の再生産の場を復活し自然環境の保全につながります。

⏩ ラムサール条約と湿地の定義

　ラムサール条約*は、湿地の保存に関する国際条約です。わが国は昭和55（1980）年に加盟しました。この条約の目的は、水鳥を食物連鎖の頂点とする湿地の生態系を守ることにあります。1980年以降、定期的に締約国会議が開催されて、国際的に湿地の保護を求めています。日本は平成24（2012）年時点で釧路湿原、琵琶湖など46箇所が指定されています。この条約の登録対象の湿地（Wetlands）とは、湿原（釧路湿原など）や沼沢地（琵琶湖など）、海域（慶良間諸島海域など）などの水域です。

　条約の第1条では「湿地とは、天然のものであるか人工のものであるか、永続的なものであるか一時的なものであるかを問わず、さらには水が滞っているか流れているか、淡水であるか汽水であるか鹹水（海水）であるかを問わず、沼沢地、湿原、泥炭地または水域をいい、低潮時における水深が6メートルを超えない海域を含む」と定義されています。

⏩ 首都圏唯一のラムサール条約湿地谷津干潟と三番瀬

●谷津干潟

　千葉県の東京湾岸の干潟は、そのほとんどが1960年代から1970年代にかけて千葉県企業庁によって次々と埋め立てられ、工業地や住宅地として開発されました。この中で習志野市谷津地先の干潟は、利根川放水路計画により旧大蔵省の所有であったために埋め立てを免れ、埋立て地の中に2本の水路で海とつながる形で、池のように残されました。この場所は、東京湾に飛来するシギ類、チドリ類、カモ類といった渡り鳥の希少な生息地になっています。

　昭和63（1988）年に国指定谷津鳥獣保護区（集団渡来地）に指定され、平成5（1993）年6月10日にラムサール条約登録地に登録されました。谷津干潟はほぼ長方形で周囲は四方から宅地化・都市化が進められ、干潟の上には東関東自動車道、国道357号の高架橋が通過し、JR京葉線も北側に近接しています。

＊**ラムサール条約**　Ramsar Convention：1971年2月制定、1975年12月発効。

11-3　湿地の回復

谷津干潟*

> 東京湾に飛来する
> 渡り鳥の希少な
> 生息地。

　渡り鳥は、東京湾全体でも渡来数が約半分ほどに減少していますが、谷津干潟では、ラムサール条約締結後に数10分の1と急激に減少しました。これは条約登録にあたり、敷地の一部で造成工事などの整備が行われたことが原因といわれています。自然観察センターの建物や野鳥観察者用の駐車場などが設けられ、干潟内においても観察小屋周辺にあった蟹の生息地が埋め立てられました。これらの影響が渡り鳥の渡来数の激減となったとされています。

●水質汚濁

　近年の干潟をめぐる環境問題として水質汚濁があります。水質汚濁はアオサの異常発生の原因となり、枯死することで干潟の泥の酸素濃度を低下させました。これによってアサリ、ヤドカリ、ゴカイなどの大量死が発生し、エサとする渡り鳥にも影響が出ました。このため水質汚濁対策として除去作業が毎年行われています。

＊**谷津干潟**　東から西側を臨む。出典：日本のラムサール湿地、環境省ホームページより。

11-3 湿地の回復

谷津干潟の空中写真

> ほぼ長方形の谷津干潟は周囲四方から宅地が迫っており、干潟の上には東関東自動車道、国道357号が高架橋として通過し、北側をJR京葉線が通っている。

●三番瀬

　三番瀬は浦安市、市川市、船橋市、習志野市の東京湾沿いに広がる約1800ヘクタールの干潟・浅海域です。戦後の高度経済成長の中で埋立てが計画されましたが、奇跡的に計画は白紙に戻されて自然環境の保全と再生を目指して「千葉県三番瀬再生計画」が策定されました。

　三番瀬は、習志野市の谷津干潟と並び東京湾奥部における数少ない干潟・浅海域であるため、魚類をはじめとする海の生物や鳥類の貴重な生息地となっています。これまでに魚類101種、鳥類89種、底生生物155種、プランクトン302種、合計647種が確認され、ラムサール条約湿地ではありませんが、「日本の重要湿地500」に選定されています。

　特に鳥類については、渡り鳥の重要な中継地です。キアシシギ、ハマシギ、オオソリハシシギ、メダイチドリ、スズガモ、コアジサシなどの渡り鳥が三番瀬を訪れます。これらの鳥類は近接する谷津干潟と三番瀬の間を頻繁に往復しており、両者は一体的な補完関係にあります。

11-3 湿地の回復

COLUMN 現存最古の洋式燈台…品川燈台（明治村）

　白い外壁の燈台は、どこか異国の匂いがします。ガス燈、鉄道馬車、洋館、停車場、蒸気機関車などと並んで、燈台は、文明開化のシンボルでもありました。

　わが国で最初の洋式燈台は、観音崎に建設されたもので、明治2（1869）年元旦のことです。次いで建設されたのがこの品川燈台です。明治3（1870）年3月20日に点灯を開始し、以後昭和33（1958）年まで90年近くにわたってその役割を果たし続けました。

　品川燈台は、東京モノレール天王洲アイル駅東側の品川埠頭付近にあった第2台場に建設され、関東大震災でも、被害を受けませんでした。現役を退いたあとは、現存最古の燈台として愛知県の明治村に移設されました。重要文化財です。

　燈台建設は、開国の象徴的な出来事でした。200年も続いた鎖国日本は、ペリー率いる黒船の来航後わずか5年の安政5（1858）年に、日米通商条約を締結して開国に踏み切りました。このあと通商条約は、オランダ、ロシア、イギリス、フランスとも相次いで結ばれます。

　実際の開港は、条約の猶予期間や国内情勢による延期を経て、慶応3（1867）年のことです。開港を阻んだのは、国内の攘夷論者だけではなく、水路や燈台、航路標識などの諸設備の未整備がありました。特に船舶の安全な航行のための重要な設備として、燈台は不可欠でその建設は急務とされました。

　品川燈台は、幕末における西欧技術による大プロジェクトの横須賀製鉄所の技術者たちによって建設されました。幕府は、フランスから技術者を招き、資材や機械を購入して、フランスの軍港のツーロンに似た横須賀の地に製鉄所の建設をします。製鉄所建設のために慶応2（1866）年に来日した土木技術者のフロランが、品川燈台建設の中心人物でした。当時36歳でした。明治政府の発足後、燈台建設はフランスからイギリスの技術者の手に移り、以後8年余りの間に30基以上の燈台が建設されます。

幕末における西欧技術によって建設された。

▲品川燈台

11-4　　　　　　　　　　　　　　　　　　　　生物多様性

生物多様性への世界の取り組み

　生物多様性とは、地球上のすべての生命を指す言葉です。動植物、微生物、その遺伝子、さらにこれらの生物を取り巻く自然環境が含まれます。

▶▶ 生物多様性とは

　生物多様性には遺伝子の多様性、種の多様性、生態系の多様性のレベルがあります。近年、人間活動のもたらす環境変化によって、かつてない速さで種の絶滅が進んでいます。この種の絶滅を阻止することは、生態系の安定と遺伝子の多様性を保存する上で重要です。

　生物に国境はなく、日本だけで生物多様性を保存しても十分ではありません。世界全体でこの問題に取り組む必要があります。このための条約が1992年5月に締結された**生物多様性条約**です。締約国数は192箇国とEUです。

　この条約では、生物の多様性を保全するために、開発途上国の取り組みを支援する先進国の資金援助の仕組み、先進国の技術を開発途上国に提供する技術協力の仕組みが定められています。経済的・技術的な理由から生物多様性の保全と持続可能な利用のための取り組みが十分でない開発途上国に対して支援が行われることになっています。また、生物多様性に関する情報交換や調査研究を各国が協力して行うことも活動に含まれます。

▶▶ レッドデータブック

　レッドデータブック（RDB：Red Data Book）とは、国際自然保護連合（IUCN）が絶滅の危機にある野生生物を調査して記載したことから始まり、今日では、各国でも独自に作成・公表しています。わが国では環境省、都道府県、学会やNGOなどでも作成しています。

　レッドデータブックの目的は、絶滅の危機に瀕する野生生物の種を正確に把握し、生息状況などを含めてまとめたものです。野生生物保護に関する様々な措置は、レッドデータブックに基づき計画・実施されています。

　また、希少野生動植物の指定、絶滅危惧種の保全、保護の方法の検討、環境アセスメントなどについても、このレッドデータブックの情報が活用されています。このほか、絶滅に瀕する野生生物を定期的に見直して公表することは、一般の生物保護への意識を高める役割もあります。

　レッドデータブックに掲載する「絶滅のおそれのある種」は、野生生物の生息状況は常に変化しているため定期的に見直すことが不可欠です。掲載される生物は、全体で10分類群に分かれています。

　分類群は動物では、①哺乳類 ②鳥類 ③爬虫類 ④両生類 ⑤汽水・淡水魚類 ⑥昆虫類 ⑦貝類 ⑧その他無脊椎動物（クモ形類、甲殻類など）の8種類、植物では、①植物Ⅰ（維管束植物）および②植物Ⅱ（維管束植物以外：蘚苔類、藻類、地衣類、菌類）の2種類です。

▲レッドデータブック東京2013＊

＊**レッドデータブック東京2013**　出典：東京都環境局ホームページより。

11-5 外来植物対策

緊急課題となった外来植物対策

河川敷に繁茂する植物の藪化や背丈が伸びる樹林化は、洪水時の流下能力の低下だけではなく、流木となって橋梁、橋脚にかかり河積の閉塞の原因にもなります。

▶▶ 外来種の繁茂

外来種の生育の早い植物の繁茂は在来植物の衰退を助長し、種多様性を低下させて生態系の単純化が進むことで河川本来の景観が失われることにもなります。

多摩川、利根川水系、千曲川水系などでは、背丈が25mにもなる北米原産のハリエンジュ（ニセアカシア）の繁茂が報告されており、河川景観が大きく変化しています。ハリエンジュは日本に導入してから100年になりますが、全国の河川敷で林を形成して河川敷を独占するほどに繁茂をしている箇所も多く見られます。また、このほかにも同様に外来種の繁茂が見られます。

平成17（2005）年6月には、「特定外来生物による生態系等に係る被害の防止に関する法律」が施行されました。平成25（2013）年には国土交通省は全国の河川において特に問題の大きな外来植物10種を指定して、実践的な駆除などの対応策をまとめた手引きを発行しました。

伐採では切り株から新しい芽がでることから根こそぎ抜くことや、重機で表土ごと除去するなどの方法が示されています。藪化・樹林化の原因である外来植物への対策は緊急の課題であり、実現可能な具体的な手法を示しつつ、定期的に見直しをすることで、有効な管理の方向性を探ることは河川管理上重要なことです。

11-6 吉野川可動堰

自然保護か開発か

自然保護か開発かで大きな選択を迫られた事例として、吉野川河口堰問題の経緯を見ておきましょう。

▶▶ 第十堰

　吉野川は四国の高知県および徳島県を流れる延長約200kmの一級河川で日本の三大暴れ川と呼ばれてきました。上流部で大雨が降ると徳島県の下流部では雨が降らなくても洪水がたびたび引き起こされてきました。

　吉野川の最下流部はもともと河口から14km付近から北東に流れる旧吉野川が本流でした。しかし、17世紀末に本流から分岐された分流がその後の洪水で本流化すると、旧吉野川の水量が減少してしまいました。そこで水位を上げて旧吉野川へ水を引き入れるために分岐箇所のすぐ下流に川を斜めに横切る堰が設けられました。これが周辺の地名をとって名付けられた**第十堰**です。

　この江戸時代につくられた第十堰を撤去して、上流で大雨が降ったときにはゲートを下げて堰を低くすることで水がせき止められないようにする流量調整のできる可動堰を建設しようとする計画が昭和57（1982）年に提案されました。

　吉野川可動堰問題とは、この可動堰の計画に対し、もし堰が建設されれば、下流域に広がる干潟に対する影響が懸念されるという環境保全の視点からの反対が起こり、両者が対立した問題です。最終的には平成12（2000）年に住民投票によって可動堰計画は否決されました。

●課題を残した公共事業の合意形成

　この問題は、洪水からの安全確保のために可動堰を設けるか、あるいはその建設により自然環境に取り返しのつかない影響を与えてしまうのではないかという懸念のある建設か環境保全かの選択でもありました。それ以外に公共事業に対するマスコミの批判的な風潮も住民投票に影響を与えたといわれています。科学的データに基づいた専門的事柄を含む判断に対して強制力はないとはいえ、住民投票という手続きを選定したことについても公共事業の合意形成の観点から課題を残しました。

11-6 吉野川可動堰

吉野川第十堰

現地にある説明板。

右岸堤防上からみた川を斜めに横断する堰。

さらに学ぶための参考図書 study

1) 『環境生態学入門』青山芳之、オーム社、2008年刊
2) 『日本らしい自然と多様性、身近な環境から考える』根本正之、岩波ジュニア新書、岩波書店、2010年刊
3) 『私たちにたいせつな生物多様性のはなし』枝廣淳子、かんき出版、2011年刊
4) 『新領域土木工学ハンドブック』土木学会編、pp.93〜138、朝倉書店、2003年刊

11-6 吉野川可動堰

COLUMN

蘇った運河 …小樽運河（小樽）

運河は、鉄道、自動車交通の発達以前には、主要な物資の輸送手段でした。ヨーロッパでは、18世紀末までに運河が内陸部まで張り巡らされ、今日でも観光に目的を代えて利用されている運河も多くあります。

わが国では、京都の高瀬川や道頓堀などの内陸運河が発達しましたが、20世紀に入ると大都市の臨海部で相次いで運河が建設されました。産業立地のために水路の幅を残して埋め立てが行われました。東京、川崎、横浜の京浜工業地帯をつなぐ京浜運河は、この代表的な例です。港湾地区に建設された運河は、物資輸送の水路であると共に、運河に面して立地する倉庫や工場への荷役を行う役割もありました。

小樽運河も港湾整備の埋め立てによって建設されたもので、大正12（1923）年に完成しました。港内に停泊した貨物船から艀（はしけ）によって積荷が輸送され、運河に横付けされて倉庫に搬入されました。

樺太との交易港で栄えた小樽は、戦後、荷役量の減少と共に道路交通の発達によって港湾運河は急速にその役割を失っていきました。

運河の衰退は、全国各地でも同様で、臨港道路や鉄道整備、荷役の機械化で港湾地区の様相は一変しました。役割を終えた運河は、忘れ去られヘドロが溜まり悪臭を放つ水たまりと化しました。

1960年代に入る頃、小樽運河を埋め立ててその場所を道路とする計画が出されました。これに対して地元を中心に運河を遺産として遺すために多くの議論が重ねられました。利便性の確保と遺産の保全を公益性から折り合いを見付けることは難しい課題です。

工事は、1983年に着手されましたが、散策路の幅だけ埋め立てられ、運河は幅が狭められて遺されました。

▲小樽運河

（港湾整備の埋め立てによって建設された。）

第12章

都市の緑化、屋上緑化、壁面緑化

　人工的な都市空間をつくり出すコンクリートの建物や土木構造物の表面積や、道路のアスファルト舗装面の増加は、わが国の都市部における公園・緑地面積の少なさと相まって、近年都市部で報告されるヒートアイランド現象の原因の一つといわれています。本章では、都市内に広大に広がる建物や土木構造物を緑化対象としてとらえ、総合的に緑を確保するための屋上緑化、壁面緑化について、その方法、効果、事例などについて見ていきます。

12-1 都市緑化の課題
注目される緑の総合的な確保

わが国では近年、都市部における夏季の異常高温が報告されています。都市におけるコンクリートの建物や舗装で覆われた道路、海からの通風をさえぎるビル群の配置、少ない緑地空間なども異常高温の原因とされています。

▶▶ ヒートアイランド現象

気温の分布をコンター（等温線）で描くと、都市部がその外側から閉じられた等温線で囲まれて、ちょうど地形図の島のように見えることから**ヒートアイランド (Heat Island) 現象**と呼ばれています。公園、緑地などのオープンスペースの緑が減少し、人工的な都市空間であるコンクリートの建物や土木構造物の表面、道路のアスファルト舗装面が増加したことによる影響です。

▶▶ 都市への人口集中

20世紀は都市化の世紀でした。わが国では、特に戦後になって、地方から都市へ極めて急激に人口移動が起こり、都市人口は増加の一途をたどりました。都市への人口集中は、住宅の不足、交通渋滞、生活環境の悪化などと共に、開発によって農地山林、緑地、神社、寺院などの伝統的な公共緑地も減少しました。住宅不足は、宅地の細分化、過密化を起こし、狭隘（きょうあい）な宅地は個人所有の緑の減少をもたらしました。この結果、東京23区の公園面積は、1人当たり4.5m^2とロンドンの26.9m^2、ニューヨークの18.6m^2と比べて1/4から1/6程度となっています。

わが国では、21世紀の今日、全人口の80％近くが都市に住み、都市で働き、通学し、憩う都市生活をしています。公園面積の少なさがわが国の都市緑化問題の根本にあることは明らかです。都市緑化の基本的な方向は公園、緑地の確保ですが、都市部における新たな公園面積の確保は容易ではありません。

そこで都市内に広大に広がる建物や土木構造物を緑化対象として、緑を総合的に確保することが着目されて進められています。

12-1　都市緑化の課題

ヒートアイランドのメカニズム*

- 風速の弱まり
- 建物からの輻射熱
- 太陽からの直達日射
- 地面からの輻射熱
- 人工被覆

- 植物からの蒸散
- 地表面からの潜熱放出
- 自然被覆

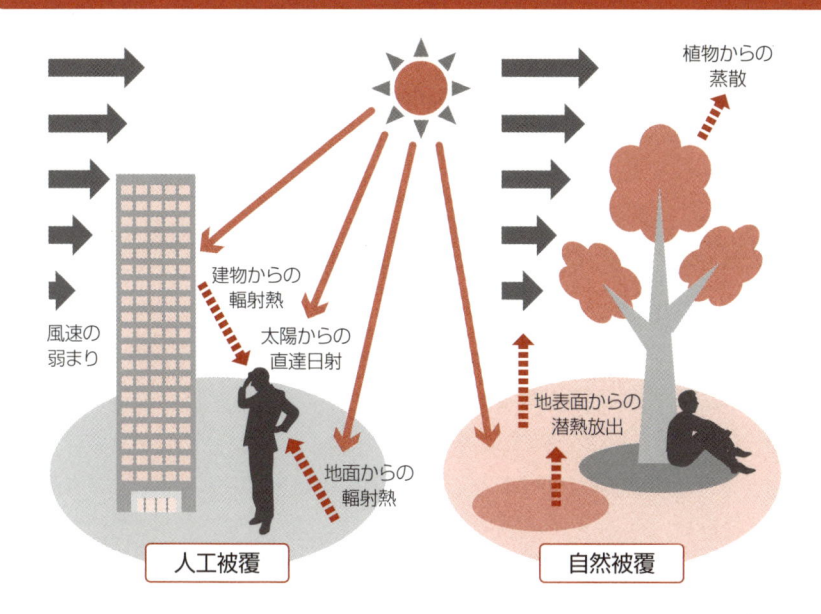

都市の公園面積の比較*

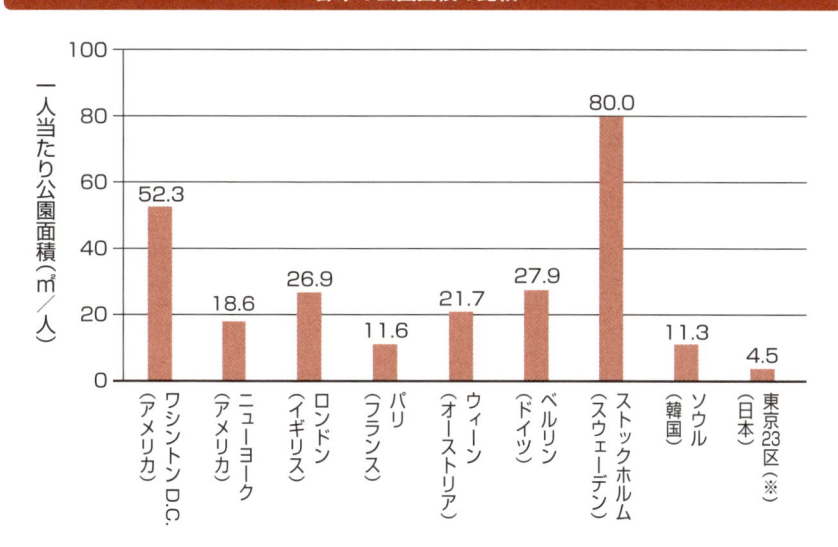

一人当たり公園面積（㎡/人）

- ワシントンD.C.（アメリカ）: 52.3
- ニューヨーク（アメリカ）: 18.6
- ロンドン（イギリス）: 26.9
- パリ（フランス）: 11.6
- ウィーン（オーストリア）: 21.7
- ベルリン（ドイツ）: 27.9
- ストックホルム（スウェーデン）: 80.0
- ソウル（韓国）: 11.3
- 東京23区（日本）（※）: 4.5

（※）東京23区は都市公園以外の公園を含んでいる。

第12章　都市の緑化、屋上緑化、壁面緑化

＊ヒートアイランドのメカニズム　　出典：気象庁ホームページより。
＊都市の公園面積の比較　　　　　　出典：国土交通省ホームページより。

12-2 なぜ都市に緑が必要なのか

都市緑化の必要性

　都市の緑化で期待する効果として、人工空間における気候緩和が指摘されていますが、これ以外にも人々の生活と緑の関わりには、様々な意味があります。

▶▶ 緑の存在が持つ意味

　文明の歴史をみると、ナイル川やチグリス川、黄河、そしてインダス川の流域に生まれた古代文明は、豊富な水と肥沃な土地、それによって育まれた緑に覆われていました。そして、文明の衰退は、また緑の衰退でもありました。この史実は、文明発祥の舞台装置として緑は不可欠であったことを示しています。空気、水、食料を供給する肥沃な土地、豊かな自然環境と共に、緑の存在は人々の生活に密接な影響を与えてきました。まず、都市生活者にとって、緑がどのような意味を持つのかを確認しておきましょう。

●自然環境の保全

　都市内の公園、緑地、街路樹などの存在による効果の第一に、自然環境作用が挙げられます。緑化によって太陽光の輻射の緩和や通風による気温、湿度の調節などの気候緩和、光合成作用、汚染大気の浄化、粉塵抑制の作用があります。これが、近年の気象変動で指摘される都市部のヒートアイランド現象の緩和です。

　都市部の気候緩和に留まらず、大きな環境問題である温室効果ガスの削減、大気浄化などの環境負荷の軽減により循環型社会へ寄与することが期待されています。さらに、植物の存在は、都市内に小生態系空間（**ビオトープ**）をつくり出し生物生息環境や生態系の保全を維持します。

●防災

　樹木などの緑の存在は、都市の防災に対しても意味があります。火災の際の延焼防止や、避難場所や避難路としての役割もあります。斜面や傾斜地における植物の存在で地盤の安定化の効果も期待されます。

●健康

都市部における緑の存在は、人々の自然との触れあいの場やスポーツの場を提供し、健康面におけるレクリエーション効果が期待されます。また、樹木などの緑が眼に及ぼす医学的な効果や、殺菌作用の身体に及ぼす影響も指摘されています。

●歴史・文化・景観

身近な場に緑が存在する環境は、古来より育まれた自然を愛でるわが国の歴史、文化と深い関係があります。文学作品や古典、詩歌のモチーフとしては圧倒的に緑と自然がとりあげられました。緑の存在は、生活の場の舞台装置としての地域の景観（ランドスケープ）形成にも意味を持ちます。

都市における緑の効果

① 自然環境の保全
- 生物生態環境の保全
- 生態系の保全

② 防災
- 延焼防止
- 避難路・避難地の確保

③ 健康
- 休養、遊び、スポーツ
- 人や自然とのふれあい
- 安らぎ、季節感

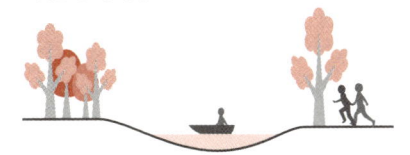

④ 歴史・文化・景観
- 郷土景観の保全
- 潤いある景観の形成

12-3 省エネ効果が期待される屋上緑化

屋上緑化

　ヒートアイランドは、地面や道路などの地表面が、舗装やコンクリートの建物で覆われることや、ビルなどの人工排熱によって、熱特性が変化することが主な原因とされています。

▶▶ ヒートアイランドと都市人工物

　地表面が土や植物によって覆われていれば、蒸発、蒸散によって熱が放出され、太陽光線による日射の加熱も抑制されます。夜間になると、昼間の太陽光の日射により加熱された地表面の温度は、放射冷却によって低下することになります。

　しかし、高層化の進んだ都市部では、地上から見上げたときの天空の面積比である天空率が小さいことから、夜間の放射冷却量は少なく、気温の低下が少なくなります。

　気象庁の明治初年以降の東京における年平均気温は一貫して増加を続け、100年間で3〜4℃の増加をしています。東京23区の建築物の高さは、過去50年間で3倍の増加を見せており、今後、高さ制限の緩和が進めば天空率がさらに低下し、放射冷却の低下の傾向はさらに強まるものと思われます。

▶▶ 屋上緑化の効果

　屋上緑化は、ヒートアイランド現象に対して、緑の蒸散作用などにより気温の上昇を抑えるほか、遮熱効果によって建物内の熱負荷を低減させる効果があります。このため、夏季の冷房や、冬季の保温による暖房の省エネルギー効果も期待されます。

　屋上緑化は壁面緑化と共に、酸性雨や紫外線などによる防水層、壁面などの劣化を遅らせる効果が得られ、建築物の耐久性の向上が期待されます。また、床の温度変化が少なくなり、熱収縮が減少することで構造物の劣化速度を遅らせる効果もあります。

都市の道路、歩道は、雨水の吸収が少ないことから、雨水の急激な流出や集中豪雨によって、水害が発生します。屋上緑化は、緑が雨水を吸収することで、雨水流を抑制する効果があります。単独の屋上緑化では効果は微々たるものですが、今後、大規模な屋上緑化を進めることで、都市全体で雨水の流出を抑えることが期待されます。

　この他、屋上緑化によって防火防熱、空気の清浄化、二酸化炭素削減効果などと共に、景観効果や人々に休息と癒し、生活の潤いを与える空間をつくり出す効果があります。体験的な環境学習の場を提供する教育効果も期待されます。

屋上緑化の方法

　屋上コンクリート層に防水保護シートを敷き詰めて、5cm程度の排水層を設置し、その上に透水層を挟んで土壌層を設置するのが通常の屋上緑化のための断面構成です。土壌層の厚さは、セダム類で被覆する場合で5cm程度、芝生地の場合で10〜15cm程度、低木の場合は30cm程度が通常です。日射熱の流入遮断効果は植栽基盤の土の厚さ、排水層の材料、含水量、植栽の種類によって効果は異なります。

●低木植栽地

　土壌層の厚さは30cm程度必要となります。樹木の葉から水の蒸散によって潜熱量が大きく、高い熱の流入遮断効果があります。

●芝生地

　土壌層が低木植栽の場合の半分と薄く潜熱消費量は少なくなりますが、土壌層の下側位置では熱流はほとんどありません。

●薄層芝生地、セダム類による被覆地

　土壌層をそれぞれ10cm、5cmと薄くしたことから、芝生地よりも熱の流入が若干増加します。

12-3　屋上緑化

屋上緑化の種類*

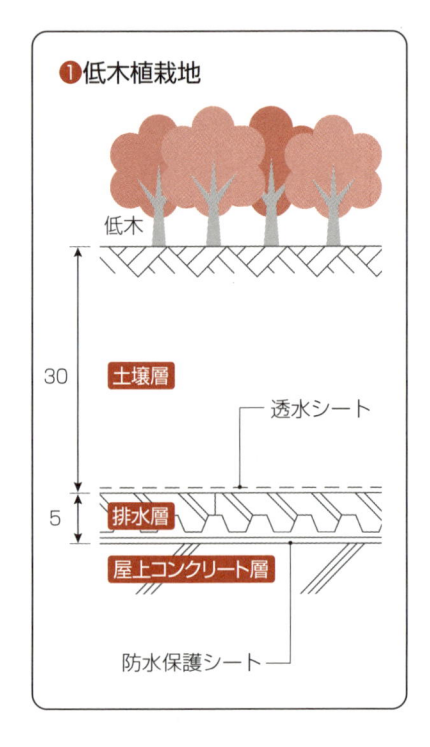

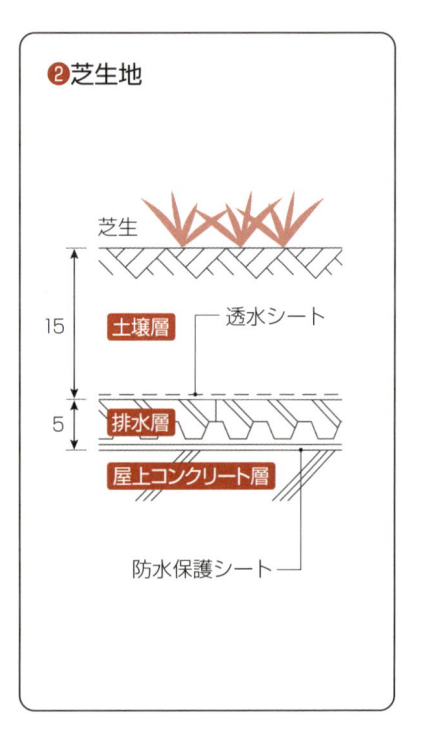

❶ 低木植栽地

低木
土壌層 30
排水層 5
透水シート
屋上コンクリート層
防水保護シート

❷ 芝生地

芝生
土壌層 15
透水シート
排水層 5
屋上コンクリート層
防水保護シート

❸ 薄層芝生地

芝生
土壌層 10
透水シート
排水層 5
屋上コンクリート層
防水保護シート

❹ セダム類による被覆地

セダム類
透水シート
土壌層 5
排水層 5
屋上コンクリート層
防水保護シート

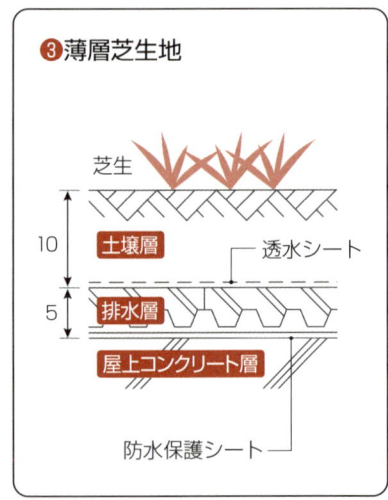

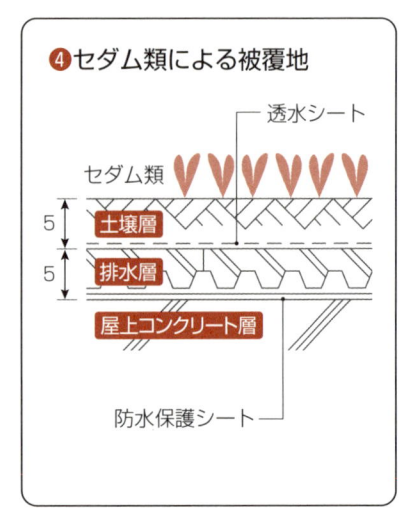

* **屋上緑化の種類**　出典：「屋上緑化のQ&A」、(財)都市緑化技術開発機構編、2003年刊、p.21による。

12-3 屋上緑化

▶▶ 屋上緑化の事例

●横浜市港北区役所

　横浜市北部の港北区は、市街化によって市全体の緑被率の減少を上回るペースで緑の減少が進んだことから、平成15（2003）年に屋上緑化やヒートアイランド現象への意識啓発を目的として緑化モデル事業として区役所屋上が緑化されたものです。

　屋上緑化面積は約550㎡あり、植栽には12種の中高木が16本、35種の低木298本の他、地被類3800株があります。

横浜市港北区役所屋上の緑化*

> 区役所屋上の550平方メートルを緑化モデル事業として緑化。

＊**横浜市港北区役所屋上の緑化**　出典：横浜市港北区ホームページより。

12-3 屋上緑化

●伊勢丹本店（東京都新宿区新宿）

　耐震工事に合わせて、2006（平成18）年に屋上緑化の整備が行われました。緑化面積は1690㎡で、緑量を必要とするところは、人工軽量土壌を盛り上げて土壌厚を部分的に厚くしています。新宿御苑につながる緑のネットワークとして鳥や昆虫が飛来しています。

伊勢丹本店屋上の緑化 [*]

> 耐震工事の機会に合わせて屋上に人工軽量土壌を盛り上げて緑化。

＊**伊勢丹本店屋上の緑化**　出典：既存建築物屋上緑化事例集、東京都環境局、平成23年刊より。

12-4 期待高まる人工空間の緑化対策

壁面緑化

壁面緑化は、日射をさえぎると共に、植物の蒸散作用により壁面温度の上昇を抑制する効果が期待され、屋上緑化と同様な効果が期待されています。

▶▶ 壁面緑化と屋上緑化

壁面緑化が、屋上緑化と異なる点は、屋上緑化が平面であるのに対し鉛直面であることです。緑化を鉛直面で実施する壁面緑化は、屋上緑化に比べて技術的な難しさがあり、施工実績も平成23（2011）年時点で屋上緑化が25万㎡であるのにもかかわらず、壁面緑化は1/3の9万㎡に留まっています。

しかし、緑化の対象が鉛直面であることは、高層建築の多い都市内では屋上面積よりも、壁面積がはるかに大きいことを意味します。高層化が進む東京においては、壁面は屋上面積の25倍にも上ると推定されています。今後、都市内の建築物の高層化が進み、より高い構造物が増加すれば、緑化面積はさらに増加することになります。都市緑化の効果の点からすれば、壁面緑化は都市の人工空間の緑化として大きな可能性があります。

ミニ知識 「都市」の定義は？

都市再開発、都市づくり、都市計画などの「**都市**」という言葉は、よく使われますが、厳密に定義をするとどのようになるのでしょうか。

まず、都市とは地方自治法で定める行政単位の「市」であるという定義があります。人口が5万人以上で中心市街地戸数が全体の60％以上あり、商工業、その他都市的業態従事者が60％以上の地域です。

一方、人口の集中している地域が都市であるとする人口集中地区（DID：Densely Inhabited District）があります。人口密度4000人/km²以上の調査区（約50世帯）が互いに隣接して5000人以上となる地区とされています。

都市計画法で定める一体の都市として整備、開発および保全する必要がある都市計画区域が都市であるという見方もあります。さらに、「**都市圏**」という呼び方で、単独または複数の都市を核とした圏域を都市とするとらえ方もあります。

12-4 壁面緑化

屋上緑化（上）と壁面緑化（下）の施工実績*

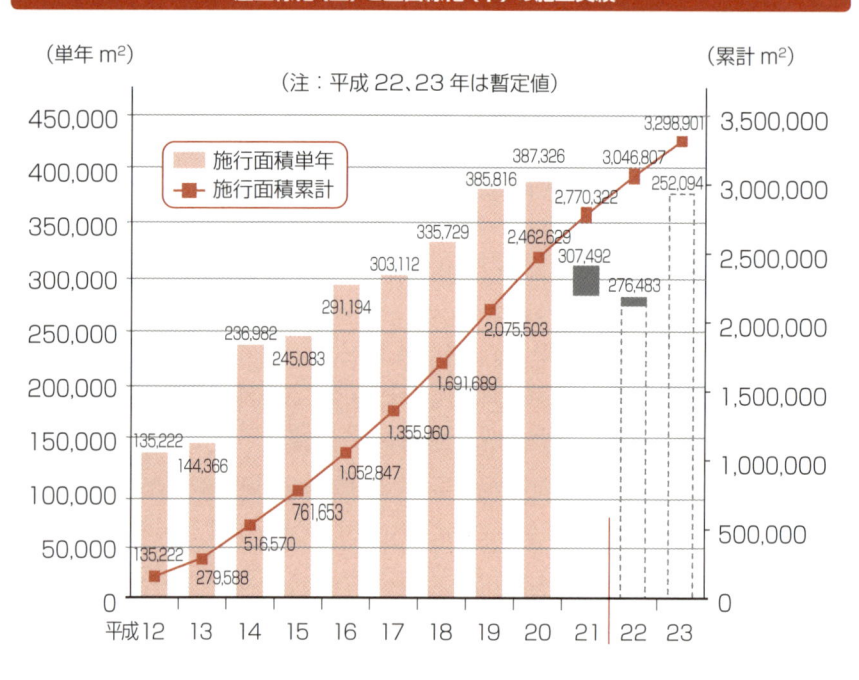

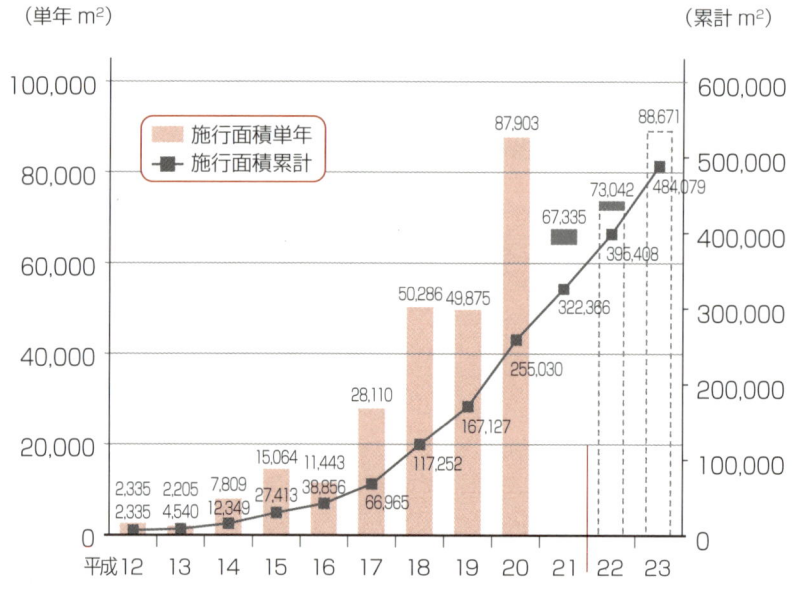

（注：平成22、23年は暫定値）

屋上緑化施工実績

年	施行面積単年(m²)	施行面積累計(m²)
平成12	135,222	135,222
13	144,366	279,588
14	236,982	516,570
15	245,083	761,653
16	291,194	1,052,847
17	303,112	1,355,960
18	335,729	1,691,689
19	385,816	2,075,503
20	387,326	2,462,629
21	307,492	2,770,322
22	276,483	3,046,807
23	252,094	3,298,901

壁面緑化施工実績

年	施行面積単年(m²)	施行面積累計(m²)
平成12	2,335	2,335
13	2,205	4,540
14	7,809	12,349
15	15,064	27,413
16	11,443	38,856
17	28,110	66,965
18	50,286	117,252
19	49,875	167,127
20	87,903	255,030
21	67,335	322,366
22	73,042	395,408
23	88,671	484,079

*屋上緑化と壁面緑化の施工実績　出典：国土交通省、屋上緑化、壁面緑化の施工概要、2012（平成24）年10月刊より。

▶▶ 壁面緑化の方法

　壁面緑化には、植物と壁面との関係からいくつかの種類があります。壁面直下に地植えした植物を壁面に沿って登坂させる方法や、逆に壁面上部や屋上にプランターを設置して下垂型の植物を植栽して壁面を上部から覆う方法があります。また、壁面フレームを設置して、そこに植物の植栽基盤が一体化したユニットを設置する方法もあります。

壁面緑化の方法

呼称	概要	土壌	補助財の利用	維持管理年間頻度（目安）	緑被速度	下地材費用	緑化費用
直接登はん型	壁の前に付着型の植物を植栽し、植物の登はん力によって壁面を緑化する方法。	自然土壌	なし	剪定1 消毒2 施肥1	遅	低	低
巻き付き登はん型	壁に（ネットなど）格子状の補助資材を設置し、これに巻き付き型のツル植物を絡ませる方法。	自然土壌	有り	剪定1 消毒2 施肥1	中	中	中
下垂型	屋上部や壁面上部にプランターを設置し、下垂型植物を植栽して、上部から壁面を覆う方法。	人口軽量土壌	なし	剪定1 消毒2 定期巡回3 灌水調整2	遅	中	低
プランター型	壁面にフレームなどを設置し、そこにプランターを設置し、植物を植栽する方法。	人口軽量土壌	一体型	剪定1、消毒2 施肥2 定期巡回4 灌水調整3	早	高	高
ユニット型	壁面にフレームなどを設置し、そこに植物と植栽基盤が一体化したユニットを設置する方法。	人口軽量土壌	一体型	剪定1、消毒5 施肥2 定期巡回6 灌水調整6	早	高	高

壁面緑化の効果

　下垂型（緑化区①）および、ユニット型（緑化区②、③）を緑化なしの場合と壁面温度の日較差を比べることにより効果が示されています（出所：東京都壁面緑化ガイドライン）。

　これによれば、ヘデラ、カナルエンシスをピートモス培地でユニット緑化した壁面離れ10cmの緑化区②が最も効果が高く、次いで緑化区③、緑化区①の下垂型の順です。

緑化区①：ヘデラ、カナルエンシスを下垂型で緑化。
緑化区②：ヘデラ、カナルエンシスをピートモス培地でユニット緑化（壁面離れ10cm）。
緑化区③：ヘデラ、カナルエンシスを植栽したヤシ繊維マットでユニット緑化（壁面離れ15cm）。
対象区　：無被覆壁面（打ち放しRC）。

壁面緑化の効果

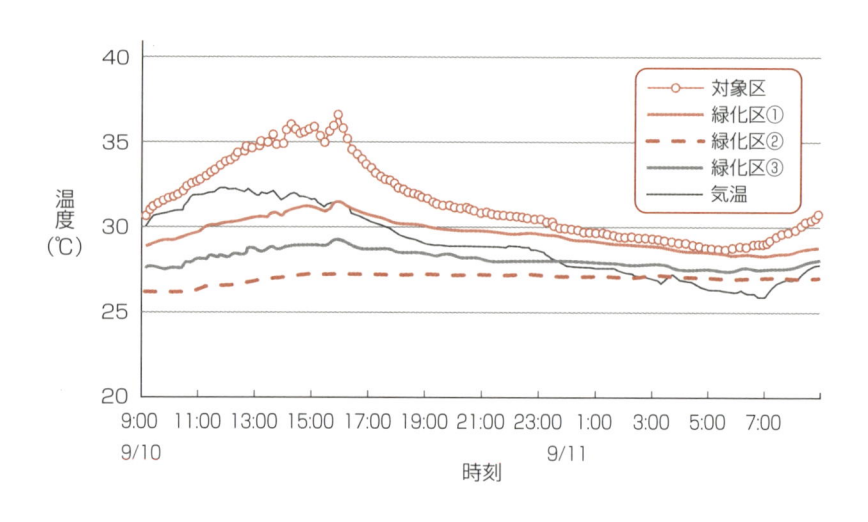

▶▶ 緑化の推進に関する制度

　都市計画の一環として都市緑化を推進するためには、規制と誘導による仕組みが必要となります。

　義務付けによって普及推進を図る制度として、東京都は一定の条件のもとで壁面緑化を義務付ける制度を設けています。敷地が1000m^{2}を超えるマンション、商業施設などの民間施設や250m^{2}以上の公共施設を対象として、新築や増築などの場合には、敷地面積から建築面積を差し引いた面積の2割以上の緑化を義務付けています。

　一方、誘導による制度としては、千葉県船橋市は、**屋上緑化助成金交付制度**として、建築物の屋上に樹木を植えた際にかかった経費や建築物の壁面にツタなどを植えた際にかかった経費の半分を助成する制度があります。これ以外には、緑化にかかる費用を融資や緑化にかかる税の減免、建築物の容積率の緩和、割増をする制度や苗木配布、技術指導、助言などを行う制度などが行われています。

さらに学ぶための参考図書　　　　　　　　　　　study

1) 『知っておきたい屋上緑化のQ&A（財）都市緑化技術開発機編』鹿島出版会、2003年刊
2) 『知っておきたい壁面緑化のQ&A（財）都市緑化技術開発機編』鹿島出版会、2006年刊
3) 『ヒートアイランドと都市緑化』山口隆子、成山堂書店、2009年刊
4) 『都市緑化計画論』丸田頼一、丸善、1994年刊
5) 『新領域土木工学ハンドブック』土木学会編、pp.744～759、朝倉書店、2003年刊

COLUMN 軍都の近代水道施設…広島市水道資料館（広島市）

近代におけるわが国の水道建設は、外国人居留地のあった横浜から始まり、明治中期以後、各都市でも次第に整備計画が建てられて建設が開始されました。広島市における近代水道は、全国で5番目に建設されたものですが、旧陸軍が主導して建設された軍用水道である点が他の都市とは異なります。

明治中頃から市政施策の重要案件の一つとして、市内の水道布設の審議がされました。しかし、莫大な財源を必要とすることから審議はしても、整備事業そのものは容易に進みませんでした。

明治27(1894)年に日清戦争が始まり、当時東京、大阪からの鉄道の終点であった広島の地に大本営が置かれ、広島が軍政の中心地、軍都となると、水道建設も一気に進み始めました。この水道建設の任にあたったのが臨時広島軍用水道布設部長の児玉源太郎中将でした。

広島市の中心を流れる太田川から現在のJR広島駅の北側で取水し、ろ過沈殿浄化して配水するもので、市民向けの配水は、軍用水道に接続する形で明治31(1898)年に完成しました。市が軍から無償の貸下げで市民に給水するというもので、軍が必要なときは、市内への水道供給は休止できるという条件が付いていたそうです。

大正13(1924)年の拡張工事で建設された送水ポンプ建物は、レンガ造で内部には4台のポンプが据え付けられて昭和47(1972)年まで場内の配水地へ浄水を圧送していました。レンガの外観はほぼ建築当時のままで、切妻、棟周りには白色の花崗岩のラインでアクセントが付けられています。現在では広島水道の歴史を伝える展示の資料館として利用されています。

広島水道の歴史を伝えている。

▲広島市水道資料館

第13章

防災への
取り組みと技術

わが国は、地震や津波、台風、洪水、高潮といった自然の脅威に常にさらされています。東日本大震災以後、自然災害に対する防災意識が高まり、いろいろな防災研究も活発化しています。特に自然災害に対する防災では、災害が発生した場合の被害の拡大や、復旧を速やかに図るための対策の重要性が指摘されています。本章では、自然災害の状況、防災技術、ハザードマップ、そして防災の観点から防波堤、堤防について見ていきます。

1・2級土木施工管理技術検定試験（対応）

出題分野（試験区分）

分野：専門土木

細分：河川・砂防、海岸・港湾

13-1 防災とは

災害を未然に防ぐ

防災とは、災害を未然に防ぐ取り組みです。災害にはかなり広い範囲が含まれ、天変地異、地殻変動、大気循環、熱塩循環などによる自然災害だけではなく、人の活動による失火、過失による爆発、落下、漏洩や産業事故など、人為災害もあります。

▶▶ 危機管理

防災と同じように使われる用語として**危機管理**があります。防災と危機管理はいずれも何らかの具体的な行為をとることによって、リスクを減らすことを目的とするものですが、危機管理はより広い事物や事後の対応も含んだやや広い実務的な概念といえます。

災害対策基本法による表現を用いれば、防災とは「災害を未然に防止し、災害が発生した場合における被害の拡大を防ぎ、及び災害の復旧を図ること」と定義されます(「災害対策基本法」第2条第2号)。

ここでは、主に自然災害を対象として防災について見ていきます。

ミニ知識 土壌汚染とその対策

土壌汚染は、汚染された土から有害物質が揮散して大気を通じて呼吸器系に達するか、河川、海に染み出た有害物質が蓄積された魚介類を経て食物として人体に影響を与えます。

明治期の足尾銅山の鉱毒も土壌汚染による被害であり、公害病であるイタイイタイ病も、神通川上流部の鉱業所から長年にわたり排出されてきたカドミウムを含む排水による土壌汚染による被害でした。

土壌汚染の法律である**土壌汚染対策法**は、工場などが生産工程で人体に有害である物質を使用していた施設を廃止する場合、調査およびその結果に基づく対策をすることを定めています。

東京の築地市場の移転先である豊洲新市場では、かつてガス工場として操業していた跡地でしたので、地盤掘削、地下水の浄化、遮水壁の設置など、いくつかの処理技術・工法を組み合わせた対策が講じられています。

13-2 自然災害の発生

自然の脅威にさらされる日本

自然災害の世界各地域における発生の傾向は、死者数の割合からすれば、干ばつ、暴風、地震、津波、高潮など、多くの災害分野でアジアが突出しています。

▶▶ わが国の自然災害

特に津波、高潮による死者は、ほとんどがアジアにおけるものです。アジア地域は北米やヨーロッパに比べて、はるかに高い確率で自然の脅威にさらされています。この傾向は、被害額からも示されており、自然災害の被害額は、世界全体の被害額の45％がアジアですが、そのうち1/3の15％が日本の被害額です。いかにわが国の自然災害被害額が大きいかが理解できます。

▶▶ 地震

日本列島は、北米プレート、フィリピン海プレート、太平洋プレート、ユーラシアプレートと4つのプレートの境界が集中し、列島の内陸部には多数の活断層が分布しています。

わが国で発生する地震の多くは、プレートと活断層によるものです。プレート境界付近で発生する地震、一方が他方に沈み込むプレート内部で発生する地震、地殻内の活断層附近で発生する地震の3種類に分類できます。その頻度も極めて高く、平成7（1995）年から平成16（2004）年の10年間に観測されたマグニチュード6.0以上の地震回数は全世界の22.2％を占めています。

今後の地震発生確率の高い地域としては、太平洋沿岸域の千葉、横浜、静岡から和歌山などが指摘されています。特にプレート境界地震である東海地震、東南海・南海地震、プレート境界、プレート内地震の日本海溝・千島海溝周辺海溝型地震、首都直下地震などに対する備えが、地震に対する防災の重要な課題です。

▶▶ 風水害

　日本列島は、大陸の南東縁部のモンスーン地帯で台風の通過地域に位置します。太平洋上で発生した台風は、太平洋高気圧に沿って北上し、日本付近に近接するコースをとります。

　台風の年間発生数は、年により変動がありますが、約20回から30回程度です。このうち日本列島への上陸する回数は、10％程度の3個前後となっています。しかし、平成16（2004）年のように、観測史上最多の10個という記録もあります。このような台風の来襲が、毎年の風水害被害をもたらしています。

　台風被害は、台風の上陸回数の多さと共に、日本列島の地形的要因によっても、大きな影響を受けています。日本列島は、南北に細長く、中央部には脊梁（せきりょう）山脈が走っています。平地は、全国土の30％と少なく傾斜が急で険しい地形を流れる河川は、急こう配で山から平地を駆け抜けて海に達します。このため降った雨は山から海へと一気に流下します。平野部では、洪水だけではなく、高潮による被害の危険性もあります。

　わが国の年間平均降水量は、1600㎜程度ですが、近年、短時間の集中的な降雨の発生頻度が増えています。台風の上陸回数が観測史上最多となった平成16（2004）年には、1時間降水量50mm以上の降水の発生回数も470回とアメダスでの観測開始以来最多を記録しています。年降水量は、年ごとの変化の幅が増加する傾向にあり、降雨による水害や土砂災害の危険性と共に、水不足のリスクも増えています。

13-3 災害に強い都市を実現するには

防災技術 ★★☆

わが国は、地震、津波、台風、洪水、高潮、高波、火山の噴火、雪崩などの自然の脅威に備えるために、古くから長年にわたる災害に関わる防災の技術の開発や研究が行われてきました。関東大震災のあとには耐震構造、不燃構造として鉄筋コンクリート構造の採用が進みました。

▶▶ 防災対策の調査研究

高架橋、橋、鉄道施設などに甚大な被害を与えた平成7（1995）年1月の阪神淡路大震災のあとには、構造物の耐震性能の考え方について見直しが行われ、発生確率は低いながらも活断層を想定した大きな強度を持つ地震動についても、耐震設計で考慮するように改められました。

阪神淡路大震災の後の耐震性能の考え方

2つの設計レベル

レベル1
- 100年に1度程度
  - 人命、財産、経済活動を守る

→ 損壊しない

レベル2
- 1000年に1度程度
  - 経済的損失を軽減する
  - 2次災害を起こさない
  - 早期復旧を可能とする

→ 壊滅的な損壊はしない

13-3　防災技術

　既設構造物の耐震補強工事も落橋防止装置や橋脚の補強などが全国で継続的に実施されました。この耐震補強工事は、平成23（2011）年3月11日の東日本大震災において、阪神淡路大震災と同種の地震動による被害がほとんどなかったことに表れました。しかし東日本大震災は、津波への対策という新たな大きな防災上の課題を残しました。

　防災とは、自然災害などから、人命、財産の安全の確保を図るための様々な取り組みですが、そのための基本的な事柄として、過去における災害発生のメカニズムの解明があります。防災対策の調査研究はこの解明されたメカニズムに基づいて行われます。したがって、防災研究においてこの災害発生メカニズムの解明は重要な部分を占めます。

防災は災害発生のメカニズム解明が基本

自然災害、人為的災害、日常災害
暴風、豪雨、豪雪、洪水、高潮、地震、津波、噴火、大規模な火事、爆発、インフラ、ライフラインの劣化

→ **人命、財産、安全の確保**

防災
災害発生のメカニズムの解明 → 対策の調査研究

13-3 防災技術

　災害に強い安全な構造物や安全な都市を実現するためには、地震、洪水、台風などの各種の災害のいろいろな局面において、被害を最小に食い止める（減災）方策や被害が出ても速やかな復旧を可能とする方策をあらかじめインフラ整備として織り込んでおくことが必要となります。

　この場合、構造物の耐震化、防波堤の高さ、強度などのモノを整備する面と同時に、防災マニュアルの整備、ハザードマップ、防災通信網の整備、さらには防災意識の向上など、ソフト面との組み合わせとなります。例えば、津波防波堤の高さは、過去最高の津波高さと同じに設定するのではなく、日常生活に対する影響などを考慮して、それよりも低く設定します。

　防波堤の高さを超える津波発生対するリスクには、迅速で的確な避難というソフト対策によって人命を救うことを目指します。防波堤というハードと避難というソフトが一体となった防災の考え方です。防災対策の調査研究もハード技術、ソフト技術の両面で進められています。

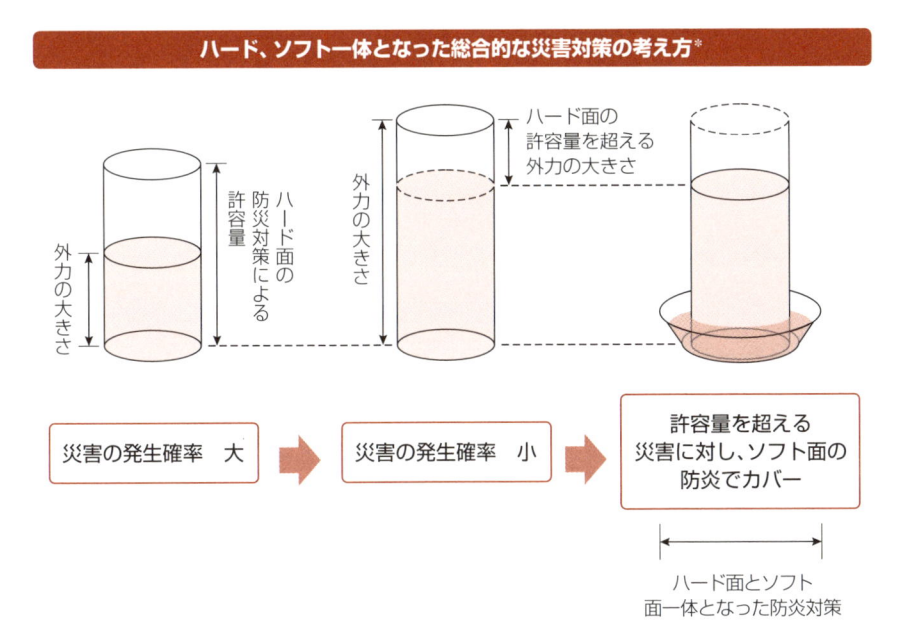

ハード、ソフト一体となった総合的な災害対策の考え方*

災害の発生確率　大 → 災害の発生確率　小 → 許容量を超える災害に対し、ソフト面の防災でカバー

ハード面とソフト面一体となった防災対策

＊…総合的な災害対策の考え方　出典：国土交通省国土計画局ホームページより。

13-3 防災技術

防災に関する調査研究

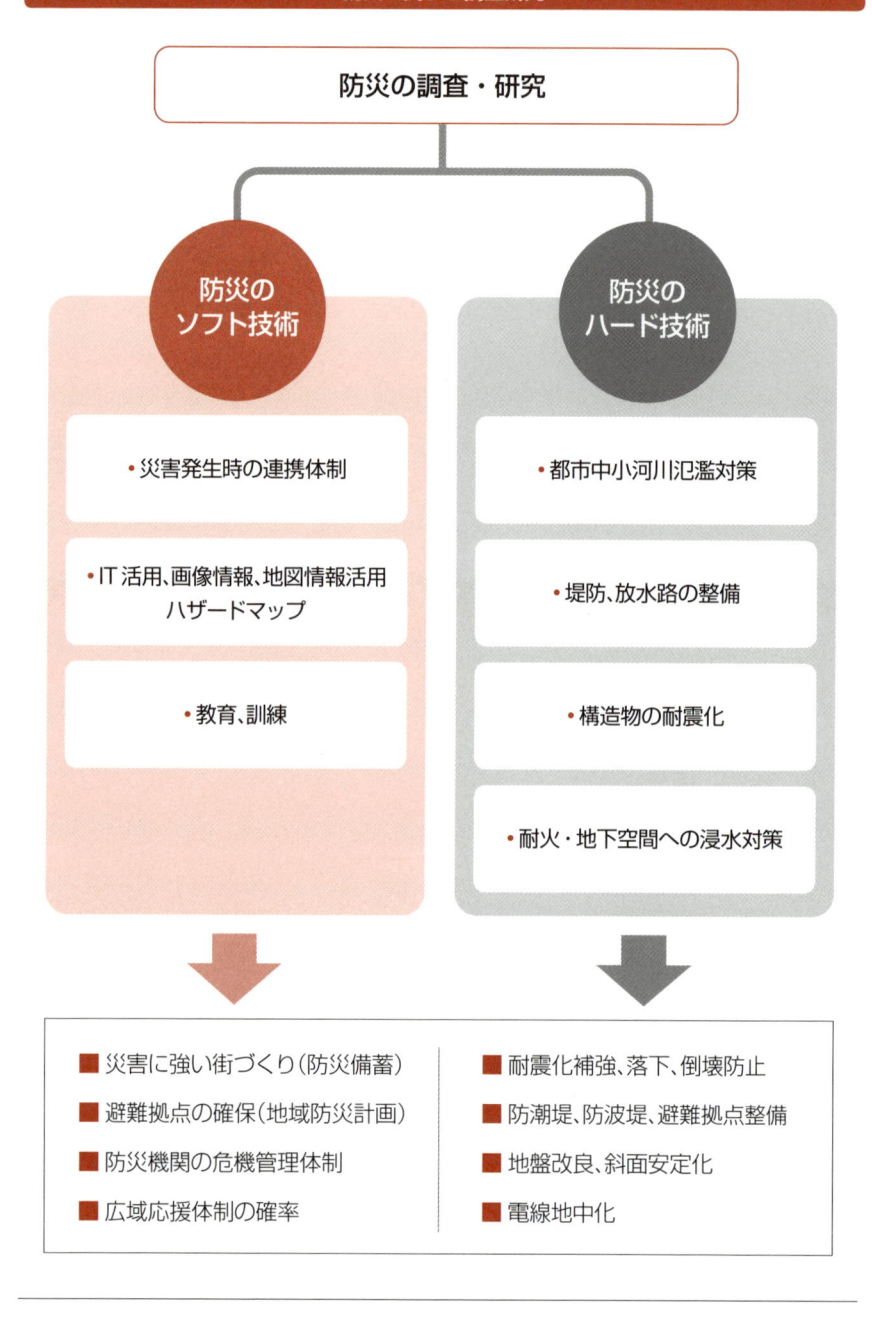

防災の調査・研究

- **防災のソフト技術**
  - 災害発生時の連携体制
  - IT活用、画像情報、地図情報活用ハザードマップ
  - 教育、訓練

- **防災のハード技術**
  - 都市中小河川氾濫対策
  - 堤防、放水路の整備
  - 構造物の耐震化
  - 耐火・地下空間への浸水対策

↓（ソフト技術）
- ■ 災害に強い街づくり（防災備蓄）
- ■ 避難拠点の確保（地域防災計画）
- ■ 防災機関の危機管理体制
- ■ 広域応援体制の確率

↓（ハード技術）
- ■ 耐震化補強、落下、倒壊防止
- ■ 防潮堤、防波堤、避難拠点整備
- ■ 地盤改良、斜面安定化
- ■ 電線地中化

13-4 防災意識を高める ハザードマップ

試験区分関連度 ★☆☆

ハザードマップとは、一定の条件のもとで自然災害によって発生する被害の予測を行い、予測結果に基づいて、被害が及ぶ範囲と被害の程度を地図上に示した被害想定地図です。

▶▶ ハザードマップ

設定条件のもとにシミュレーションを行い、予測される災害がどの場所で発生し、被害が拡大する範囲や被害の程度などと共に、各地域における避難経路や避難場所などを知ることができます。

災害発生時に住民などが、迅速・的確に避難を行うことを支援することが第一の目的です。ハザードマップは、想定した条件の下で被害がどのように発生するかをビジュアルに示すことで防災意識を向上させる働きもあります。

国土交通省提供の洪水ハザードマップ作成用イラスト*

●避難する際に気を付けるべき事項

●被害を抑えるための自衛策

＊国土交通省提供の洪水ハザードマップ作成用イラスト　出典：国土交通省ホームページより。

13-4 ハザードマップ

　平成12（2001）年3月に発生した北海道の有珠山噴火では、周辺市町が作成したハザードマップによって住民や観光客に対して危険地域を避けた適切な避難誘導が実施され、被害が抑えられました。

　わが国では、1990年代より防災面でのソフト対策として作成が進められており、洪水分野では、平成6（1994）年3月に学識経験者で構成する洪水ハザードマップ作成検討委員会が設置され、市区町村が自ら作成して公表することで、水害時に自主的に避難することを促すためのマップ作成の検討が行われました。

　平成9（1997）年には、各市区町村が自らハザードマップを作成する手引きとして、「洪水ハザードマップ作成要領」が発行されました。また、国土交通省では、洪水ハザードマップのためのイラスト集を作成して、各市区町村がハザードマップを作成するために提供しています。

　平成23（2011）年3月11日に発生した東日本大震災では、防波堤という構造物だけに依存して被害を防ぐのではなく、人命を最優先に確保するための避難対策としてハザードマップが改めて見直されています。洪水ハザードマップの特徴は、市区町村自らが作成し、公表することにあります。

　新たなハザードマップの作成や従来のハザードマップの大幅見直しを地域住民の参画によって行うことで、地域特性を反映することに加え、住民への周知、利活用の促進、地域の防災意識の向上に対する効果も期待されています。

ミニ知識　耐震設計基準

　わが国の耐震設計基準は、平成7（1995）年の阪神淡路大震災のあとに大きく改訂されました。最も特徴的なものが、発生確率に応じた2段階の状態を想定した設計地震動を取り入れた点です。発生確率が高い中規模程度の地震動と、阪神淡路大震災のように確率は低いがプレート境界型の大規模な地震動を想定したもので、それぞれ「レベル1」「レベル2」と呼びます。

　橋の耐震設計では、目指すべき耐震性能については3段階に区分し、耐震性能Ⅰを「橋としての健全度を損なわない性能」、耐震性能Ⅱを「損傷が限定的に留まり早期の回復が図れる性能」、そして耐震性能Ⅲでは、「地震による損傷が橋として致命的にならない性能」としています。橋の耐震設計では、橋の重要度などを考慮して、2つのレベルの地震動に対して、どの耐震性能を目指すかが決められています。

▶▶ ハザードマップの種類

ハザードマップは、災害の種類ごとに作成されています。

東京都江東区作成の洪水ハザードマップに示された説明[*]

江東区洪水ハザードマップ
～荒川がはん濫した場合に備えて～

このマップについて
　このマップは、水防法に基づき、国土交通省関東地方整備局が作成した浸水想定区域図をもとに、荒川が200年に1回の大雨によってはん濫した場合に予想される「浸水区域」、「浸水の深さ」や「避難する方向」、「避難地区」等を示したもので、万が一の場合に備えて区民のみなさんの避難に役立つように作成したものです。

避難の考え方について
- "危険" が迫ったら、南側の地盤の高く浸水をしない場所（避難地区）へ早めに避難をしてください。
- 浸水が始まって逃げ遅れた場合等は、近くの公共建物の3階以上へ一時避難をしてください。
- 浸水している期間が長くなることが想定されています。浸水区域内に残った場合は、孤立する可能性があります。
- 浸水区域内の方は、高層階へお住まいの方も避難地区へ避難をして下さい。

　洪水ハザードマップは、河川氾濫による水害を想定したものです。浸水が想定される区域とその地域の自治体が指定する避難場所などが示されています。

　土砂災害ハザードマップには、急傾斜地などのがけ崩れの危険地域や、斜面崩壊、渓流の土石流などの指定された急傾斜地崩壊危険区域、土砂災害警戒区域、避難所が示されています。

　地震災害ハザードマップには、液状化現象が発生する範囲、大規模な火災が発生する範囲などが示されています。

　火山ハザードマップには、噴火が起こる火口の場所や範囲、溶岩流、火砕流、火砕サージの到達範囲、火山灰の降下範囲、泥流の到達範囲などが示され、特定の火山に対しては噴火警戒レベルが示されています。

　津波ハザードマップ、**高潮ハザードマップ**には、浸水地域、高波時通行止め箇所などが示されています。

　この他、各災害の共通的な事項を示した防災マップがあり、避難経路、避難場所、防災機関などの情報が地図上に示されています。

---

[*]…ハザードマップに示された説明　出典：国土交通省ハザードマップポータルサイトより。

13-4　ハザードマップ

▶▶ ハザードマップポータルサイト

　国土交通省の**ハザードマップポータルサイト**（http：//disapotal.gsi.go.jp/）によって、全国各地域のハザードマップの閲覧ができます。公開されているハザードマップは、洪水、内水、高潮、津波、土砂災害、火山の6つです。

　日本全国地図から各県、市区町村へと検索して、特定の地域のハザードマップを検索することにより利用できるようになっています。6つのハザードマップのうち、最も多くの市町村が作成しているものが、洪水ハザードマップです。

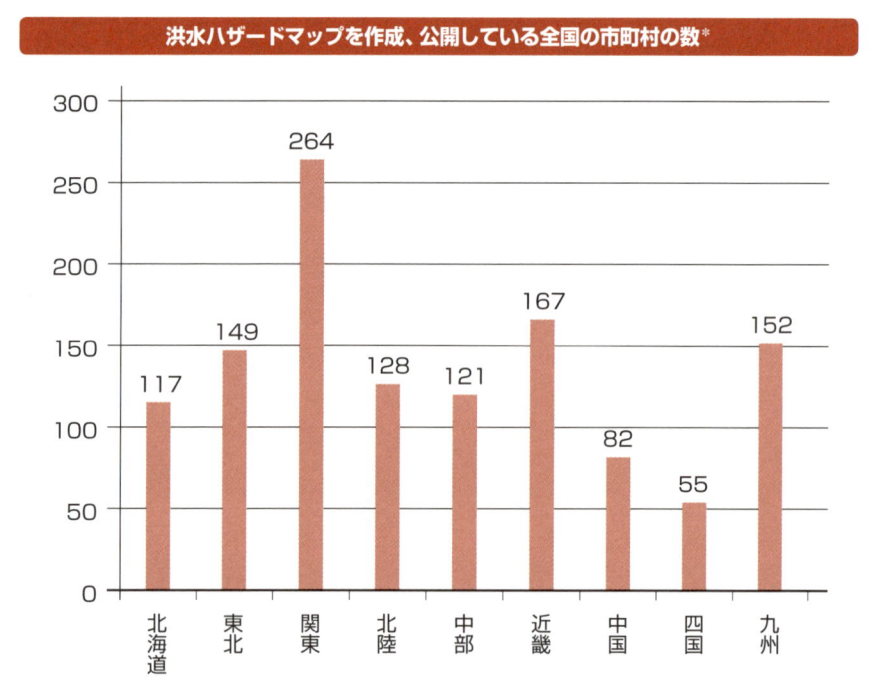

洪水ハザードマップを作成、公開している全国の市町村の数*

北海道	117
東北	149
関東	264
北陸	128
中部	121
近畿	167
中国	82
四国	55
九州	152

＊…公開している全国の市町村の数　出典：国土交通省ハザードマップポータルサイトより。平成26年1月時点。

13-5 防波堤、堤防

格段に耐久性が高いスーパー堤防

東日本大震災では、多数の防波堤が破壊され、あるいは越波して甚大な津波被害をもたらしました。全半壊した防波堤は、岩手、宮城、福島の3県で総延長約300kmの3分の1に当たる約190kmに上りました。海岸防波堤のほかにも内陸における河川の堤防の陥没、破損があり、首都圏で最重要の河川堤防である埼玉県の江戸川右岸も被害を受けました。東日本大震災における海岸と河川の堤防被害は、箇所数で1226箇所に上りました。ここでは、防災の観点から、防波堤、堤防の概要について見てみます。

▶▶ 防波堤の機能

防波堤は、外洋から打ち寄せる波を防ぐために海中に設置された構造物です。その目的は、波浪から港湾の内部を安静に保つことや津波や高潮の被害から陸域を守ること、あるいは海岸の侵食を防ぐことです。

河川堤防と同様に細長い形状を持ち、港湾を守るように陸域から海中に向かって、または海中に築造されます。海の波力は非常に大きく、古くから防波堤が波浪によって破壊される例は数多くあり、防波堤の歴史は波浪との戦いの歴史でもあります。

近代的な防波堤技術が開発されてから、防波堤が波浪に破壊されることは少なくなりました。しかし、安定性の高いケーソン式防波堤であっても波力によってケーソンが移動ないし崩壊する事例が発生しており、平成23(2011)年に発生した東日本大震災では、釜石市の沖合に平成20(2008)年に建設された釜石港湾口防波堤が津波で破壊されました。

13-5 防波堤、堤防

▶▶ 防波堤の種類

　傾斜堤とは、数メートル大の捨石やコンクリートブロックを海中へ投下し、台形上に成型したものです。伝統的な防波堤の形態ですが、今日でも近場に石材が産出する地域や波浪があまり強くなく水深の浅い港湾などで採用されています。捨石によるものを**捨石式傾斜堤**、コンクリートブロックによるものを**捨ブロック式傾斜堤**と呼びます。

　直立堤とは、波を受ける外洋側が鉛直壁面となっている堤体を海底に設置した防波堤です。直立堤を海中で支持するには、強固な海底地盤が必要であり、海底地盤の置き換え、改良などが必要となります。

防波堤の施工手順*

防波堤ができるまで

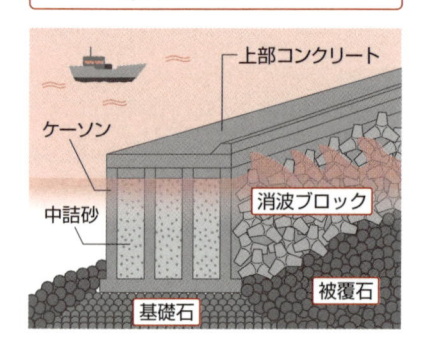

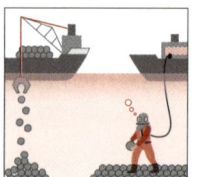

（図：上部コンクリート、ケーソン、中詰砂、基礎石、消波ブロック、被覆石）

❶基礎石投入・ならし
海の底にケーソンを置くことができるように、基礎石という石を海底に投入します。その後、潜水士が海に潜って形を整えます。

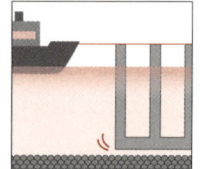

❷ケーソン据え付け
ケーソンを船で引っぱり、決められた位置に据え付けます。

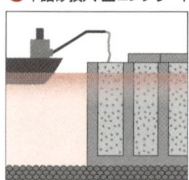

❸中詰砂投入・蓋コンクリート
ケーソンを重くするために、ケーソンの中に砂を入れてコンクリートで蓋をします。

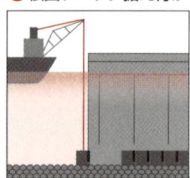

❹根固ブロック据え付け
ケーソンのまわりを小さいブロックで補強します。

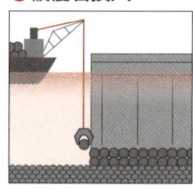

❺被覆石投入
さらに被覆石を置いて頑丈にします。

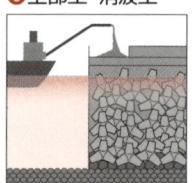

❻上部工・消波工
ケーソンの上に厚いコンクリートをのせて、高さのある防波堤に仕上げ、消波ブロックを置いて完成。

＊**防波堤の施工手順**　出典：国土交通省ホームページより。

13-5　防波堤、堤防

　　コンクリートブロックで堤体を構成するものを**コンクリートブロック式直立堤**、巨大なコンクリート製の函体（ケーソン）によるものを**ケーソン式直立堤**と呼びます。

　　混成堤とは、海底に台形上に成型された基礎捨石上に直立堤を設置したものです。傾斜堤と直立堤を複合させた機能を持ち、安定性が高い特徴があります。

　　消波ブロック被覆堤は、堤体前面に消波ブロックを配置して、波のエネルギーを吸収するように意図された防波堤です。傾斜堤、直立堤、混成堤の各形式の前面を消波ブロックで覆ったものを**消波ブロック被覆堤**と呼びます。

　　消波ケーソン堤とは、スリット状にケーソン堤体に孔を開けておき、波がスリットを出入りすることで、波力エネルギーを吸収して堤体への波力を軽減することを意図した防波堤です。

　　このほか、ケーソンの形状から、ケーソンの上部が傾斜し、波力を抑制できる堤体の**上部斜面ケーソン堤**、堤体に反射して起こる反射波を抑制できる**半円形ケーソン堤**、円形ケーソン内部に二重の空間を有することで高い消波機能を持つ**二重スリット型ケーソン堤**などがあります。

▶▶ スーパー堤防

　　河川の両岸には堤防が設置され、河川が増水したときに、堤内への水の侵入を防いでいます。通常の堤防は、台形状断面ですが、これに対して、**スーパー堤防**とは、堤防の背後の幅を広げた構造により、200年に1度の洪水や、地震に対して耐久性を格段に増加させた堤防です。

　　しかし、首都圏のどの河川でも堤防のすぐ背後まで住宅などがあり、スーパー堤防の整備を進めるためには、堤防背後の住宅の換地、立ち退きが必要となり、地域のまちづくり、再開発などと一体化した整備が必要となり、膨大な時間と資金を必要とします。

　　首都圏や近畿圏の6河川で合計872キロの整備が目標として挙げられていますが、昭和62（1987）年に開始されたスーパー堤防整備は、社会資本整備特別会計事業として平成22（2010）年4月まで7000億円が投入され、完成、および整備中は約50kmで全体の6％程度です。

13-5 防波堤、堤防

通常の堤防からスーパー堤防への整備*

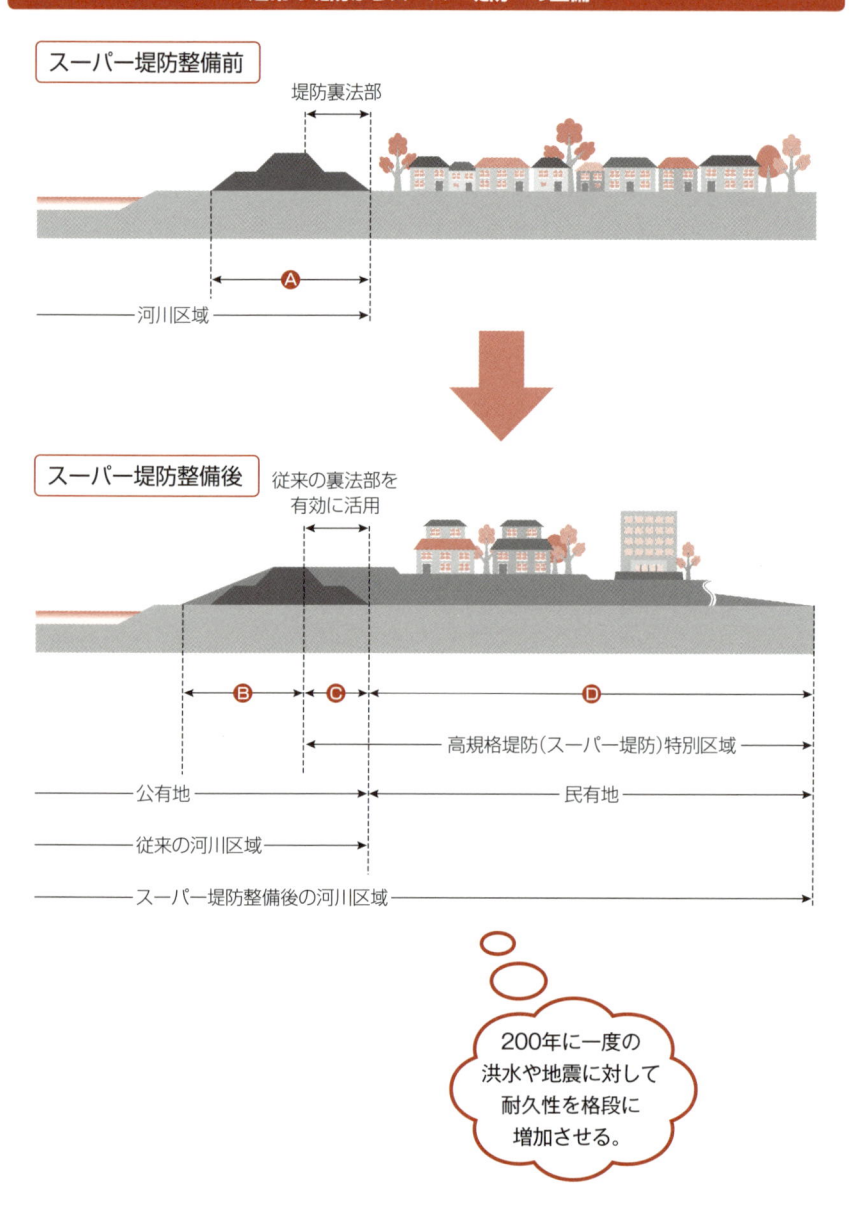

スーパー堤防整備前

堤防裏法部

Ⓐ
河川区域

スーパー堤防整備後

従来の裏法部を有効に活用

Ⓑ　Ⓒ　　Ⓓ

高規格堤防(スーパー堤防)特別区域

公有地　　　　民有地

従来の河川区域

スーパー堤防整備後の河川区域

> 200年に一度の洪水や地震に対して耐久性を格段に増加させる。

＊**通常の堤防からスーパー堤防への整備**　出典：国土交通省ホームページより。

13-5 防波堤、堤防

隅田川右岸の整備済みのスーパー堤防*

> 永代橋の
> すぐ下流側の一帯は
> スーパー堤防の整備が
> 終了している。

　スーパー堤防は、耐久性のある堤防構造を実現できる一方、整備上の時間的、資金的な大きな制約が伴います。このため、近年、スーパー堤防の整備事業を巡り、多くの議論がされ、一時事業中止にもなりました。しかし、インフラ施設の整備については、短期的な視点での判断ではなく、場合によっては、数世紀オーダーでの長期的な視点での判断が求められます。この場合、以下のような長期的な利点を考慮に入れることが必要です。

　都市の堤防は、川をまちから切り離す壁となり人々の生活から水辺環境を隔離してきました。これに対して、スーパー堤防は、眺望やアクセスの面からも川と人の生活圏を近付ける効果があります。

　従来、堤防の場所は、水をブロックする障壁としてのみ利用されてきましたが、スーパー堤防とすることで公園や緑地・道路などの日常の生活圏に組み入れることができ、地震や火災時などの緊急避難所の確保に利用も可能となります。

第13章　防災への取り組みと技術

＊…のスーパー堤防　東京都中央区新川1・2丁目。

13-5 防波堤、堤防

　スーパー堤防の整備は、治水事業であり同時にまちづくりでもある都市整備と一体となって進められる事業となります。これゆえに難しさもありますが、治水事業とまちづくりを同時に進めることで機能性と安全性を兼ね備えた計画的なまちづくりができます。

　一方、都市圏では、これまでも大規模な施設の建設や地下空間の活用に伴う建設発生土の処理が大きな課題となってきました。スーパー堤防は、このような建設発生土などを同じ都市内で処理することを可能とするメリットもあります。

　東京首都圏は、江戸開府以来500年のまちづくりの歴史がありますが、いつしか河川は人の生活から隔離すべきものとして扱われてきました。都市部におけるスーパー堤防の整備は、再び安全を確保しながら人の生活と水を近付ける都市のあり方を変えるきっかけとなる可能性があります。

さらに学ぶための参考図書　　study

1) 『防災白書平成25年度版』内閣府編、日経印刷、2013年刊
2) 『地域防災とまちづくり、みんなをその気にさせる図上災害訓練』瀧本浩一、イマジン出版、2011年刊
3) 『地震災害マネジメント—巨大地震に備えるための手法と技法』建設教育研究推進機構、土木学会編、2010年刊
4) 『津波防災地域づくりに係る技術検討報告書』津波防災地域づくりに係る検討会編、国土交通省、2012年刊
5) 『新領域土木工学ハンドブック』土木学会編、pp.317～335、朝倉書店、2003年刊
6) 『図解入門 よくわかる 最新防災土木の基礎知識』五十畑弘、秀和システム、2023年刊

第14章

土木事業の情報収集と分析

　不特定多数の人々の利用を前提とするインフラ施設の計画をする場合、施設の仕様、規模などを設定するために、様々な情報が必要となります。橋やトンネルなどを設計するためには、測量や地盤調査によって構造物を建設する場所の地形、支持地盤情報を得ることが必要です。本章では、土木事業計画における情報取集と分析の方法について、情報の種類、入手方法、データ処理の基本事項、測量の基礎的事項について見ていきます。

1・2級土木施工管理技術検定試験（対応）

出題分野（試験区分）

分野：共通
細分：測量、契約・設計

図解入門
How-nual

14-1 調査の目的 ★☆☆

インフラ施設の計画を策定する

橋や道路、上下水道などのインフラ施設の計画、道路の改良、緑地や公園の計画などの事業を進めるためには、背景となる社会状況や対象となる地域の様々なデータが必要となります。

▶▶ インフラ施設の計画の策定

　ある地域でごみ焼却施設の老朽化のための改修を契機に処理能力の増強を計画する場合、将来人口がどのようになるかの予測なしには計画の立案はできません。このためには、地域に居住する人口の推移、年齢構成の変化、企業、工場、商業施設などのデータが必要となります。

　駅に隣接して自転車駐輪場を計画する場合、どの程度の収容台数の施設とするかを決めるためには、自転車駐輪場を利用する自転車台数を推定する必要があります。この場合、駅の乗降客数、駅利用者の居住範囲、その地域の人口やその年齢構成などのデータが必要となります。

　橋やトンネルなどのインフラ施設の設計をするためには、測量や地盤調査によって、構造物を予定する場所の地形や、支持地盤のデータが必要となります。既設構造物の健全度を把握するためには、構造物の点検により現状を把握するための調査が必要です。さらに、計画するインフラ施設が環境へ与える影響を調べて評価をする場合にも、騒音、振動、大気、水質などの環境質に関するデータが必要となります。

　このように、インフラ施設の計画などを策定し、実施に移すためには、各種調査による様々なデータを収集し、整理・分析することが必要となります。

▲駐輪場

14-1 調査の目的

土木事業計画における情報の必要性

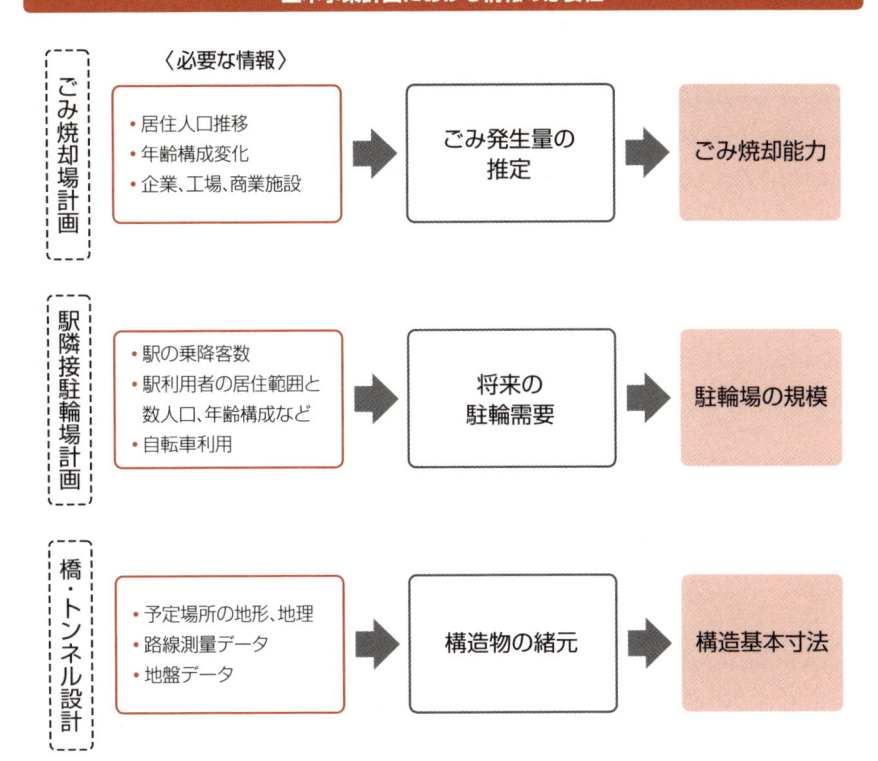

ごみ焼却場計画
〈必要な情報〉
- 居住人口推移
- 年齢構成変化
- 企業、工場、商業施設

→ ごみ発生量の推定 → ごみ焼却能力

駅隣接駐輪場計画
- 駅の乗降客数
- 駅利用者の居住範囲と数人口、年齢構成など
- 自転車利用

→ 将来の駐輪需要 → 駐輪場の規模

橋・トンネル設計
- 予定場所の地形、地理
- 路線測量データ
- 地盤データ

→ 構造物の諸元 → 構造基本寸法

▶▶ インフラ施設に関する情報

　インフラ施設に関する情報の共通的な特徴としては、いずれもそれらの施設が設置される場所という空間データが含まれることです。このために地理情報システム（GIS）や、リモートセンシングなどの位置情報を含むデータの整理、分析方法の修得も必要です。

　インフラ施設に関する情報入手の方法としては、大きく分けて統計資料などの既存統計資料を入手する場合と、特定テーマに沿った個別の調査による新たなデータを入手する場合があります。

14-2 政府統計資料を活用する

各種統計資料

統計資料の多くは総理府統計局や各省庁、自治体などが定期的に実施する調査によって得られたものをデータベース化したものです。

▶▶ 統計資料の種類

統計資料は政府行政機関や自治体、その関連組織が発行するもので公的機関が作成する官庁統計です。この他、新聞会社や民間のコンサルタント、シンクタンク、研究機関、協会などが調査を行い公表する民間統計があります。

▶▶ 既存資料の例

インフラ関連の既存資料は、膨大なデータが政府関連機関によって調査が継続的に行われて公表されています。

●人口に関するデータ

人口に関する情報の例として、都市計画の最も基本的なデータに**国勢調査**があります。インフラ施設や都市計画の対象が「人」である限り、将来のまちづくりの方向やインフラ施設の計画をするには、どの程度の人がそれらを利用するかを知ることです。このもととなるデータが人口の増減の推移、現在の人口に関する情報です。国勢調査は5年ごとに行われ、人口、世帯に関する全数調査で最も信頼性の高いデータです。

都市計画法（昭和43年法律第100号、第5条、第6条及び第13条）では、「都市計画区域の設定、都市計画の立案には、人口規模、産業別の人口を始め様々な事項についての現状の推移を考慮して策定すること」とされ、都市計画法施行令（昭和44年政令第158号）で「この人口は、国勢調査の結果による人口を用いること」とされています。

人口関連の既存の統計データとしては、出生、死亡、婚姻、離婚などの届け出から得られる**人口動態調査**や、住民登録から得られる**住民基本台帳人口移動調査**の資料があります。

14-2 各種統計資料

国勢調査のポスター（2012年実施）

ニッポンの今を知り、未来をつくるための調査です。

10月1日は、国勢調査。
October 1 is the Population Census Day.

「この国に暮らす、すべての人が参加する調査です。」

「今を知らなきゃ、未来はつくれない。」

日本の未来のために国勢調査！まずは、こちらをチェック！
国勢調査教室へ進む

人口、世帯に関する全数調査で最も信頼性の高いデータ。

●産業に関するデータ

　産業活動に関するデータの例としては、**商業統計**や**工業統計**があります。商業統計は商店数、店舗数、従業員数、来客収容人数、来客専用駐車場収容台数などが2年ごとに調査、公表されています。工業統計は事業所数、企業数、従業員数などが毎年、調査、公表されています。

●交通に関するデータ

　『**都市交通年報**』という、三大都市圏の鉄道路線の各駅の旅客人数や鉄道、バス交通の統計データを収録したデータ集が毎年発刊されています。

　道路交通に関するデータとしては、5年ごとに行われる**全国道路・街路交通情勢調査**によって全国の道路交通量のデータが公表されています。

　このほか、各都市、地域ごとに各種の交通に関する調査が行われており**パーソントリップ調査**も利用頻度の高いデータです。都市圏におけるバスや電車、地下鉄、乗用車など人の動きや交通機関の実態を複数の交通機関を対象に実施するものです。

第14章　土木事業の情報収集と分析

14-2 各種統計資料

●道路に関するデータ

　道路に関する統計調査には**道路統計調査**があります。道路整備計画などの立案、策定および道路施設の管理などの基礎資料とするための調査が実施され道路統計年鑑として公表されています。この道路統計調査には、**道路施設現況調査**と**道路事業費等に関する調査**があます。道路施設現況調査は、高速自動車国道から市町村道まで様々な道路の総延長、実延長、幅員、面積や橋梁の箇所数、延長、構造形式、上部工使用材料、トンネルの箇所数、延長など、道路インフラの統計データです。

●環境に関するデータ

　環境に関するデータとしては**環境統計集**が毎年、環境省から公表されています。環境問題の原因となる環境への負荷に関するデータや環境問題に対して講じた施策に関するデータがあります。また、物質循環、大気、水、化学物質、自然環境などのデータも含まれています。

　環境影響評価において必要とされる調査データには、自然環境質のデータと社会経済的データがあります。評価対象のインフラ施設によって異なりますが、共通的な自然環境質としては、水質（底質を含む）、振動、騒音、地形、地質（地下水を含む）、土壌質、動・植物、生態系などのデータがあり得ます。

　社会経済的データの主なものとしては、対象インフラ施設に関わる人口、産業、交通、廃棄物、健康と保険、地域イメージ、公害などの苦情、文化財、景観、行政とコミュニティの関係などがあります。

主要な政府統計資料

分野	統計名
人口・世帯	国勢調査
	人口動態調査
	生命表
	国民生活基礎調査

14-2　各種統計資料

住宅・土地・建設	住宅・土地統計調査
	建築着工統計調査
	建設工事統計調査
	法人土地・建物基本調査
エネルギー・水	経済産業省特定業種石油等消費統計
	ガス事業生産動態統計調査
運輸・観光	港湾調査
	自動車輸送統計調査
	内航船舶輸送統計調査
情報通信・科学技術	科学技術研究調査
鉱工業	薬事工業生産動態統計調査
	工業統計調査
	経済産業省生産動態統計調査
	埋蔵鉱量統計調査
	造船造機統計調査
	鉄道車両等生産動態統計調査
商業・サービス業	商業統計調査
	商業動態統計調査
	特定サービス産業実態調査
	石油製品需給動態統計調査
企業・家計・経済	国民経済計算
	個人企業経済調査
	経済センサス-基礎調査
	経済センサス-活動調査
	家計調査
	全国消費実態調査
	小売物価統計調査
	全国物価統計調査
	産業連関表
	法人企業統計調査
	経済産業省企業活動基本調査

注：政府統計の総合窓口(e-Stat)より作成。

▶▶ 統計資料の入手方法

●政府統計ポータルサイト「e-Stat」

http : //www.e-stat.go.jp/SG1/estat/eStatTopPortal.do

　政府や関連機関では、総理府統計局をはじめ各省庁でそれぞれの分野に関わる統計資料を公表しています。これらの窓口が **e-Stat** と呼ばれる政府統計ポータルサイトです。人口関連データから、道路統計、環境関連のデータなど府省調査を行っている各種のデータをエクセルなどのデータ形式で得ることができます。

政府統計の総合窓口「e-Stat」のフロントページ

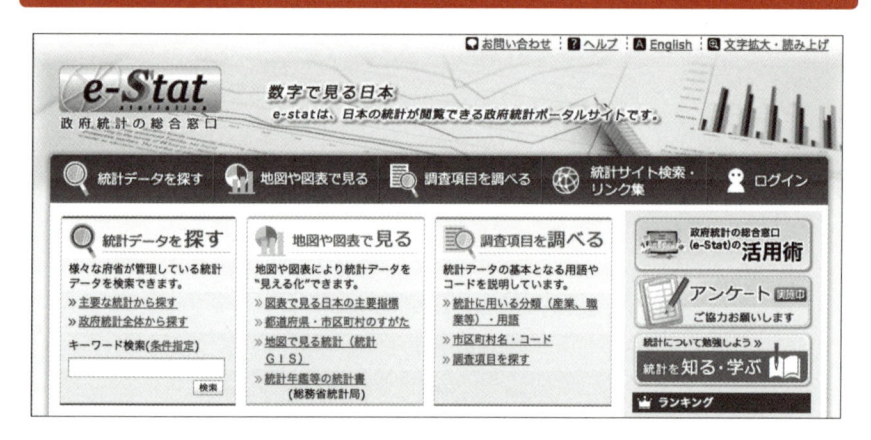

●統計情報インデックス（総務省統計局編、日本統計協会）

　政府関係機関、民間機関が実施、作成している統計調査、業務統計、加工統計などをキーワードで検索できます。刊行物の名称や収録する統計表の表題などや必要な統計データが掲載される刊行物、発行機関、統計表の概要が収録されています。対象は原則として過去5年間に刊行されたものです。

●民力（朝日新聞社編）

　朝日新聞社が昭和39（1964）年から毎年刊行している地域データ集です。平成20（2008）年からは書籍版に加えてウェブ版で刊行されています。データは、都道府県別に人口、世帯総数、就業者総数、事業所総数、工業製品出荷総額、県民個人所得、一般公共事業費、着工住宅数などの各項目のデータが収録されています。地域のデータを知るために有効な資料です。

●国会図書館リサーチ・ナビ

> https : //rnavi.ndl.go.jp/rnavi/research-navi.php

　関連テーマに関する図書館資料、ウェブサイト、各種データベース、関係機関情報を資料群別に紹介するものです。統計資料のみの検索サイトではありませんが、ここから関連テーマの統計資料を検索することができます。

▶▶ 地理情報

　インフラ施設やまちづくりの計画において、地形、自然条件などを示す地形図、地質図、道路地図、鉄道地図、水道施設概要図など空間把握のデータは重要です。

　地理情報には、空中写真や衛星画像、地図などのイメージで利用する画像情報とこれを処理分析などによって数値化した数値情報があります。**空中写真**や**衛星画像**はその画像イメージを直接利用するほか、地図の作成のデータとしても用いられます。

　空中写真は戦後の昭和21（1946）年以降撮影したものも含めて100万枚以上を国土地理院が保有して提供しています。これらのすべての空中写真はデジタル化されており、画像データとしても利用できます。

　衛星画像データで得られた**電磁波データ**は、物質の反射、放射される電磁波の特性を利用して地上の被覆物の大きさ、形、性質の状況を把握するリモートセンシングとして利用されています。

　地図情報は、電子国土基本図（地図情報）原データを利用した国土地理院の**地図閲覧サービス**（watchizu.gsi.go.jp）によって閲覧することができます。

14-3 全数調査と標本調査の使い分け

独自の調査 ★★★

計画段階において政府統計などの既存データが利用できない場合は、特定の対象ごとに独自の調査が必要となります。

▶▶ データの種類

特定のデータの内容や項目は、対象ごとに様々で非常に多岐にわたることになります。例えば、インフラ施設の計画や既存構造物の健全度診断、対象構造物の詳細な測量、特定箇所の交通量、地域気象、騒音、振動、土壌汚染、水質などの環境影響評価のための環境質などがあります。

これらの特定の構造物や地域、場所に関わるデータは、個別の分野ごとに調査・実験などによってデータを得ることになります。また、調査の方法もその専門領域の技術の範囲に属することになります。ここでは、共通的なこととして、統計的な手法によるデータの扱い方についての説明に留めておきます。

▶▶ データ処理の基本事項

インフラ施設の計画で必要となるデータを得るために、ある公共施設の利用者を対象にアンケート調査を行う場合や道路の交通量の調査などを行う場合を考えます。この場合、利用者全員、交通量の全時間帯を調査対象とするか（**全数調査**）、あるいは一部のみを調査の対象とするか（**標本調査**）を決めることになります。

全数調査をするには時間と費用がかかりますが、その事象の全体を確実に知ることができます。これに対して一部のみを調査をする標本調査では、時間と費用が少なく済みますが、標本の設定の方法に工夫が必要となります。

また、アンケート調査ではなく、構造物などの品質を破壊検査で調べるための調査では、全数調査はあり得ず、必然的に部分的にサンプルを抜き出して破壊試験を行う標本調査となります。

一般的には、ほとんどの調査において全数調査を採用することは、費用時間の点から現実的ではなく、母集団の一部を抜き出す標本調査によって、調査対象（**母集団**）を推し量ることを行います。

14-3 独自の調査

　この場合、標本が母集団を代表するように標本の数と対象を適切に設定することが、標本誤差を少なくして調査の信頼性を得るために必要となります。

標本調査のサンプリング

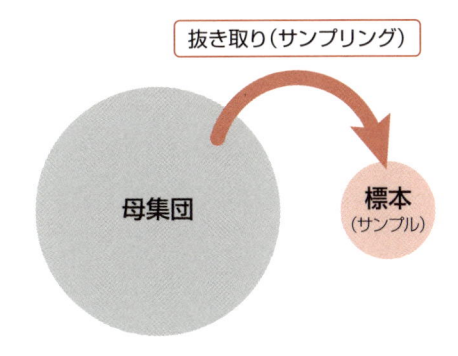

抜き取り（サンプリング）

母集団　→　標本（サンプル）

　母集団を代表するような標本抽出をするために、あらかじめ母集団に標本抽出のための枠を決め、この枠から要素の選択をする方法があります。母集団が互いに重ならないグループで構成される場合は、枠をそのグループに一致させ、標本サイズはグループの標準偏差、あるいは母集団においてグループの占める割合に比例したものにします。各グループは、平均が相互に異なり、分散が全体の分散よりは小さいように選びます。

　これ以外には、全要素を平等に扱い、分割はしない無作為に単純抽出する方法や母集団を層別抽出と同じように別個の部分集団に分割し、次に各部分に対してそれぞれ決まった割合で対象を選抜する割当て抽出などの方法があります。

　このように、抽出した標本に対してデータを収集して、解析を行うことになります。得られた標本データから正規分布近似を利用して母集団と母数を推定します。

　自然界の多くの事象は正規分布に従う数量分布をとることが知られていますが、これを利用するものです。正規分布では、平均 μ からのずれが標準偏差の1倍の範囲の±1σ以下に含まれる確率は68.27％となり、2倍の±2σ以下であると95.45％となり、ほとんどがこの範囲におさまります。さらに3倍の範囲の±3σでは99.73％まで達する分布を示すとするのが**正規分布**です。

14-4 距離だけではない測量の技術

測量の基礎 ★★★

橋、トンネルなどのインフラストラクチャーの計画、設計、施工のためには、それらが地盤上でどのような位置に置かれるかについて、地形などとの関連性のデータが必要となります。これらの情報を得るために行うのが**測量**（**ランド・サーベイ**）です。

▶▶ 測量とは

測量では基本的には各種の測量器械を用いて、距離を測定してそれをもとに面積や体積などを求めます。

様々な場所を特定するためには、平面的、立体的にも、距離と角度が分かれば決まります。地上のような平面の場合は水平距離と水平角ですが、空中などの場合は水平距離、水平角に加えて、高さが必要となります。

▶▶ 距離の測量

●距離測量の方法

距離測量の方法には、次のような方法があります。

①器具を用いた方法

巻尺、ポールなどによる直接距離測量です。

②光波測距儀　光波により測距電磁波測距儀を用いる方法

光波測距儀は、測点に設置した反射鏡（ミラー）に光波を発射し、この光波と反射鏡から戻ってくる光波の位相差から距離を求めます。一般的な光波測距儀の計測可能距離は、約1～2kmです。高性能なものでは5～6kmまで計測が可能です。

今日では、角度を測るセオドライトと組み合わせた距離と角度を同時に観測するトータルステーション（Total Station）が一般的な測量機器として用いられています。

14-4 測量の基礎

トータルステーション

（距離と角度を同時に観測する。）

③ **GPS測量　人工衛星からの電波を用いる方法**

　GPS衛星（Navstar）は、地球を周回する6つの円軌道上の上空約2万kmに各4個、計24個を基本形として配置されています。これらの信号を受信することによって地球上のすべての場所で位置を知ることができます。

　電波信号には衛星の軌道情報の位置と時刻が載っており、地上のある地点で衛星からの電波を受信すると人工衛星からの到達時間から、その地点から衛星までの距離が求められます。

　地上の2地点で衛星情報を受信するとこの2地点間の位相差から距離が求められます。GPS測量は精度が高く、見通せない2地点間でも距離を求めることができます。天候に左右されないこともGPS測量の利点です。

角度の測量

角度を測量するための器械にはトランシット（セオドライト）があります。トランシットで測点を視準して垂直角、水平角を測ることができます。この角度の測量結果から、距離の測量結果と測点を求めることができます。

平板測量

平板測量は、簡単な器具によって、直接現地で測量を行いながら平面図を作成する方法で、簡便ですが精度は高くはありません。図板を三脚上に据え付けてアリダートという器具で目標点を視準しながら距離、高さの測定を行い、図上にトラバースを描きます。

平板測量の器具

現地で測量を行いながら平面図を作成する。

14-4 測量の基礎

▶▶ 水準測量

水準測量は、水準器で標尺を視準することで、直接、測点間の高低差を求める方法です。高さが既知の場所を基準として、道路や鉄道の路線に沿って視準可能な測点間を順次測量することで縦断、横断測量を行います。

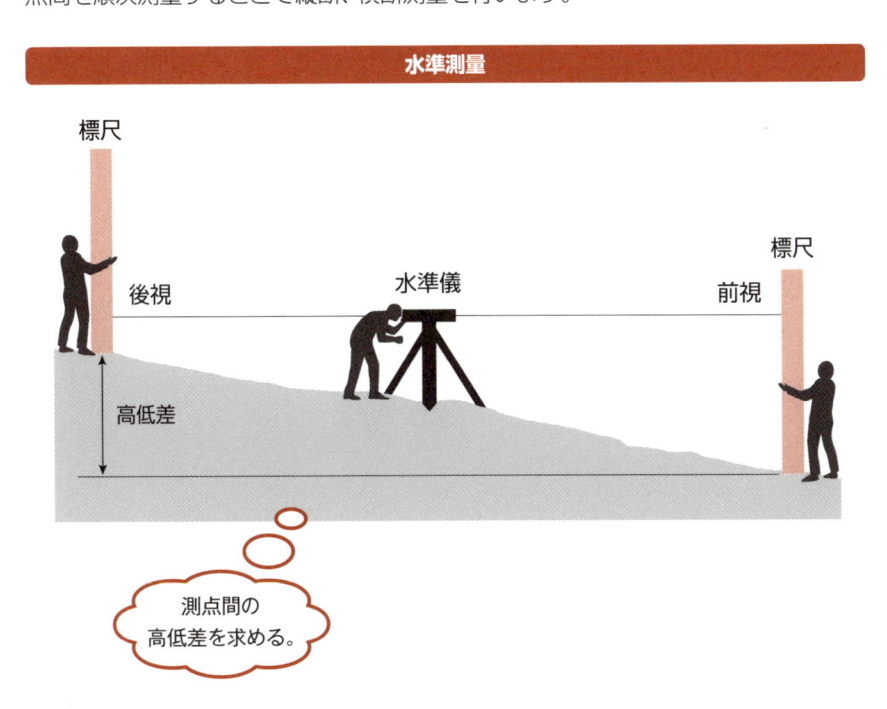

水準測量

標尺　後視　水準儀　前視　標尺　高低差

測点間の高低差を求める。

▶▶ 三角測量

三角測量は、測量対象の区域を三角網（骨組み）で区分し、三角形の内角と1辺の長さ（基線）を測量することで、三角点の位置を求めるための測量法です。**トラバース測量***が、比較的測量区域が狭い場合に適用されるのに対し、三角測量はより広域の測量に適していいます。

＊トラバース測量　2点間の距離と角度を計算することで、各点の座標を求める測量のこと。多角測量ともいう。

14-4 測量の基礎

三角測量＊

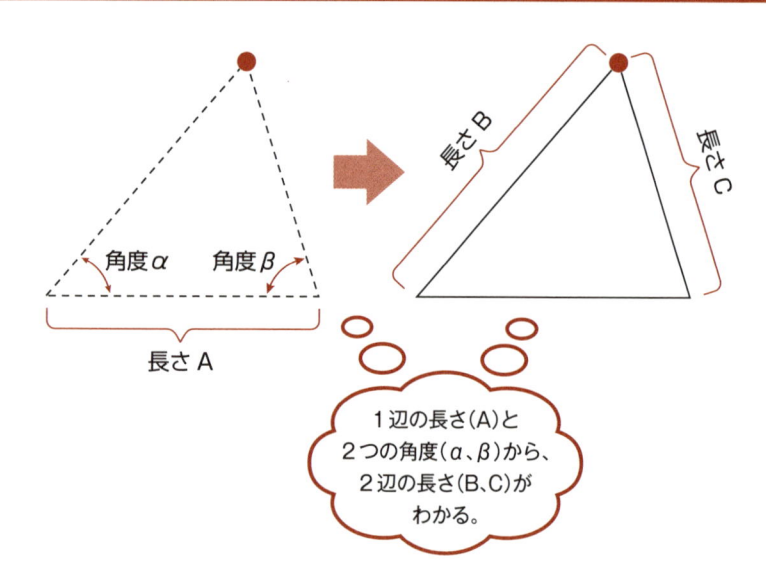

角度α　角度β　長さA　長さB　長さC

1辺の長さ(A)と2つの角度(α、β)から、2辺の長さ(B、C)がわかる。

さらに学ぶための参考図書　study

1)『土木系大学講義シリーズ、土木計画学』北川米良ほか、コロナ社、1993年刊
2)『工学のための確率・統計』北村隆一ほか、朝倉書店、2006年刊
3)『実例でよくわかるアンケート調査と統計解析』菅民朗、ナツメ社、2011年刊
4)『初心者（学生・スタッフ）のためのデータ解析入門』新藤久和、日本規格協会、2011年刊
5)『ゼロから学ぶ土木の基本 測量』内山久雄、オーム社、2012年刊
6)『新訂測量入門』大杉和由ほか、実教出版、2023年刊

第15章

建設産業と建設マネジメント

わが国における建設産業は、国民総生産の約9％規模の投資額があり、就業者数も全産業の就業者数の8％に当たるわが国の基幹産業の一つです。建設産業の製品は、自動車や電気製品と異なり、橋、トンネルなどどれをとっても同じものはない一品生産です。本章では、建設産業の状況、建設生産システムの仕組みや、施工管理技術、建設マネジメントと共に、建設産業における職業と技術資格について見ていきます。

1・2級土木施工管理技術検定試験（対応）

出題分野（試験区分）

分野：施工管理
細分：施工計画、工程管理、安全管理、品質管理、環境保全
分野：建設関連法規
細分：労働安全衛生法、建設業法、その他建設関連法

図解入門
How-nual

15-1
一品生産モノづくりとしての建設

建設産業とは ★☆☆

　建設産業は、自動車、機械、電気機器産業などと同様にモノづくりの産業です。しかし、同じモノづくりでも大きく異なる点は、一品生産であることです。

▶▶ わが国の基幹産業

　橋やトンネルなどのインフラ施設は、一つひとつが異なるモノで、同じものはありません。1件ごとに契約を結んでモノづくりを請け負ういわばオーダーメイドです。

　この一品生産のモノづくりを担う建設産業の投資額は47兆円規模（2011年度）で、これは国民総生産（GDP）の約9％に当たります。建設産業の就業者数は、492万人（2013年度）で製造業や小売・卸売業の1000万人の半分に達し、全産業の就業者数の8％になります。1990年台半ば以降、投資額が減少を続けてきた建設産業ですが、依然として多くの人々の就業をつくり出すわが国の基幹産業です。

　建設産業は、関連企業の数でも他の産業とは異なります。建設業に分類される企業数は約50万社（2009年度）にのぼり、ピーク時の60万社から減少はしていますが大きな数字です。これは、資本金が10億円を超える企業はわずかに0.3％に過ぎず、全体の約60％が資本金1000万円以下の小規模企業でそのうち個人業者が20％を占めていることに表れています。

　わが国のトンネル、橋、道路、水道などのインフラ施設は、老朽化が進んでいることから、適切な維持修繕による保全による長寿命化を進めることが大きな課題となっています。90年代に10％台半ばで推移をしていた建設市場における維持修繕工事の比率はその後、増加傾向に転じ、2011年度には約30％に達しています。これは今後さらに増加をたどることになります。

　建設産業は、急速に増加しつつある老朽インフラの更新や保全と共に、東日本大震災からの復興、2020年の東京オリンピックに向けたインフラ整備、地震、洪水、津波などへの備えのための防災、本格的な人口減少時代のまちづくりなど社会からの要請に応えてインフラ施設の整備を担う産業です。

15-1 建設産業とは

産業別就業者数*

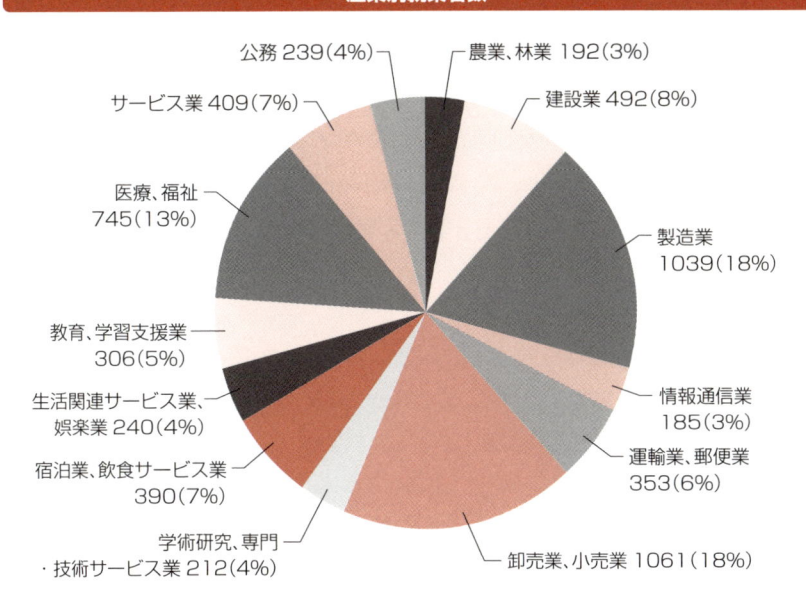

- 公務 239(4%)
- 農業、林業 192(3%)
- 建設業 492(8%)
- サービス業 409(7%)
- 医療、福祉 745(13%)
- 製造業 1039(18%)
- 教育、学習支援業 306(5%)
- 生活関連サービス業、娯楽業 240(4%)
- 情報通信業 185(3%)
- 宿泊業、飲食サービス業 390(7%)
- 運輸業、郵便業 353(6%)
- 学術研究、専門・技術サービス業 212(4%)
- 卸売業、小売業 1061(18%)

建設投資と維持修繕工事の推移*

（兆円）／維持修繕工事／新設工事／維持修繕工事比率 (%)

年度	合計	新設工事	維持修繕工事	維持修繕工事比率(%)
1991	81.6	70.0	11.6	14.2
1992	85.4	73.0	12.4	—
1993	86.2	73.3	12.9	—
1994	82.8	69.8	13.0	—
1995	82.4	69.9	12.5	—
1996	86.2	70.3	15.9	—
1997	82.7	68.0	14.7	—
1998	76.5	63.1	13.4	—
1999	70.6	57.4	13.2	—
2000	70.5	56.7	13.8	—
2001	66.6	52.6	14.0	—
2002	63.0	49.5	13.5	—
2003	57.5	44.3	13.2	—
2004	56.2	43.5	12.7	—
2005	53.4	40.6	12.8	—
2006	53.3	40.1	13.2	—
2007	52.2	39.2	13.0	—
2008	51.8	38.6	13.2	—
2009	45.5	33.0	12.5	—
2010	47.0	34.6	12.4	—
2011	46.5	32.7	13.8	29.8

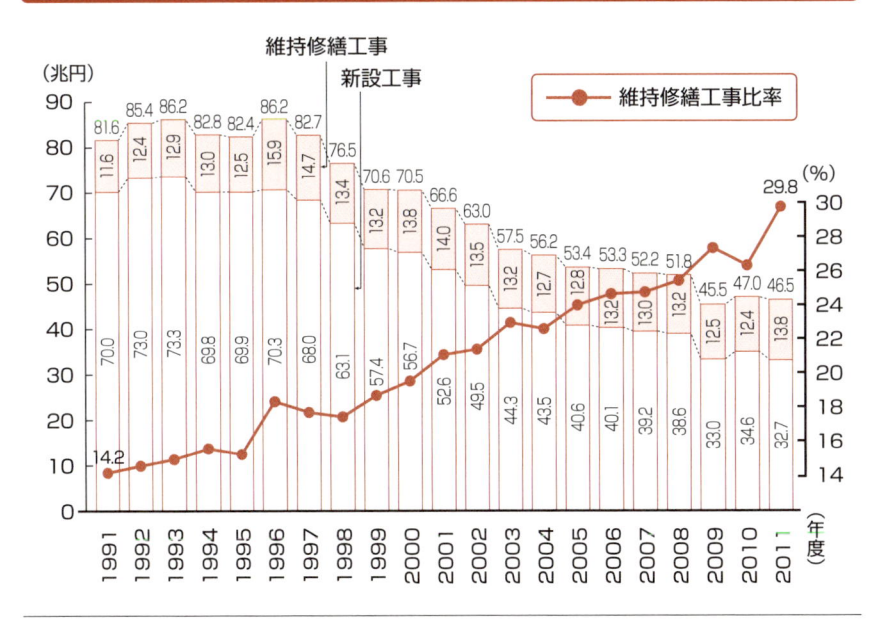

*産業別就業者数　出典：総理府統計局、2013年、万人、%。
*建設投資と維持修繕工事の推移　出典：日本土木工業協会ホームページより。国土交通省建設工事施工統計、2011年。

第15章　建設産業と建設マネジメント

15-2 建設事業の仕組み

建設事業の3つの側面

　建設事業のうち土木分野は、そのほとんどが国や地方公共団体などの官公庁の公共事業やJR、私鉄各社の鉄道関連工事、高速道路各社、電力会社、ガス会社、製鉄会社などの民間企業が事業主体となる公共性のある事業を対象とします。

▶▶ 公共事業の仕組み

　建設事業は、計画から設計、施工を経て完成、引渡し、維持管理といった各段階で構成されます。公共事業の仕組みには、これらの事業の各過程における発注者（事業者）と請負者である**総合工事業者**（**ゼネコン**：General Contractor）の関係、元請の総合建設業者と下請である専門工事業者の関係、発注者、請負者と第三者である地域住民など一般市民との関係といった3つの側面があります。

公共工事の過程

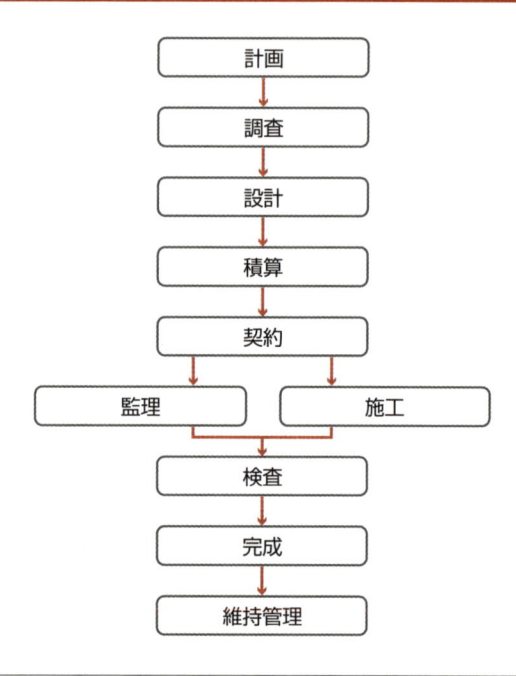

計画
↓
調査
↓
設計
↓
積算
↓
契約
↓
監理　　施工
↓
検査
↓
完成
↓
維持管理

15-2 建設事業の仕組み

公共工事の関係者

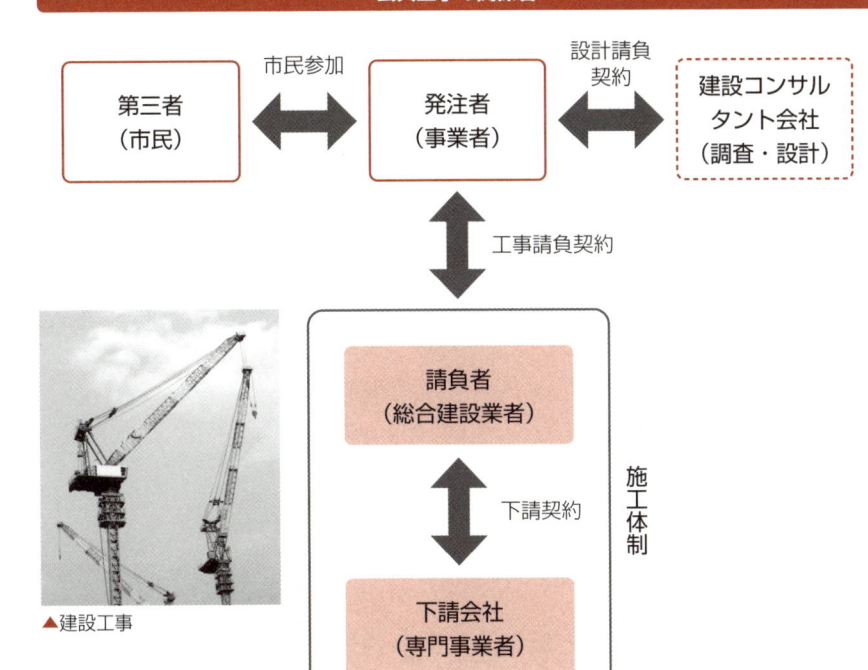

```
第三者       市民参加      発注者       設計請負契約      建設コンサル
(市民)   ←――――――→   (事業者)  ←――――――――→   タント会社
                                                    (調査・設計)
                   ↕ 工事請負契約

                   請負者
                (総合建設業者)
                     ↕ 下請契約       施工体制
                   下請会社
                (専門事業者)
```

▲建設工事

▶▶ 総合工事業者

　発注者と請負者（総合工事業者）は、入札手続きを経て公共工事請負契約を締結します。公共工事に参加するためには、総合工事業者はあらかじめ建設業許可を国土交通大臣または都道府県知事から受ける必要があります。

　建設工事の業種は28種類に分かれ、許可条件には、経営業務の管理責任者や営業所ごとに専任技術者が配置されていることなどがあります。請負者は、現場代理人のほかに、施工の技術上の管理を行う主任技術者、監理技術者などを置き、工事現場の運営管理を行います。

15-2 建設事業の仕組み

建設業法で規定される28の建設工事の業種

	建設工事の種類		建設工事の種類
1	土木一式工事	15	板金工事
2	建築一式工事	16	ガラス工事
3	大工工事	17	塗装工事
4	左官工事	18	防水工事
5	とび・土工・コンクリート工事	19	内装仕上工事
6	石工事	20	機械器具設置工事
7	屋根工事	21	熱絶縁工事
8	電気工事	22	電気通信工事
9	管工事	23	造園工事
10	タイル・れんが・ブロック工事	24	さく井工事
11	鋼構造工事	25	建具工事
12	鉄筋工事	26	水道施設工事
13	ほ装工事	27	消防施設工事
14	しゅんせつ工事	28	清掃施設工事

工事の円滑な実施や品質の確保

　発注者と契約を結んだ請負者は、工事の実施にあたって、専門工事業者を下請として起用するのが一般的です。総合建設業者は、発注者に対して工事完成のすべての責任を負うと共に、下請に対しては、元請として総合的管理監督の役割があります。この元請、下請それぞれが役割を果たし、両者で構成される施工体制が機能することで工事の円滑な実施や工事の品質が確保されます。

　公共事業の計画段階にあっては、事業者の説明責任（アカウンタビリティー）の一環として、あるいは事業計画そのものの合意形成の過程として情報開示が行われます。環境アセスメントの手続きにおける住民説明などもこの一部です。

15-3 施工管理と建設マネジメント

施工管理 ★★★

ものごとを進めるにあたり、通常は、あらかじめその手順や方法を決めておいてから実際の作業に着手します。建設工事においても、工事を開始する前に工事の順序、方法、工程などの詳しい計画を立て、施工計画に従って工事が進められます。

▶▶ 施工管理と建設マネジメント技術

施工管理とは、あらかじめ立てた施工計画に対して、実際の工事の状況を品質、工程、原価、安全の各側面から対比しながら分析を行い、必要に応じて修正などの対応を取ることで所期の目的を達成するための活動です。

ある大手エンジニアリング会社で電気、エネルギー、機械など複数の専門領域を含むプロジェクトを海外で進めるにあたり、全体の統括責任者（プロジェクト・マネジャ）を社内公募で募集して面接したところ、土木を専門とする技術者に最も適した人材が多いことがわかりました。このことは土木技術の特徴を示しています。

単一の専門分野にとどまらずに全体を眺め、所定の期間に求められる品質のモノを多くの関係者と調整を図りながら、所定のコストでまとめあげる施工管理技術は、土木技術の重要な部分です。

▶▶ 建設マネジメント

建設マネジメントとは、施工管理が建設工事の施工段階を対象とするのに対し、直接的に建設工事に関わる部分だけでなく、建設プロジェクトの初期段階である企画、計画から設計、施工、管理、運営、保全などの各段階におけるプロジェクトサイクル全体の課題を対象としています。

扱う範囲は、入札・契約方式に関わる課題から、建設事業の市民との協働、合意形成や資金調達に関わる課題と多岐にわたります。このため建設マネジメントは、学問分野としての体系化はまだ定まっておらず、今後、扱う範囲はさらに拡大していく分野です。

15-3 施工管理

施工管理と建設マネジメント技術

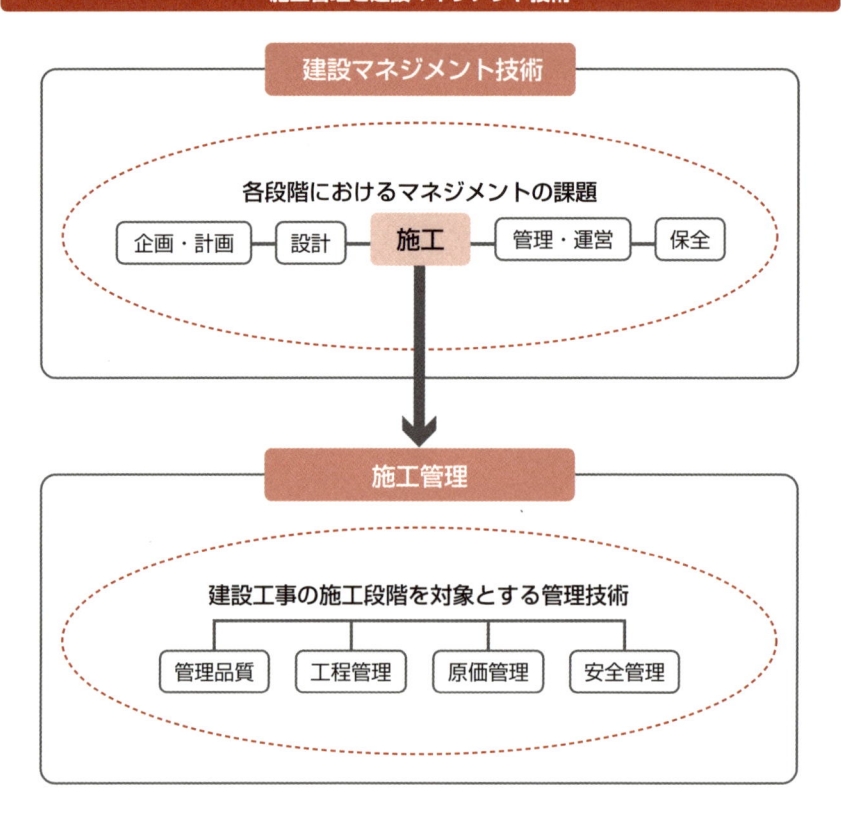

建設マネジメント技術

各段階におけるマネジメントの課題

企画・計画 — 設計 — **施工** — 管理・運営 — 保全

↓

施工管理

建設工事の施工段階を対象とする管理技術

管理品質 ／ 工程管理 ／ 原価管理 ／ 安全管理

▶▶ 品質管理

　品質管理（**QC**：Quality Control）とは、モノづくりの基本である所定の品質を実現するための管理です。日本工業規格では、品質管理を「買手の要求に合った品質の品物又はサービスを経済的につくり出すための手段の体系」と説明しています。

　建設分野における品質管理とは、道路や橋、トンネルを所定の品質を求められる期間内に経済的にかつ安全に建設するための管理技術です。主に材料とその施工方法が管理対象となります。実際の品質管理は、計画を立てて、その計画に従って進める工事の状況を定量的に把握し、得られたデータをもとに分析評価を行い、必要な改善策を立てて実施をするという連続的な行為です。

●PDCAを回す

この一連の行為は、「計画の立案（Plan）」、「工事の実施（Do）」、「工事状況の把握・評価（Check）」、「改善策の実施（Action）」に集約できます。それぞれの頭文字をとって**PDCA**を**管理サイクル**と呼びます。

管理サイクル（PDCA）

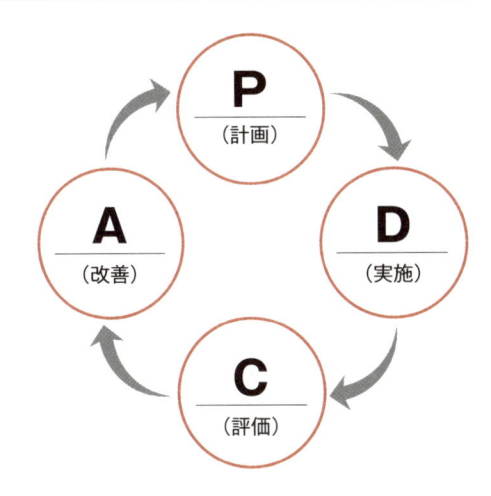

```
        P
      （計画）
    ↗        ↘
   A          D
 （改善）    （実施）
    ↖        ↙
        C
      （評価）
```

●統計的手法の活用

管理サイクルを回すためには、各管理要素でいろいろな技法が必要となります。特に「工事状況の把握・評価（Check）」では、進捗する工事の状況を把握してそれが満足できるかを判断します。満足できない状況であればなんらかの措置をとることになります。この状況の把握には、統計的手法が多く用いられます。

材料に関する品質管理では、得られたデータの評価がしやすいように様々なグラフや表で示します。量的な比較をする棒グラフ、内訳を示す円グラフ、帯グラフなどと共に時間的な変化や項目の推移をチェックするために折れ線グラフ、対象ごとの性能比較や項目間のバランスをチェックするレーダーチャートが用いられます。

コンクリートや鋼材などの材料が所定の強度があるかなどを把握するには、一部のデータを抜き取って標本検査が行われます。得られたデータは、各種のグラフ、表に整理し、許容される範囲（管理限界）を示して用います。

15-3　施工管理

データの傾向を判断できるようにする方法として、データの集合に対して平均値、分布がわかるように度数表に基づいてグラフ化したヒストグラムが用いられます。外れがないかどうかがわかります。

度数表とヒストグラム

測定値 (区間の中心地)	度数
10.0	0
10.5	0
11.0	3
11.5	7
12.0	14
12.5	17
13.0	19
13.5	17
14.0	12
14.5	7
15.0	3
15.5	1
16.0	0
n	100

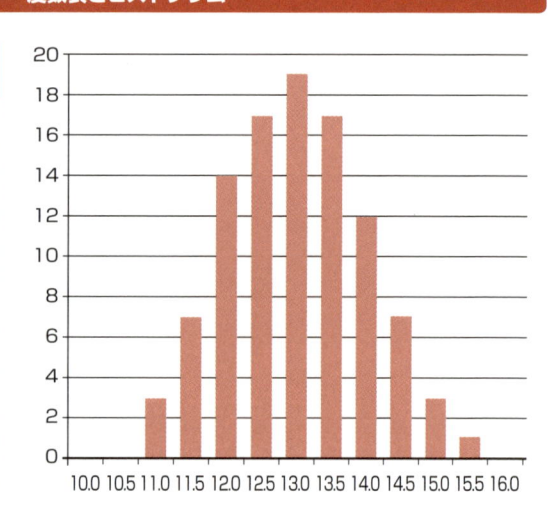

▶▶ 工程管理

工事の実施に先立って作成された施工計画に示される施工方法、施工順序、各工種の作業量、全体工程（納期）から工程計画が作成されます。工事はこの工程計画をもととして、実際の工程と対比しつつ、最も経済的となるような管理を実施します。

一般的に用いられる工事工程表にバーチャートがあります。各部分工程を縦方向に示し、横軸に日数をとって工事予定期間を記入したものです。どの部分工程をいつからいつまで施工するということと、工種ごとの部分工程相互の関連性がわかります。

曲線式工程表は、工事出来高管理に使われるもので、縦軸に施工累計（出来高工事数量、金額％）、横軸に日数、月数などの工程時間（％）を示したグラフです。工事開始直後、終了間際には時間当たりの出来高が低下することから、一般にはＳ字形を描きます。最大出来高と最小出来高の２本のＳ字曲線より**バナナ曲線**と呼ばれます。出来高はこの２本の上限、下限値の間に収まるようにいろいろな措置を講じることになります。

15-3 施工管理

バーチャートによる工程表

○○橋梁架設工事工程表

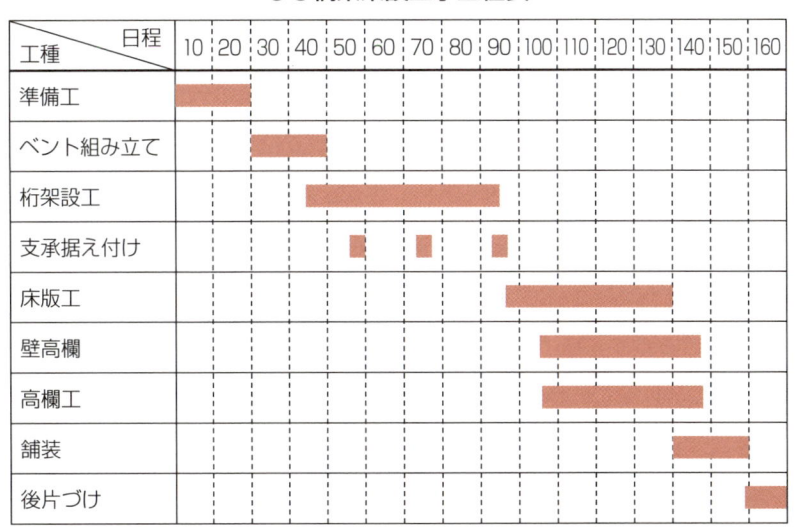

工種 \ 日程	10	20	30	40	50	60	70	80	90	100	110	120	130	140	150	160
準備工	██	██														
ベント組み立て			██	██												
桁架設工					██	██	██	██	██							
支承据え付け						▪		▪		▪						
床版工										██	██	██	██			
壁高欄												██	██	██		
高欄工												██	██	██		
舗装														██	██	
後片づけ																██

出来高管理曲線（バナナ曲線）

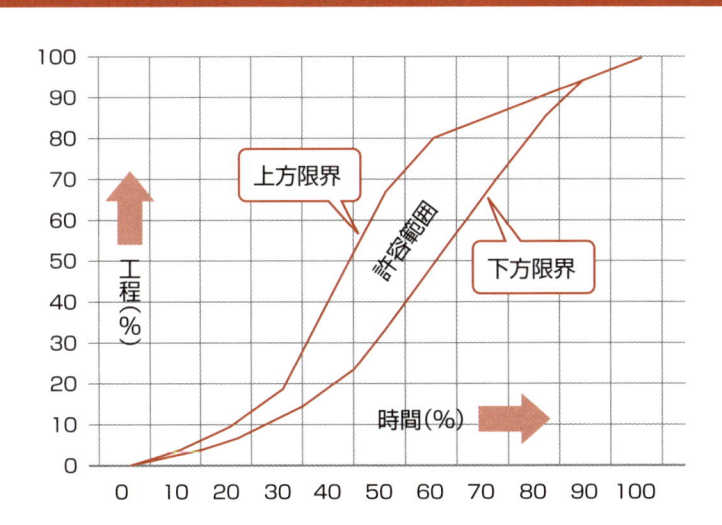

縦軸：工程(%) 0〜100
横軸：時間(%) 0〜100

上方限界
許容範囲
下方限界

15-3 施工管理

COLUMN テムズ・バリアー …テムズ川の防潮堰（イギリス）

テムズ川はロンドンの中心部を東西に貫いて流れ、北海に注ぎます。なだらかな河川こう配のため、河口から70kmもあるロンドンでも高潮の影響を受けます。70kmとは荒川河口から埼玉県熊谷市あたりまでの距離に相当します。

低気圧に覆われ、同時に北海からの強風にさらされるとテムズ川の水位はたちまち上昇し、ロンドンの街は何度もこの高潮による洪水の被害を受けてきました。

高潮からロンドンを守るための防潮堰の計画は古くからありましたが、実際に建設されることはありませんでした。戦後の1953年に発生した高潮で、ロンドンの広い範囲が水浸しとなり大きな被害が発生しました。防潮堰の計画は、この大水害をきっかけに動き出しましたが、実際にこの防潮堰、テムズ・バリアーが完成したのはその30年後の1984年のことでした。

防潮堰といえば、水門を上下に開閉するギロチン型の構造が一般的です。しかし、このテムズ・バリアーでは、まったく異なる革新的なデザインが採用されました。通常は川底に横たわっているゲートを閉じるときには、円弧状の断面の鋼製ゲートを回転させて垂直に立て起こして川をせき止めます。このゲートで、最大9mの潮位差を食い止めることができるように設計されています。一見すると中世の騎士のヘルメットに見える建物は、ゲートを動かす機械室です。防潮堰の全体の幅は、520mでこのうち船が通る川の中央部はゲート幅が61mと広く、これが4スパンあります。

このテムズ・バリアーは、ビックベンや、巨大観覧車のロンドンアイ、ミレニアムドームなどと並んで隠れたロンドンのランドマークです。ロンドン東側のグリニッジのすぐ下流側に位置するこのテムズ・バリアーは、旧天文台や、快速帆船カティサーク号の見学と一緒に少し足を伸ばして一見する価値があります。右岸側には、見学者用のビジターセンターがあります。

▲テムズ・バリアー

（ロンドンの隠れたランドマーク。）

15-4 建設工事のコスト管理

原価管理 ★★★

何か事業を始める場合、通常はどの程度の費用がかかるかをあらかじめ見積ります。事業を開始して、あらかじめ想定した見積額よりも出費が高めであれば、費用を抑える措置を講じるなど、最終的に予定した予算内に費用を収めるように対策をとります。

▶▶ 原価管理の目標

建設工事の場合も、所定の仕様、品質、工期の条件のもと、想定した予算内に収まるように、様々な措置を講じながら工事を行います。

あらかじめ費用を見積ることで策定をする予算には、いくつかの種類があります。事業者は入札に先立って、工事の予定価格の積算をします。事業者は入札手続きを経て、この予定価格を下回る企業から契約相手先を決定します。

契約を結ぶと建設会社は施工計画を策定し、実際に採用する施工方法、手順に応じた積算を行います。これが**実行予算**です。工事段階における原価管理の基準目標となる予算です。

工事が開始されると刻々と費用が発生して原価（実施原価）が累積していきます。この発生原価が実行予算に収まるように工程、材料、人件費などを管理することが原価管理の目標です。

▶▶ 工事原価

原価管理には、工事原価がどのような項目で構成され、それぞれの項目の費用が増えたり減ったりすることは、建設中のどのような措置によって起こるのか、といったことを熟知しておくことが必要です。

工事原価は、大きく分けて直接工事費と間接工事費により構成されます。**直接工事費**には、橋の工事であれば、橋桁の材料費や橋桁を架設する作業員の人件費などのほか、架設機械を動かす電気や水などの水道光熱費があります。**間接工事費**には、材料を現場まで搬入する輸送費や現場事務所の設営費、安全管理の費用、現場の囲いなどの仮設備の費用があります。

15-4 原価管理

▶▶ 工程関連からの費目の管理

　費目を工程などとの関連から管理をするには、工事の速度と費用の関係、品質と費用の関係、品質と工事の速度の関係などを理解しておくことが大切です。例えば、突貫工事のように、たくさんの人を一時に投入して工事の速度を速めると、人件費などの直接工事費は増加することになります。

　同時に工期が短縮されれば総日数が減りますので、現場事務所の土地代、光熱費、保険料のような間接工事費は減少します。また、精度や強度をより高めて品質を向上しようとすれば、費用はかさむことになり、工事時間もかかることになります。

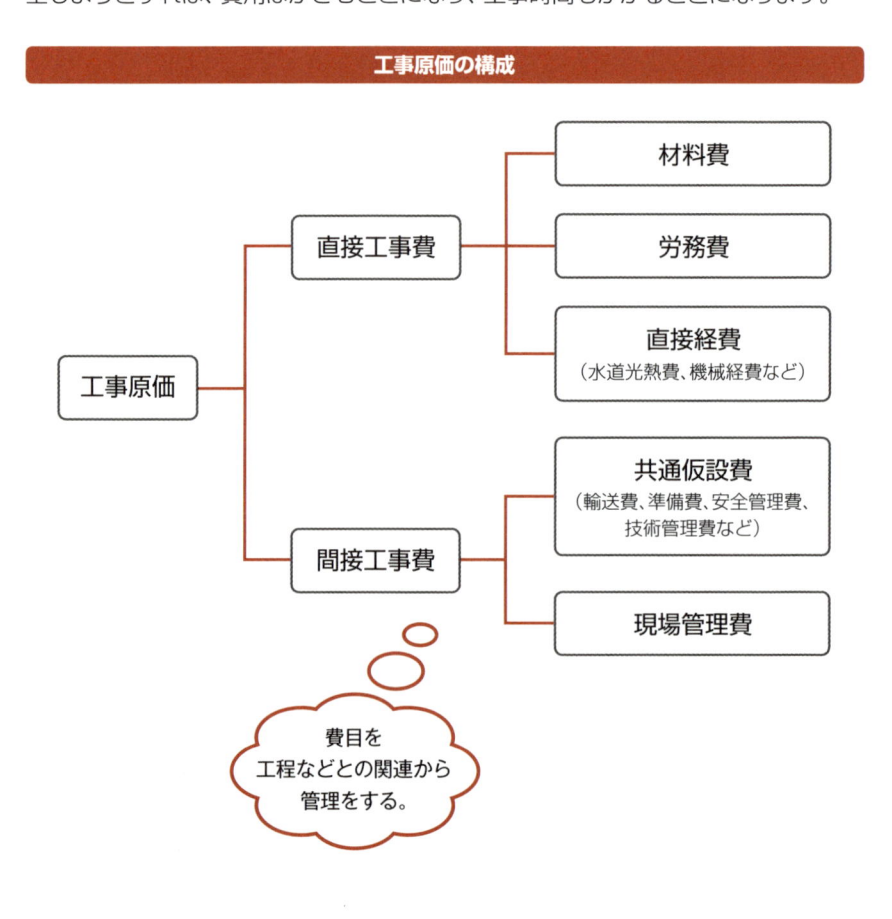

工事原価の構成

- 工事原価
  - 直接工事費
    - 材料費
    - 労務費
    - 直接経費（水道光熱費、機械経費など）
  - 間接工事費
    - 共通仮設費（輸送費、準備費、安全管理費、技術管理費など）
    - 現場管理費

費目を工程などとの関連から管理をする。

15-4　原価管理

工事の原価管理

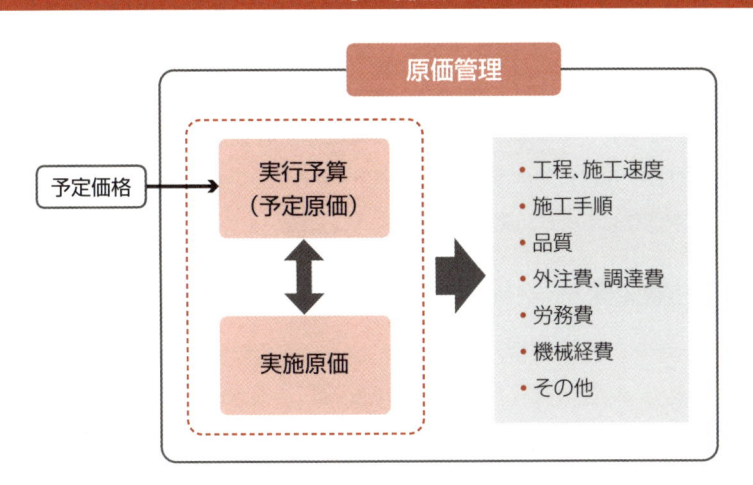

原価管理

予定価格 → 実行予算（予定原価） ⇅ 実施原価

- 工程、施工速度
- 施工手順
- 品質
- 外注費、調達費
- 労務費
- 機械経費
- その他

施工速度、品質、費用の関係

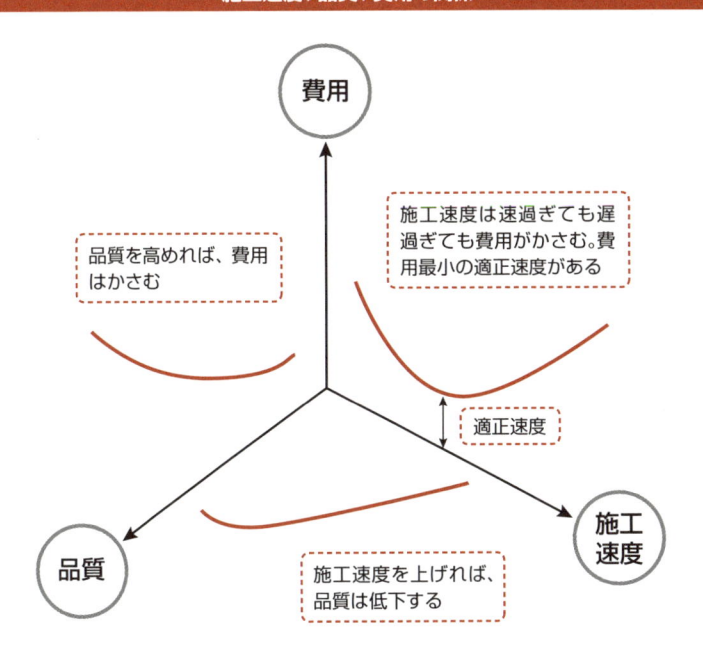

費用／品質／施工速度

- 品質を高めれば、費用はかさむ
- 施工速度は速過ぎても遅過ぎても費用がかさむ。費用最小の適正速度がある
- 適正速度
- 施工速度を上げれば、品質は低下する

第15章　建設産業と建設マネジメント

15-5 災害防止の体制づくり

安全管理 ★★★

建設産業における安全管理は、工事の施工計画で示される工事の内容、施工方法に応じた安全管理計画の作成と安全管理を組織的に進めるための災害防止の体制をつくり、安全管理の日常化を図ることが重要です。

▶▶ 建設業の労働災害

建設業の労働環境は、作業場所が製造業のように安全設備などが常設された工場建屋内部とは限らず、直接自然と接する山間部、河川、海岸などの場所がほとんどです。このことから、全産業の8％程度の就業人口の建設業の労働災害数は、全産業の約20％程度を占めています。

建設業の死亡事故の原因で多いのは、高所からの作業者の墜落、転落、物の飛来、落下、はさまれ、巻き込まれ、崩壊、倒壊などです。

▶▶ 統括安全責任者

工事開始後、一定規模以上の建設現場の特定元方事業者（**元請**業者）は、統括安全衛生責任者、元方安全衛生管理者といった安全管理の役職を選任して、その建設現場を管轄する労働基準監督署長に報告しなければならないとされています。建設業法では、統括安全衛生責任者は、現場代理人の職務とされており、通常は現場代理人が統括安全責任者を兼務します。

建設現場 ▶

15-5 安全管理

全産業と建設業の死傷者数の推移*

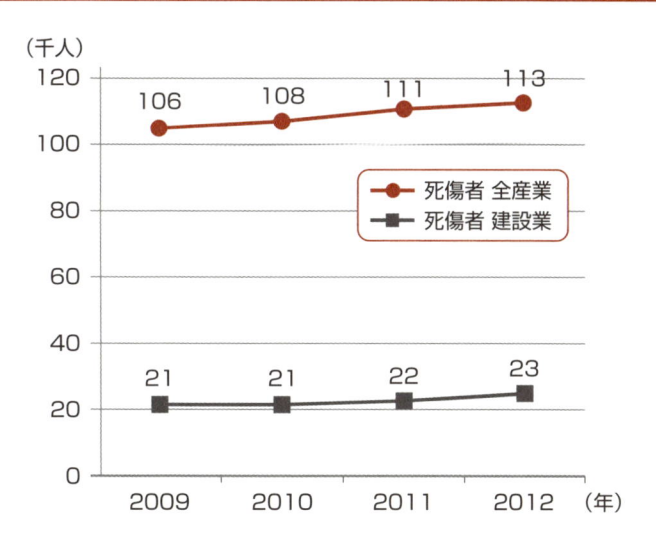

（千人）

年	死傷者 全産業	死傷者 建設業
2009	106	21
2010	108	21
2011	111	22
2012	113	23

安全管理体制の例

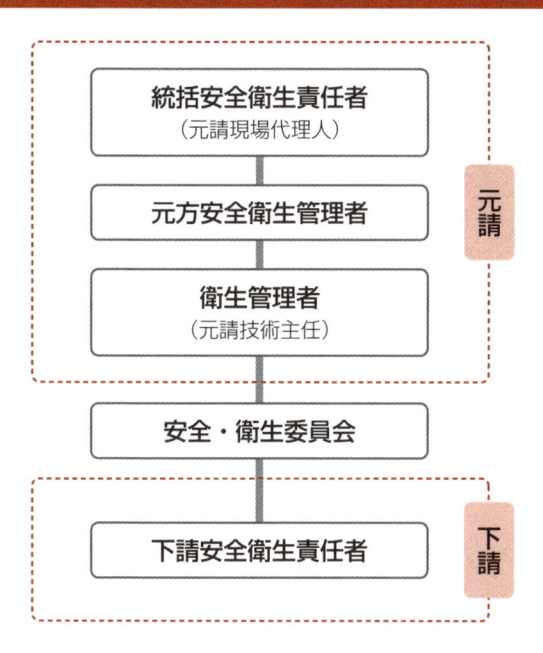

元請
- 統括安全衛生責任者（元請現場代理人）
- 元方安全衛生管理者
- 衛生管理者（元請技術主任）

安全・衛生委員会

下請
- 下請安全衛生責任者

＊**全産業と建設業の死傷者数の推移**　出典：建設業労働災害防止協会ホームページより。

15-6 土木に関する職業と技術資格

職業と資格 ★★☆

土木を専門とする職業分野にはどのようなものがあるか見てみましょう。道路や橋、上水道、港湾などのインフラ施設の建設を行い、運営をすることでサービスを提供する事業は、様々な過程を担う役割の組み合わせで成り立っています。

▶▶ 土木の職業分野

　道路橋の分野を例にとれば、初期の過程には、道路計画や橋の計画を行い、その計画に沿って調査、測量、そして設計などがあります。計画段階では、橋の管理者となる国や自治体、道路会社などの技術者が関わります。用地買収や地元への計画内容の説明なども事業者側の技術者の範囲となることもあります。

　請負契約を結んだ調査会社や技術コンサルタントの技術者は、環境調査、地質調査などの各種調査を実施し、橋の設計を担当します。

　工事を実施するために、国や自治体の技術者は、積算を行って入札・契約を実施して工事の請負者を決定します。これに先立って、建設会社の技術者は、工事へ応募するために、現地を下見して施工計画を立て、見積書を作成することも行います。

　工事実施の段階では、建設会社や橋梁専門会社の技術者は、実施計画を作成し、準備工事から橋の施工に着手します。工事期間中は、建設会社の技術者は、工事を安全、確実に進めるための施工管理を行います。同時に国や自治体の技術者も発注者の立場から、工事進捗に従った検査や検収を行う施工管理を行います。技術コンサルタントの技術者も国や自治体からの委託を受けて施工管理を担当することもあります。

　全工事が終われば、国や自治体、道路会社は、建設会社からでき上がった橋の引渡しを受けます。これ以後、橋の供用が始まると橋は道路や鉄道路線の一部として維持管理が行われます。鋼橋であれば、一定の間隔で塗装工事を行うでしょうし、道路の舗装のオーバーレイもあるかもしれません。この間、点検調査が国や自治体、道路会社の技術者やそこから委託された調査会社、技術コンサルタントの技術者によって行われます。

15-6 職業と資格

●様々な立場で職能を発揮

　国、自治体、道路会社、鉄道会社などの橋の所有者側の技術者、各種調査会社、技術コンサルタント、建設会社、橋梁会社などの関係者のほかに橋の建設に関連する鋼材、コンクリート、アスファルト、塗装などの各種材料、照明装置や伸縮継手、高欄、支承などの設備などのメーカーの技術者、施工機械メーカーなどの技術者も関与することになります。このように、橋というインフラ施設のモノづくりに関与するための様々な立場が技術者としての職能を発揮するための職業です。

▶▶ 専門職

　多くの初学者にとって、技術を学び、身に付ける直近の目的は、その専門分野に関わる職業に就くための知識の修得でしょう。さらに、技術者として実務に携わり経験を積むことで、技術者としてのキャリアを積んでいくことになります。この過程で、各専門分野の技術資格を取得し、経験によって専門の領域を広げることもあるかもしれません。

　技術者は、身に付けた専門分野の知識、経験をもって、設計や施工、維持管理などのインフラ整備のいろいろな面に、専門職として関わる職業です。ここでいう専門職（プロフェッショナル）とは、専門知識、経験、および実務従事能力に加えて、法と倫理の遵守（コンプライアンス）が備わっていることが求められます。

　厳密に専門職（プロフェッショナル）を定義付ければ、高度な知識と実務経験に基づいて専門的なサービスを提供すると共に独自の倫理規定に基づいて自律機能を備えている職業であり、たんなる職業（occupation）とは区別されます。このため専門職の育成を目指す大学の工学系の専門プログラムでは、専門科目と共に技術史や技術者倫理をカリキュラムに含める例も見られます。

15-6 職業と資格

技術専門職の条件

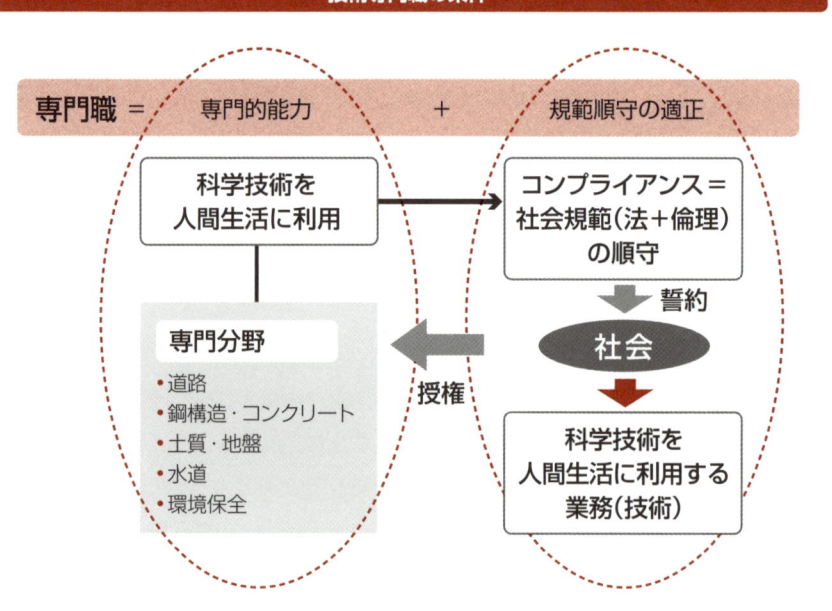

専門職 ＝ 専門的能力 ＋ 規範順守の適正

- 科学技術を人間生活に利用
- コンプライアンス＝社会規範（法＋倫理）の順守
  - 誓約 → 社会 → 科学技術を人間生活に利用する業務（技術）
- 専門分野
  - 道路
  - 鋼構造・コンクリート
  - 土質・地盤
  - 水道
  - 環境保全
- 授権

▶▶ 技術資格

●資格とは

　技術資格とは、実質的能力を持つ人に付与される称号です。取得した資格を見れば、その人の専門技術能力を知ることができます。これはちょうどある品物をラベルで説明することと同じです。

　ラベルを見ることで品物の仕様や性能を知ることができます。職務の幅が広がり、技術分野の境界領域が増すと技術者の資質を第三者に知らしめるこのラベルの役割は重要になります。

　技術資格のもう一つの役割は、資格そのものが免許（業務権限）であるか、あるいはほかの法律などにより業務権限を付与されるという役割があります。業務権限とは、資格を持つ人だけがその資格が保証する資質や能力を必要とする特定の職務に就けることを規定するものです。

15-6 職業と資格

　一級建築士、医師、弁護士などは、資格がなければ規定された職務には就けません。建設工事における主任技術者、監理技術者に就くためには、1級土木施工管理技士の資格を保有することが建設業法で決められています。

　技術資格は、その取得や更新のための試験勉強や継続教育の受講により技術知識を深め、維持する効果もあります。技術資格の取得を企業がキャリア教育の一環として奨励する場合や、社内での昇格や人事考課の参考とする場合もあります。

●建設分野の技術資格

　建設分野の技術資格には様々な種類があります。計画・調査の分野では、測量士、環境計量士や、コンクリート診断士、土木鋼構造診断士などの構造物関連、設計管理業務や設計照査業務のRCCMなどがあります。

　施工分野では、土木施工管理技士、管工事施工管理技士、造園施工管理技士などは、工事を行う際に主任技術者や監理技術者となるために求められることから保有者が多い資格です。

　技術分野で最も高度な資格が技術士です。建設部門には鋼構造およびコンクリート、土質および基礎、道路など11の専門に分かれています。

> 建設分野の技術資格には様々な種類がある。

by gaussnewton

15-6 職業と資格

土木関連の主な技術資格一覧

名称	分野	資格の内容	登録人数	認定者
測量士・士補	計画・調査	測量技術	1級23万人	国土地理院
土壌汚染調査技術管理士		土壌汚染の調査技術	1700人	環境大臣
環境計量士		大気、水の濃度汚染や騒音振動の調査	1万9000人	経済産業大臣
地質調査士		ボーリングなどの地質調査	1万4000人	全国地質調査協会連合会
RCCM（シビルコンサルティングマネジャ）		設計業務の管理、照査技術、業務担当の専門および管理技術	2万7000人	建設コンサルタンツ協会
コンクリート診断士		既設のコンクリート構造物の老朽度の調査、診断評価、保全管理	1万人弱	日本コンクリート工学会
コンクリート構造診断士		橋、トンネルなどの既存のコンクリート構造物の点検、調査、診断	800人	プレストレストコンクリート工学会
土木鋼構造診断士、士補		橋梁などの鋼構造物の点検、調査、診断	900人	鋼構造協会
労働安全コンサルタント（土木）		建設工事現場における安全の専門知識による安全の診断や指導	3000人	厚生労働大臣
1,2級土木施工管理技士	工事	土木、管工事、造園工事の監理技術者、主任技術者は1級資格取得が義務付け	土木、管、造園の1級はそれぞれ、65万人、17万人、10万人	国土交通大臣
1,2級管工事施工管理技士				
1,2級造園施工管理技士				
コンクリート技士、主任技士		コンクリートの製造、施工、試験、検査に関する技術業務	5万人	日本コンクリート工学会

技術士	全般	建設部門は、土質および基礎、鋼およびコンクリート、道路、環境など11の専門に分かれる。技術資格で最上位の資格	7万8000人	文部科学大臣
土木学会認定技術者		特別上級から2級まで4つのランクに分かれそれぞれ10前後の専門分野がある。技術者レベルの客観的物差しを社会に示すことが狙い。	特別上級600人、上級1200人、1級840人、2級1240人	土木学会

さらに学ぶための参考図書　　study

1) 『建設産業事典』建設産業史研究会編、鹿島出版会、2008年刊
2) 『建設マネジメント実務』中川良隆、山海堂、2002年刊
3) 『絵とき土木施工管理』福島博行ほか、オーム社、1995年刊
4) 『大学講義　技術者の倫理入門』杉本泰治ほか、丸善、2008年刊
5) 『土木工事の安全、災害発生要因からみたポイントと急所』土木工事安全衛生管理研究会編、労働新聞社、2013年刊

COLUMN 歩行者専用道路の先駆け…ハイウォーク（ロンドン）

ロンドン中心部のシティーと呼ばれる約1マイル(1.6km)四方の区域は、金融街として有名です。イングランド銀行や証券取引所などが軒をつらね、古代ローマ時代の城壁も残る都市ロンドンの発祥地です。

このシティーには、自動車から歩行者を分離するために、道路上方空間を利用して歩行スペースを立体的に確保したハイウォークと呼ばれる歩行者専用道路のネットワークがあります。今日では、道路上空に歩行者専用のスペースを設ける例は、国内では駅前広場上のデッキなどに見られ、珍しくはありませんが、シティーの事例はこの先駆けです。

自動車交通ほど道路や街の構造に大きな影響を与えたものはありません。特に古いまちなみを持つ都市は、20世紀の後半のモータリゼーションによる街中の自動車交通の増加に頭を悩ましてきました。もともと歩行者主体であった道路も、自動車交通があふれ出すと歩行者を分離することを迫られました。

シティーでは1960年代以後、道路の上空に建物と一体化した総延長50kmもの歩行者専用道路が計画されました。このうち、実際に建設されたのは、バービカンと呼ばれる大規模再開発に伴う地域とその付近やテムズ河沿いの一部でした。

シティーの歩行者専用道路は、都市道路交通の切り札として鳴り物入りで建設されましたが、ほとんど歩行者のいない区間もあり1980年代後半には、早くも評価が逆転して閉鎖される区間も出てきました。

街は時代と共に変化を遂げる生き物です。古い街であっても変わらない部分の上に、新たな部分が塗り重ねられて変化を遂げていきます。シティーの歩行者専用道路は、歩車分離のいわば実験であり、20世紀後半のモータリゼーションへの対峙の記憶を留めるメモリアルです。

> 歩行者専用道路のネットワークの先駆け。

▲ハイウォーク

□参考文献

- 『現代日本土木史(第二版)』髙橋裕、彰国社、2007年刊
- 『日本人の自然観、寺田寅彦随筆集 第五巻』岩波文庫、寺田寅彦、岩波書店、1997年刊
- 『すべての道はローマに通ず、ローマ人の物語X』塩野七生、新潮社、2001年刊
- 『人間学的考察』岩波文庫、和辻哲郎、岩波書店、1979年刊
- 『新領域土木工学ハンドブック』土木学会編、朝倉書店、2003年刊
- 『アセットマネジメント導入への挑戦』土木学会編、技報堂、2005年
- 『道路アセットマネジメントハンドブック』、道路保全技術センター編、鹿島出版会、2008年刊
- 『土木のアセットマネジメント』阿部允、日建コンストラクション編、日経BP、2006年年刊
- 『図説わかるメンテナンス』宮川豊晃監修、学芸出版社、2010年刊
- 『図解入門 最新橋の基本と仕組み』五十畑弘、秀和システム、2013年刊
- 『図解入門 よくわかるコンクリートの基本と仕組み』岩瀬泰己ほか、秀和システム、2010年刊
- 『最新土木材料』西村昭ほか、森北出版、2014年刊
- 『橋と鋼』大田孝二ほか、建設図書、2000年刊
- 『鋼構造技術総覧(土木編)』日本鋼構造協会編、技報道出版、1998年刊
- 『応用力学の基礎』山本宏ほか、技報堂出版、1985年刊
- 『土木・環境系の力学』斉木功、コロナ社、2012年刊
- 『構造力学 静定編』崎元達郎、森北出版、2012年刊
- 『計算の基本から学ぶ土木構造力学』上田耕作、オーム社、2013年刊
- 『構造力学を学ぶ 基礎編』米田昌弘、森北出版、2003年刊
- 『絵とき土質力学』粟津清蔵監修、オーム社、2013年刊
- 『土質力学の基礎』石橋勲ほか、共立出版、2011年刊
- 『わかる土質力学220問』安田進ほか、理工図書、2003年刊
- 『図解土木講座 土質力学の基礎』技報堂出版、能代正治、2003年刊
- 『都市・地域・環境概論』大貝彰ほか、朝倉書店、2013年刊
- 『環境アセスメントの最新知識』環境影響評価研究会編、ぎょうせい、2006年刊
- 『風景学入門 中公新書』中村良夫、中央公論新社、1982年刊
- 『景観法と景観まちづくり』日本建築学会編、学芸出版社、2005年刊
- 『歴史的土木構造物の保全』土木学会編、鹿島出版会、2010年刊
- 『やさしい水理学』和田明ほか、森北出版、2005年刊
- 『ゼロから学ぶ土木の基本 水理学』内山雄介ほか、オーム社、2013年刊
- 『絵とき 水理学』国沢正和ほか、オーム社、1998年刊
- 『水理学の基礎』有田正光、東京電機大学出版局、2006年刊
- 『川の技術のフロント』辻木哲郎ほか、河川環境管理財団、技法堂出版、2007年刊
- 『河川環境の保全と復元 多自然型川づくりの実際』島谷幸宏ほか、鹿島出版会、2000年刊
- 『河川の生態学』水野信彦ほか、築地書館、1994年刊
- 『都市の水辺と人間行動』畔柳昭雄ほか、共立出版、1999年刊
- 『トコトンやさしい下水道の本』高堂彰二、日刊工業新聞社、2012年刊

- 『土木系大学講義シリーズ 上下水道工学』茂庭竹生、コロナ社、2007 年刊
- 『上水道工学』川北和徳ほか、森北出版、2005 年刊
- 『上下水道が一番わかる（しくみ図解）』長澤靖之、技術評論社、2012 年刊
- 『水道事業の現在位置と将来』熊谷和哉、水道産業新聞社、2013 年刊
- 『誰でもわかる日本の産業廃棄物』産業廃棄物処理振興財団編、大成出版社、2012 年刊
- 『図解入門ビジネス 最新産廃処理の基本と仕組みがよーくわかる本』秀和ステム、尾上雅典、2011 年刊
- 『図解 産業廃棄物処理がわかる本』ジェネス編、日本実業出版社、2011 年刊
- 『環境生態学入門』青山芳之、オーム社、2008 年刊
- 『日本らしい自然と多様性 身近な環境から考える』根本正之、岩波ジュニア新書、岩波書店、2010 年刊
- 『私たちにたいせつな生物多様性のはなし』枝廣淳子、かんき出版、2011 年刊
- 『知っておきたい屋上緑化のＱ＆Ａ』(財)都市緑化技術開発機編、鹿島出版会、2003、2006 年刊
- 『ヒートアイランドと都市緑化』山口隆子、成山堂書店、2009 年刊
- 『都市緑化計画論』丸田頼一、丸善、1994 年刊
- 『防災白書平成 25 年度版』内閣府編、日経印刷、2013 年刊
- 『地域防災とまちづくり みんなをその気にさせる図上災害訓練』瀧本浩一、イマジン出版、2011 年刊
- 『地震災害マネジメント―巨大地震に備えるための手法と技法』土木学会編、建設教育研究推進機構、2010 年刊
- 『津波防災地域づくりに係る技術検討報告書』津波防災地域づくりに係る検討会編、国土交通省、2012 年刊
- 『土木系大学講義シリーズ 土木計画学』北川米良ほか、コロナ社、1993 年刊
- 『工学のための確率・統計』北村隆一ほか、朝倉書店、2006 年刊
- 『実例でよくわかるアンケート調査と統計解析』菅民朗、ナツメ社、2011 年刊
- 『初心者(学生・スタッフ)のためのデータ解析入門』新藤久和、日本規格協会、2011 年刊
- 『ゼロから学ぶ土木の基本 測量』内山久雄、オーム社、2012 年刊
- 『建設産業事典』建設産業史研究会編、鹿島出版会、2008 年刊
- 『建設マネジメント実務』中川良隆、山海堂、2002 年刊
- 『絵とき土木施工管理』福島博行ほか、オーム社、1995 年刊
- 『大学講義 技術者の倫理入門』杉本泰治ほか、丸善、2008 年刊
- 『土木工事の安全 災害発生要因からみたポイントと急所』土木工事安全衛生管理研究会編、労働新聞社、2013 年刊

他官公庁、建設関連団体のホームページ掲載の資料、統計データを参照。

索 引
INDEX

あ行

- アスファルト ……………………… 68
- アスファルトコンクリート舗装 ……… 70
- 厚板 ………………………………… 63
- 圧縮力 ……………………………… 86
- 安息角 …………………………… 103
- 一般構造用圧延鋼材 ……………… 63
- 一般廃棄物 ……………………… 197
- インフラ …………………………… 12
- 裏法 ……………………………… 146
- 衛星画像 ………………………… 273
- 液状化 …………………………… 111
- 江戸 ………………………………… 27
- 横堤 ……………………………… 144
- 応用力学 ………………………… 74
- 応力 ………………………………… 85
- 大きさ ……………………………… 77
- 小川アメニティ事業 ……………… 175
- 屋上緑化助成金交付制度 ………… 245
- 表法 ……………………………… 146

か行

- 開水路 …………………………… 152
- 回避 ……………………………… 219
- 外来種 …………………………… 227
- 下降伏点 …………………………… 62
- 火山ハザードマップ ……………… 257
- 橋梁長寿命化修繕計画 …………… 35
- 荷重 ………………………………… 91
- 霞堤 ……………………………… 144
- 片持ちばり ………………………… 84
- カットバック・アスファルト ……… 69
- 岩（がん） ………………………… 101
- 簡易水道 ………………………… 183
- 環境アセスメント ………………… 122
- 環境影響評価 …………………… 270
- 環境基本法 ……………………… 121
- 環境統計集 ……………………… 270
- 間接工事費 ……………………… 293
- 岩盤 ……………………………… 101
- 管理サイクル …………………… 289
- 管路 ……………………………… 152
- 危機管理 ………………………… 248
- 行基図 ……………………………… 25
- 玉石 ……………………………… 101
- 巨石 ……………………………… 101
- 空中写真 ………………………… 273
- クリンカー ………………………… 65
- 景観 ………………………………… 34
- 傾斜堤 …………………………… 260
- ケーソン式直立堤 ………………… 261
- 限界流 …………………………… 157
- 建設マネジメント ………………… 287
- 公害対策基本法 ………………… 120
- 公害病 …………………………… 120
- 公共性 ……………………………… 34

工業統計	269
工学遺産	135
合金	61
洪水ハザードマップ	257
合成樹脂	71
剛性舗装	70
構造用圧延鋼材	63
構造力学	74
合流式	188
護岸	147
国勢調査	268
国土保全関連施設	51
固定的社会資本	34
コンクリート	65
コンクリートの配合設計	66
コンクリートブロック式直立堤	261
混成堤	261

さ行

最終処分	196
最終処分場	209
材料力学	74
さざ波	156
作用点	77
三角測量	279
産業廃棄物	197
軸力	86
地震災害ハザードマップ	257
地すべり	110
自然環境	116

自然環境保全法	215
持続可能な開発	121
実行予算	293
社会環境	116
社会基盤施設	12
斜面先破壊	110
斜面内破壊	110
斜面崩壊	108
射流	157
集水域	142
集中荷重	91
周期	156
住民基本台帳人口移動調査	268
重力波	156
商業統計	269
上降伏点	62
上水道	183
消波ケーソン堤	261
消波工	147
消波ブロック被覆堤	261
上部斜面ケーソン堤	261
常流	157
植生護岸工	171
処分	196
処理	196
信玄堤	14, 27
人口動態調査	268
針入度	69
水準測量	279
水制工	27, 147

水頭	186	多自然	164
水道用水供給事業	183	多自然川づくり	165
スーパー堤防	261	たわみ性舗装	70
スクリーニング	124	単純ばり	83
捨石式傾斜堤	260	弾性係数	62
捨ブロック式傾斜堤	260	力の3要素	77
正規分布	275	力の合成	78
生態学	216	力の合力	78
生物多様性条約	225	力のつり合いの3条件	83
施工管理	287	力の分解	79
ゼネコン	284	治水施設	51
セメント	65	地図閲覧サービス	273
背割堤	144	地図情報	273
繊維強化複合材料	72	中間処理	196
洗掘	97, 148	長周期波	156
全国道路・街路交通情勢調査	269	潮汐波	156
全数調査	274	直接工事費	293
せん断力	86, 90	直立堤	260
前方後円墳	24	津波ハザードマップ	257
専用水道	183	つり合いの状態	83
総合工事業者	284	堤外	146
層流	151	低減	219
測量	276	低炭素鋼	60
粗石	101	堤内	146
		底部破壊	110
		堤防	14, 144

た行

太閤検地	27	てこの原理	81
第十堰	228	展延性	60
代償	219	電磁波データ	273
高潮ハザードマップ	257	転石	101

天端	146
統計資料	268
等分布荷重	91
等変分布荷重	91
導流堤	144
道路事業費等に関する調査	270
道路施設現況調査	270
道路統計調査	270
都市	117, 241
都市環境	117
都市景観	117
都市圏	241
都市交通年報	269
土砂崩れ	108
土砂災害ハザードマップ	257
土壌汚染対策法	248
トラバース測量	279

な行

流れの連続式	153
二重スリット型ケーソン堤	261
仁徳陵	24
熱可塑性樹脂	71
熱硬化性樹脂	71
粘着力	102
法肩	146
法面	146

は行

パーソントリップ調査	269
波高	155
ハザードマップ	255
ハザードマップポータルサイト	258
波長	155
バナナ曲線	290
はり	83
バリアフリー	126
バリアフリー新法	127
半円形ケーソン堤	261
反力	87
ヒートアイランド現象	180, 232
ビオトープ	167, 168, 234
ビオトープ事業	168
聖牛	148
引張力	86
標本調査	274
品質管理	288
フーチング	98
風浪	156
浮心	134
フラットバー	63
フルード数	158
ブローン・アスファルト	68
文化遺産	135
噴砂	113
分水界	142
分流式	188

平板測量	278
ペデストリアンデッキ	53, 128
ベルヌーイの定理	154
ボイリング	113
方向	77
防災	248
母集団	274
ほたるの飛ぶ森プロジェクト	178
ポルトランドセメント	65
本堤	144

ま行

曲げモーメント	86, 89
水セメント比	65
水の重心	134
水マネジメント	179
ミティゲーション	218
宮川せせらぎ	175
毛管波	156
モーメント	81
元請	296

や行

山崩れ	108
有義波高	156
床固め	148
床止め	148
ユニバーサルデザイン	126
溶接性	63
四大公害病	120

ら行

ライフライン	49
ラムサール条約	220, 221
ランド・サーベイ	276
乱流	151
流域水マネジメント	179
柳枝工	170
レイノルズ	151
レイノルズ数	152
歴史環境	116
歴史的構造物	135
歴史まちづくり法	132
瀝青材	68
レッドデータブック	167, 226

わ行

輪中堤	144

数字・アルファベット

e-Stat	272
LRT	41
N	78
PDCA	289
QC	288

■著者紹介

五十畑　弘（いそはた　ひろし）

1947年東京生まれ。1971年日本大学生産工学部土木工学科卒業。博士（工学）、技術士、土木学会特別上級技術者。日本鋼管（株）で橋梁、鋼構造物の設計・開発に従事。JFEエンジニアリング（株）で主席兼空港プロジェクトマネジャー。2004年日本大学生産工学部教授、現在に至る。土木学会出版文化賞選考委員会委員長、土木学会土木史研究委員会副委員長、文化庁文化審議会専門委員、国交省首都国道／千葉国道総合評価委員、東京都文化財保護審議会委員ほか。

●著書

『最新「橋」の基本と仕組み』（単著、秀和システム）2013年
『歴史的土木構造物の保全』（共著、土木学会編、鹿島出版会）2010年
『建設産業事典』（共著、建設産業史研究会編、鹿島出版会）2008年
『歴史的鋼橋の補修・補強マニュアル』（共著、土木学会）2006年
『新版日本の橋』（共著、日本橋梁建設協会編、朝倉書店）2004年
『橋梁工学ハンドブック』（共著、技報堂出版）2004年
『PFI実践ガイド』（共著、日経BP）1998年
『アイアンブリッジ(Iron Bridge)』（単著：建設図書）1989年

■編集協力　株式会社エディトリアルハウス

図解入門 よくわかる
最新土木技術の基本と仕組み

発行日	2014年　6月　1日	第1版第1刷
	2025年　1月20日	第1版第8刷

著　者　五十畑　弘

発行者　斉藤　和邦
発行所　株式会社　秀和システム
　　　　〒135-0016
　　　　東京都江東区東陽2-4-2　新宮ビル2F
　　　　Tel 03-6264-3105（販売）Fax 03-6264-3094
印刷所　三松堂印刷株式会社　　　　Printed in Japan

ISBN978-4-7980-4120-9 C3051

定価はカバーに表示してあります。
乱丁本・落丁本はお取りかえいたします。
本書に関するご質問については、ご質問の内容と住所、氏名、電話番号を明記のうえ、当社編集部宛FAXまたは書面にてお送りください。お電話によるご質問は受け付けておりませんのであらかじめご了承ください。